Martin Brahm

Polymerchemie kompakt

Polymerchemie kompakt

Grundlagen – Struktur der Makromoleküle – Technisch wichtige Polymere und Reaktivsysteme

Von Dr. Martin Brahm, Odenthal

2., überarbeitete und ergänzte Auflage
Mit 116 Abbildungen und 20 Tabellen

S. Hirzel Verlag Stuttgart

Der Verfasser
Dr. Martin Brahm
Küchenberger Str. 67
51519 Odenthal

Martin Brahm, geb. 1960 in Villmar, studierte ab 1982 Chemie an der GHS-Uni-Siegen und promovierte 1990 in Marburg im Fach Makromolekulare Chemie. Nach kurzer Hochschulassistententätigkeit an der GHS-Uni-Siegen folgte von 1990 bis 1998 eine Forschungstätigkeit bei der Bayer AG im Bereich Polyacrylat- und Polyurethan-Lackrohstoffe. Von 1998 bis 2002 war er in der Betriebsleitung des Isocyanattechnikums tätig. Seit 2002 ist er Betriebsleiter in der Großproduktion für Polyurethane/Lackrohstoffe. Dr. Brahm ist Autor/Mitautor von 3 Lehrbüchern und von mehr als 30 Publikationen/Patenten.

Bibliografische Information der Deutschen Nationalbibliothek
Die Deutsche Nationalbibliothek verzeichnet diese Publikation in der Deutschen Nationalbibliografie; detailliert bibliografische Daten sind im Internet über http://dnb.d-nb.de abrufbar

2., überarbeitete und ergänzte Auflage 2009

ISBN 978-3-7776-1636-0

www.hirzel.de
Printed in Germany
Druck: Hofmann, Schorndorf
Umschlaggestaltung: Atelier Schäfer, Esslingen

Meinem Vater
Paul Brahm
(1922 – 2008)
gewidmet

Vorwort zur 2. Auflage

Nachdem die erste Auflage zügig vergriffen war, entschlossen sich Verlag und Autor, das Buch in einer überarbeiteten und erweiterten Form wieder aufzulegen. Trotzdem wurde versucht, durch möglichst kurze Beschreibungen und Konzentration auf die wesentlichen Aspekte die Kompaktheit beizubehalten.

In neuen Kapiteln wurden Aspekte wie Alterung, Flory-Huggins-Theorie, Kautschuke, Kristallisationskinetik und Reaktortypen zur Herstellung von Polymeren gegenüber der Erstausgabe ausführlicher behandelt. Zahlen von Jahrestonnagen und Produktionskapazitäten wurden - wenn möglich - aktualisiert. Einige Strukturformeln und Beispiele für großtechnische Produktionsabläufe sowie industriell wichtige Polymere wurden ergänzt.

Bedanken möchte ich mich bei meiner Ehefrau und bei Frau Dipl.-Laborchemikerin Barbara Lackner für das sorgfältige Korrekturlesen der Ergänzungen.

Aus dem Vorwort zur 1. Auflage

Während meiner Tätigkeit als Forschungschemiker und Betriebsleiter beschäftigte ich mich mit speziellen Fragestellungen im Bereich der Polyurethanchemie und funktionalisierten Acrylatpolymere. Daher war mein Interesse an den grundlegenden Zusammenhängen der Polymerchemie etwas in den Hintergrund getreten. Um diese aufgetretene Lücke wieder zu schließen, stöberte ich nochmals die ehemaligen Vorlesungen von Herrn Prof. Dr. Mormann durch. Leider waren meine Mitschriften der sehr gut strukturierten und auf die wesentlichen Aspekte aufbereiteten Vorlesungen mehr als dürftig, und so entschloss ich mich, anhand der noch verbliebenen Unterlagen, meines dazu gewonnenen Wissens und zahlreicher Lehrbücher diesen Stoff nachzuarbeiten und in eine lesbare Form zu bringen.

Dabei ist diese kompakte Zusammenfassung entstanden, die sich an Studenten und Naturwissenschaftler der Fachbereiche Chemie und Materialwissenschaften sowie an Dozenten des Fachs Chemie richtet und eine bisher noch nicht verfügbare Zusammenfassung der Polymerchemie darstellt. Sie soll den Studierenden nicht mit Details über Hunderte von Seiten befrachten, kann auch nicht die

Komplexität der Polymerchemie bis in alle Details beleuchten, sondern soll die wesentlichen Aspekte der Chemie großer Moleküle näher bringen. Somit dient es als Leitfaden für Studenten und (Polymer-)Chemiker und als zusammengefasstes Kompendium zur Vorbereitung auf Diplom- und Doktorprüfungen.

Die Ableitungen und Zusammenhänge sind kurz und einfach dargestellt, ohne zu sehr die Mathematik und Physik zu strapazieren, was dieses Buch auch für den interessierten Fachlehrer weiterführender Schulen brauchbar macht. Es setzt aber Kenntnisse des Grundstudiums in organischer und physikalischer Chemie voraus.

Das Werk untergliedert sich in drei Teile:

Der erste Teil (1. Kapitel) beschreibt neben kurzen Definitionen der Grundbegriffe die Grundlagen der Polymerherstellung und die Synthesemöglichkeiten von Makromolekülen. Dies beinhaltet sowohl die prinzipiellen Voraussetzungen zur Polymerisation, die Theorie der radikalischen, an- und kationischen Polymerisation als auch Themen wie Polyinsertion, Metathese- und Gruppentransferpolymerisation, radikalische Copolymerisation, Polymerisation mittels Strahlung und polymeranaloge Reaktionen.

Der zweite Teil (2. Kapitel) befasst sich mit der Struktur der Makromoleküle und den hieraus ableitbaren Eigenschaften in verdünnter, konzentrierter und fester Phase. Aspekte des flüssigkristallinen Zustands werden ebenfalls angesprochen.

Der dritte Teil (3. und 4. Kapitel) stellt technisch wichtige Polymere, Polymerfamilien und ihre Herstellung vor. Neben den thermoplastisch verarbeitbaren Massen- und Hochleistungskunststoffen werden auch Reaktivsysteme und vertieft die Herstellung von Diisocyanaten und Polyurethanen abgehandelt. Zum Verständnis wird auf die Veredlung hergestellter Polymere zu Polymersystemen durch Zusätze wie z. B. Stabilisatoren eingegangen. Schließlich sind die zugrundeliegenden Herstellungs- und Entsorgungsverfahren kurz dargestellt.

Bedanken möchte ich mich bei all denen, die zum Gelingen dieses Werkes beigetragen haben. Mein besonderer Dank gilt Frau Dipl.-Laborchemikerin Barbara Lackner und Herrn Dr. Thomas Kellersohn für die Nachbearbeitung und das sorgfältige Korrekturlesen des Werkes. Bedanken möchte ich mich auch bei meiner Ehefrau Barbara Brahm für zahlreiche Hinweise und Korrekturen zum Layout des Werkes.

Zuletzt gilt mein Dank meinem sehr verehrten Lehrer Herrn Prof. Dr. Mormann, der mir die Zusammenhänge der Polymerchemie auf großartige Weise vermittelt und mich zum systematischen Aufarbeiten angeleitet hat.

Inhaltsverzeichnis

1 Allgemeiner Teil

Eine der Grundvoraussetzungen für Leben ist das Vorhandensein organischer Makromoleküle bzw. makromolekularer Stoffsysteme. Hochmolekulare Stoffe sind seit jeher für den Menschen allgegenwärtig und notwendig. Sie werden in vielfältiger Weise gebraucht und genutzt, sei es in Form von Nahrungsmitteln (z. B. Polysaccharide, Proteine), als Baustoffe (z. B. Holz), für Bekleidungsartikel (Wolle, Seide), als Klebstoffe (Asphalt), aber auch für dekorative Zwecke (z. B. Bernsteinschmuck).

Unter den Naturwissenschaftlern galten Makromoleküle, d. h. Riesenmoleküle mit Molmassen von vielen Tausenden bis Hunderttausenden lange Zeit als nicht existent; die außergewöhnlichen Eigenschaften dieser Stoffe schrieb man speziellen physikalischen Assoziationen von niedermolekularen Verbindungen, sogenannten Kolloiden zu. Erst Staudinger postulierte das Vorhandensein riesiger, stabiler Moleküle, die sich durch die Verknüpfung von Atomen über kovalente Bindungen aufbauen. Hierdurch wurde der Grundstein zur heutigen Polymerchemie gelegt.

Der tiefere Einblick in die chemische Struktur und das Verständnis vom Aufbau makromolekularer Stoffe führte seither zur Möglichkeit, bewusst Modifikationen von polymeren Naturprodukten vorzunehmen (z. B. Vulkanisation von Naturkautschuk) und eine unüberschaubare Vielzahl neuer synthetischer Polymere (z. B. Polyurethane) zu entwickeln.

1.1 Grundbegriffe

1.1.1 Begriffsbestimmungen

Makromolekül, Polymermolekül, Polymer

Unter dem Begriff **Makromoleküle** werden alle sehr großen Moleküle zusammengefasst (z. B. Poly(styrol), Poly(ethylen), Enzyme). Sie bestehen aus einer großen Anzahl von Atomen, die durch gerichtete Valenzen (kovalente Bindung) miteinander verknüpft sind. Eine Teilmenge der Makromoleküle sind organische **Polymermoleküle**, die aus vielen gleichartigen bzw. artverwandten Teilen (wiederkehrenden Einheiten) aufgebaut sind und sich von Kohlenstoff ableiten. So ist ein Poly(styrol)molekül aus einer Vielzahl wiederkehrender Einheiten, den Styryleinheiten zusammengesetzt. Das Wort **Polymer** bezeichnet kein Molekül, sondern eine Substanz; es beschreibt Substanzeigenschaften, die makroskopisch beobachtbar sind und häufig erst durch Wechselwirkungen von Makromolekülen entstehen (z. B. ist Poly(styrol) ein amorphes transparentes Produkt mit einem Erweichungspunkt von ca. 100 °C).

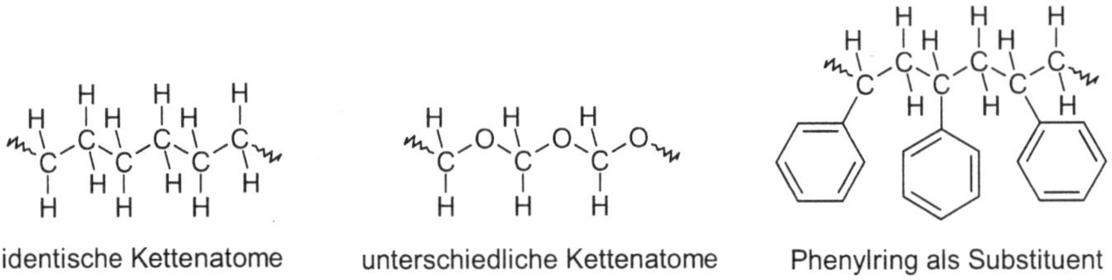

identische Kettenatome | unterschiedliche Kettenatome | Phenylring als Substituent

Abbildung 1: Kettensegmente aus Poly(ethylen), Poly(oxymethylen) und Poly(styrol)

Betrachtet man als einfache Polymermoleküle lineare Ketten, so bestehen diese aus Kettenatomen und Endgruppen. Im Fall von Poly(ethylen) sind die Kettenatome identisch, bei Poly(oxymethylen) verschiedenartig. Kettenatome mit anhängenden Substituenten werden als Kettenglieder bezeichnet (Abb. 1).

Nach europäischem Recht werden Polymere wie folgt definiert:

> Ein Polymer ist ein Stoff, der aus Molekülen besteht, die durch eine Kette einer oder mehrerer Arten von Monomereinheiten gekennzeichnet sind, und der eine einfache Gewichtsmehrheit von Molekülen mit mindestens drei Monomereneinheiten enthält, die zumindest mit einer weiteren Monomereinheit bzw. einem sonstigen Reaktanden kovalente Bindungen eingegangen sind, sowie weniger als eine einfache Gewichtsmehrheit von Molekülen mit demselben Molekulargewicht. Diese Moleküle liegen innerhalb eines bestimmten Molekulargewichtsbereichs, wobei die Unterschiede beim Molekulargewicht im Wesentlichen auf die Unterschiede in der Zahl der Monomereinheiten zurückzuführen sind. Im Rahmen dieser Definition ist unter der Monomereinheit die gebundene Form eines Monomers in einem Polymer zu verstehen.

Thermoplaste, Duroplaste, Elastomere, Fasern

Lineare Polymere sind zumeist ohne Abbaureaktionen schmelzbar und werden daher verarbeitungstechnisch den **Thermoplasten** zugeordnet. Beispiele für thermoplastische Standardkunststoffe – sogenannte preiswerte Massenkunststoffe – sind PS Poly(styrol), PE Poly(ethylen), PP Poly(propylen), PVC Poly(vinylchlorid). Zu den thermoplastischen Ingenieurkunststoffen – hierunter fallen Produkte, die aufwändiger in der Herstellung sind und für anspruchsvolle Anwendungen eingesetzt werden – zählen beispielsweise PC Polycarbonat, ABS Acrylnitil/Butadien/Styrol-Copolymer, POM Poly(oxymethylen) und PMMA Poly(methylmethacrylat). Schließlich gibt es auch eine Reihe von schmelzbaren Hochleistungskunststoffen mit herausragenden Festigkeits- und Formbeständigkeitseigenschaften für Spezialanwendungen, wie z. B. PPS Poly(phenylensulfid) oder PHBA Poly(p-hydroxybenzoat).

Im Gegensatz zu Thermoplasten können Duroplaste nicht unzersetzt aufgeschmolzen werden (z. B. vernetzte Epoxidharze oder vernetzte Polyurethane). Strukturell sind **Duroplaste** engmaschig vernetzte Polymermoleküle. Die Verarbeitung dieser Werkstoffe erfolgt daher in Form der unvernetzten (thermoplastischen) Vorstufen. Zum Einsatz kommen hier sogenannte Prepolymere und Reaktivharze (Kapitel 3).

Falls die Maschenweite der Polymernetzwerke, d. h. der Abstand zweier Vernetzungsbrücken zwischen zwei Polymermolekülen, und die Beweglichkeit der Netzketten groß ist und die Glastemperatur T_G des Polymers kleiner als die Gebrauchstemperatur T, spricht man von **Elastomeren** oder Kautschuken (z. B. über Schwefelbrücken vernetzte Polybutadienketten). Sie sind ebenso wie Duroplaste unschmelzbar, können jedoch mit geeigneten Lösemitteln stark gequollen werden und zeigen ein mehr oder minder ausgeprägtes elastisches Verhalten.

Durch Einsatz unterschiedlicher Grundbausteine, Vernetzungsarten und -dichten lassen sich unterschiedlichste Kautschuktypen herstellen. Zu nennen sind Allzweckkautschuke (z. B. für die Reifenherstellung) wie BR (Butadienkautschuk), SBR (Styrol/Butadienkautschuk), EPDM (Kautschuke auf Basis Ethylen/Propylen/Dien-Copolymer), Spezialkautschuke wie NBR (Nitril/Butadienkautschuke), aber auch Exoten wie Acryl-, Fluor- oder Silikonkautschuke.

Gestreckte Polymere, die durch physikalische Beanspruchung – Verstreckung oder schneller Fluss durch eine Düse – orientierte Polymermoleküle enthalten, fallen unter den Begriff **Fasern**. Hierzu zählen sowohl Regeneratfasern aus Naturstoffen (z. B. aus Holz: Rayon®), Synthesefasern (Handelsnamen: Perlon®, Diolen®, Trevira®, Orlon®), aber auch Hochleistungsfasern wie Kevlar®.

Oligomer, Telomer, Prepolymer

Oligomere sind Polymere mit relativ niedriger Molmasse, die sich aus nur wenigen (identischen) Grundbausteinen aufbauen. Zumeist weisen Oligomermoleküle zwischen 3 und 20 Grundbausteine auf. Der Übergang von Polymeren mit niedrigem Molekulargewicht und Oligomeren ist hierbei fließend.

Oligomere mit aus Übertragungsreaktionen stammenden funktionellen (reaktiven) Endgruppen werden in der präparativen makromolekularen Chemie als **Telomere** bezeichnet. **Prepolymere** sind im technischen Sprachgebrauch ebenfalls niedermolekulare Polymere mit mehreren reaktiven (vernetzbaren) Endgruppen (z. B. Isocyanat-funktionelles Addukt, aufgebaut aus einem Überschuss an 2,4-Toluylendiisocyanat mit einem trifunktionellen Polyetherpolyol).

Monomer

Als Monomere werden die reaktiven zumeist niedermolekularen Moleküle (Grundbausteine), wie beispielsweise Styrol bzw. Ethylen bezeichnet, aus denen ein Polymermolekül hergestellt wird. Der Begriff Monomer ist verfahrensbezogen und bezieht sich auf die Herkunft der Bausteine einer Kette. **Makromonomere** sind Monomere mit hohem Molekulargewicht und enthalten reaktive Einheiten, die in einer Polymerreaktion zur Verknüpfung mit weiteren Monomermolekülen genutzt werden können.

Struktureinheit

Struktureinheiten (Strukturelemente oder Wiederholungseinheiten) sind die kleinsten wiederkehrenden Einheiten des Polymermoleküls. Mit diesen lässt sich ein Polymermolekül aufbauen. Im Polystyrol ist die Struktureinheit identisch mit der Monomereinheit, der Styryleinheit. Im Gegensatz hierzu wird bei Polyethylen die Methylengruppe als Struktureinheit bezeichnet, die Monomereinheit wird jedoch durch die Ethylengruppe repräsentiert. Polyester oder Polyamide können beispielsweise aus zwei Monomeren (Diol oder Diamin und Dicarbonsäure) aufgebaut sein, die dann eine Struktureinheit bilden (Abb. 2).

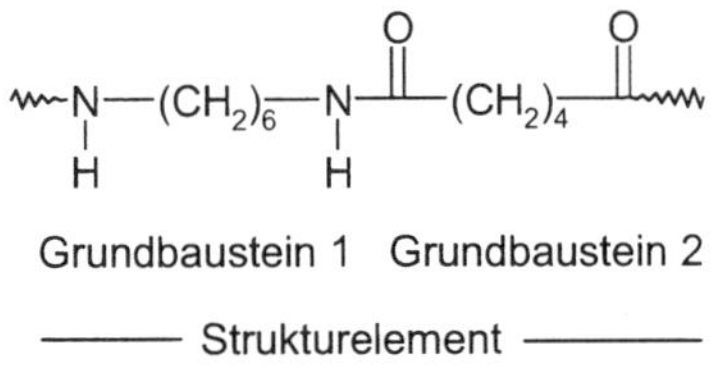

$$\sim NH-(CH_2)_6-NH-C(=O)-(CH_2)_4-C(=O)\sim$$

Grundbaustein 1 Grundbaustein 2

——— Strukturelement ———

Abbildung 2: Polyamid aus Hexamethylendiamin und Adipinsäure

Unipolymere (z. B. Poly(styrol), Poly(ethylen)) bestehen aus einer einzigen Sorte von Monomeren und werden häufig auch noch als Homopolymere bezeichnet. Bei **Copolymeren** werden verschiedene Grundbausteine eingesetzt (z. B. besteht das Terpolymer ABS aus Acrylnitril, Butadien und Styrol).

Polymerisationsgrad

Die Zahl N der Monomereinheiten pro Polymermolekül wird als Polymerisationsgrad P_n bezeichnet. Somit ist ein Polymerisationsgrad von Makromolekülen, die keine Polymermoleküle sind (beispielsweise Enzymmoleküle), nicht definiert. Auf Polymere bezogen, stellt der Polymerisationsgrad einen Mittelwert dar und kann daher auch eine gebrochene Zahl sein. Da der Polymerisationsgrad als verfahrensbezogene Größe von der Art des eingesetzten Monomers abhängt, kann er für ein identisches Polymer unterschiedliche Werte annehmen (Abb. 3).

Technisch ist es nicht möglich, Polymermoleküle mit gleicher Anzahl an Monomereinheiten, d. h. molekular einheitlich, herzustellen. Polymere haben daher eine mehr oder weniger ausgeprägte Molekulargewichtsverteilung. Als polymerhomologe Reihe werden Polymermoleküle bezeichnet, die sich nur in der Zahl der Grundbausteine unterscheiden.

Homopolymerisation → $\sim O{-}CH_2{-}O{-}CH_2{-}CH_2\sim$ ← Copolymerisation $O{=}CH_2$ +

Abbildung 3: Polymer, hergestellt durch Ringöffnung bzw. durch Copolymerisation zweier Monomere

1.1.2 Nomenklatur

Zur Namensfindung von Polymeren werden in der aktuellen Nomenklatur des Chemical Abstracts Service (CAS), die 1993 auch von IUPAC übernommen wurde, alle Grundbausteine als Biradikale aufgefasst und durch die Endsilbe "diyl" gekennzeichnet. Die Grundbausteine werden in ihre Einzelstrukturen wie $-CH_2-$ Methylen, -NH- Imino, -S- Thio, -CH=CH- Ethen-1,2- usw. untergliedert. Diesen Namen wird das Wort "Poly" vorangestellt. So wird Nylon 6.6 mit der Struktur $-[-NH(CH_2)_6NH-CO(CH_2)_4CO-]_n-$, ein Polymer aus Adipinsäure und Hexamethylendiamin, englisch als poly(iminoadipoyliminohexane-1,6-diyl) bezeichnet. Poly(phenylenoxid) wird, da Sauerstoff neben Stickstoff die höchste Priorität besitzt, mit Poly(oxy-1,4-phenylen) benannt. Diese Nomenklatur ist recht kompliziert und wird zumeist nur zur Archivierung eingesetzt.

Rein phänomenologisch werden Polymere daher einfacher nach ihrer Herkunft benannt, d. h. dem in Klammern stehenden Monomernamen, oder der Struktureinheit wird ein "Poly" vorangestellt (z. B. Poly(styrol), Poly(hexamethylenadipamid)). Dies ist nicht immer eindeutig, wie die Beispiele Poly(butadien) oder Poly(acrolein) zeigen (Abb. 4). Hier gibt es mehrere Verknüpfungsmöglichkeiten, die zu Polymeren mit völlig unterschiedlichem Polymerverhalten führen. Der Einfachheit halber wird besonders bei Monomeren, die aus einem Wort bestehen, auf die Klammer verzichtet. Dies gilt vor allem für Massenkunststoffe wie beispielsweise Polystyrol, Polyethylen, Polypropylen. Zur Vereinheitlichung werden in diesem Buch jedoch bei Polymerbenennungen alle Monomere in Klammern gestellt.

Zum Teil werden zur Namensbildung auch "Monomere" verwendet, die nicht existent sind. Poly(vinylalkohol) wird polymeranalog aus Vinylacetat hergestellt und nicht aus Vinylalkohol, da der ungesättigte Alkohol im Wesentlichen nur isomerisiert als Acetaldehyd vorliegt.

Produktgruppen, wie beispielsweise Polyamide, Polyurethane, Polyether, sind von obigen Regeln nicht betroffen; entsprechende Gruppennamen (Amid, Ether) werden nicht in Klammern gestellt.

1,4-trans-Verknüpfung **1,2-it, st-Verknüpfung**

Abbildung 4: Strukturell unterschiedliche Poly(butadien)e

1.1.3 Einteilung der Polymere

Tabelle 1: Einteilungsbeispiel für Polymere

Synthetische Kunststoffe						Modifizierte Naturstoffe		
Polymerisate		Polykondensate		Polyaddukte				
Thermoplaste	Elastomere	Thermoplaste	Duroplaste	Thermoplaste	Duroplaste	Thermoplaste	Duroplaste	Elastomere
PS	BR	PC	Phenolformaldehydharze	Lineare Polyurethane	Vernetzte Epoxidharze	Cellulosenitrat	Casein-Kunststoffe	Naturkautschuk
PE	SBR	Lineare Polyester	Melaminharze			Celluloseacetat		(Guttapercha)
PP	EPDM	Poly(ethylenterephthalat)	Harnstoffharze	Lineare Polyamide	Vernetzte Polyurethane	Celluloseether		
PVC	NBR	Nylon 6.6	Alkydharze					
PMMA	Acrylkautschuk	Polyimide	Ungesättigte Polyesterharze					
POM	Fluorkautschuk	Silikone						
PPS	Poly(chloropren)	Poly(p-phenylenterephthalamid)						
PHBA	Poly(isopren)							
ABS								

Polymere können nach unterschiedlichsten Kriterien klassifiziert werden. So können Polymere nach Verwendungsgebieten in Thermoplaste (unvernetzt, schmelzbar), Elastomere (leicht vernetzt, elastisch) oder Duroplaste (hoch vernetzt, unschmelzbar) gegliedert werden. Bezogen auf die Struktur kann eine Unterteilung in Homopolymere und Copolymere erfolgen, die wiederum in statistische, alternierende und blockartige Typen unterteilt werden können (siehe Kapitel 2). Daneben sind Polymere anwendungsorientiert in amorphe (transparente) und kristalline bzw. teilkristalline (nicht transparente) Produkte unterteilbar. Eine weitere Einteilung kann über die Herkunft (synthetische, modifizierte bzw. natürliche Kunststoffe) und in Bezug auf das zugrundeliegende Polymerverfahren vorgenommen werden:

- Polymerisation: hieraus resultieren Polymerisate,
- Polykondensation führt zu Polykondensaten,
- Polyaddition ergibt Polyaddukte.

1.1.4 Grundlagen der Polyreaktion

Unter Polyreaktionen werden alle Reaktionen zusammengefasst, die zum Aufbau von Polymeren führen und somit den Polymerisationsgrad P_n erhöhen. Im Gegensatz hierzu sind polymeranaloge Reaktionen Modifikationen am Polymer ohne Änderung des Polymerisationsgrads (Abb. 5).

$$\sim H_2C-CH(O-C(=O)-CH_3)\sim \; + \; ROH \longrightarrow \; \sim H_2C-CH(OH)\sim \; + \; CH_3COOR$$

Abbildung 5: Polymeranaloge Reaktion (Herstellung von Polyvinylalkohol)

Bei den Polyreaktionen werden auf Grund des Reaktionstyps Polymerisationen und Polyinsertionen unter dem Begriff Kettenreaktionen zusammengefasst; Polykondensationen und Polyadditionen werden hingegen als Stufenreaktionen bezeichnet.

Funktionelle Voraussetzungen:

Monomere müssen mindestens bifunktionell sein, um Polymere zu erzeugen. Je nach Reaktionsbedingungen können Gruppen jedoch unterschiedliche Funktionalitäten einnehmen. Unter basischer Katalyse bei tiefen Temperaturen reagieren Isocyanate bifunktionell und polymerisieren zu Nylon-1-Verbindungen (Poly-1-amide). In Reaktionen mit Diolen (Stufenreaktion) ist eine Isocyanatgruppe monofunktionell, da jedoch die entstehende Urethangruppe ihrerseits noch einmal mit Isocyanatgruppen zum Allophanat reagieren kann, bedeutet dies gegenüber der ursprünglichen Isocyanatgruppe eine Funktionalität von ½ (Abb. 6).

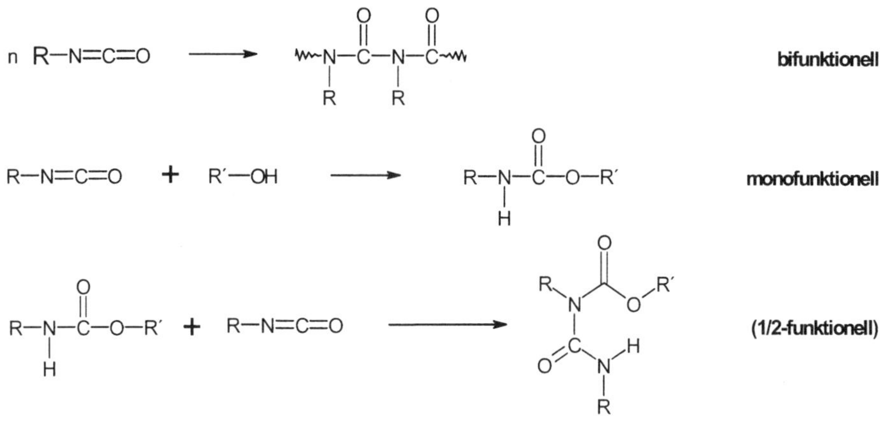

Abbildung 6: Unterschiedliche Funktionalität einer Isocyanatgruppe

Thermodynamische Voraussetzungen:

Aus thermodynamischer Sicht muss bei Polyreaktionen die Gibbs′sche Polymerisationsenergie negativ oder gleich Null sein.

$$\Delta G_{MP} = -RT \ln K = \Delta H_{MP} - T \cdot \Delta S_{MP} \leq 0$$

Bei der Polymerisation von Monomeren mit Doppelbindungen werden aus den Doppelbindungen stabilere (energieminimierte) Einfachbindungen. Die Polymerisationsenthalpie ist hierbei negativ. Ebenfalls negative Reaktionsenthalpien findet man bei der Polymerisation von Ringsystemen. Treibende Kraft ist hier der Verlust der Ringspannung, aber auch der Wegfall der Pitzerspannung oder der transannularen Hinderung der Wasserstoffatome von Ringen mit 8–12 Ringgliedern. Folgende 4 Fälle der unterschiedlichen Enthalpie bzw. Entropie können unterschieden werden:

$\Delta H_{MP} > 0$ *und* $\Delta S_{MP} < 0$ Polymerisation nicht möglich

$\Delta H_{MP} < 0$ *und* $\Delta S_{MP} > 0$ Polymerisation bei allen Temperaturen möglich, z. B. Polymerisation von kristallinem Trioxan zu Poly(oxymethylen) ΔH_{MP} = – 4,6 kJ/mol, ΔS = 18 J/kmol

$\Delta H_{MP} < 0$ *und* $\Delta S_{MP} < 0$ Polymerisation nur bis zur $T_{Ceiling} = \frac{\Delta H_{MP}}{\Delta S_{MP}}$ möglich, z. B. T_C (α-Methylstyrol) = 60 °C, d. h. Polymerisation nur unter 60 °C möglich

$\Delta H_{MP} > 0$ *und* $\Delta S_{MP} > 0$ Polymerisation bis zur unteren Grenztemperatur (Floor-Temperatur: T_f). Floor-Temperaturen treten bei der Polymerisation von Ringen auf, bei deren Öffnung die Zahl der rotatorischen Freiheitsgrade zunimmt. Beispiele sind Cyclooctaschwefel, Oxacycloheptan.

Zumeist wird beim Übergang zum Polymer die Gesamtentropie durch das Verschwinden der Translationsentropie bzw. der externen Rotationsentropie der kleinen Monomermoleküle erniedrigt. Bei Ringsystemen kann jedoch die Gesamtentropie durch Erhöhung der Schwingungsentropie ansteigen.

Mechanistische Voraussetzungen:

Je nach Typ der Polyreaktion wird der Monomereinbau unterschiedlich vorgenommen. Nachfolgende Tabelle 2 verdeutlicht diesen Zusammenhang.

Tabelle 2: Unterschiedliches Verhalten des Initiators und Monomers bei Polyreaktionen

	Polymerisation	**Polyinsertion**	**Polykondensation/additon**
Initiatortyp	Starter	Starter oder Katalysator	Katalysator
Initiatorort	Bestimmter Kettenort	Bestimmtes Kettenmolekül	Wechsel von Kette zu Kette
Verknüpfung der Monomere	Anlagerung	Einlagerung	Anlagerung

Der Initiationsort (Angriffsort) ist abhängig von der Polarisierung der Doppelbindung, von sterischen Effekten und von der Resonanzstabilisierung. Je mehr diese Effekte zusammenwirken, um so sicherer ist der Angriffsort am Monomer. Bei der anionischen Polymerisation von Styrol kann das gebildete Anion nur an dem Kohlenstoffatom stabilisiert werden, das den Phenylrest trägt. Der Ort ist somit vorgegeben, und das Styrolmonomer wird einheitlich eingebaut. Vinylacetat wird wegen Dipol-Dipol-Wechselwirkungen ebenfalls einheitlich in die Polymerkette eingebaut (nur ca. 1 % Kopf/Kopf-Verknüpfungen).

Im Gegensatz hierzu findet man bei der Polymerisation von Vinylfluorid mehr als 30 % Kopf/Kopf-Verknüpfungen, d. h. keine besondere Bevorzugung des Polymerisationsorts.

Eine Grundvoraussetzung zur Herstellung von Polymeren aus Monomerbausteinen ist, dass die Summe der Wachstumsgeschwindigkeiten einer Polymerkette deutlich größer ist als die Summe der Abbruchreaktionsgeschwindigkeiten ($\sum v_W >> \sum v_{Abb}$). So kann Propen radikalisch nicht polymerisiert werden, da ein vorhandenes Polymerradikal leicht ein relativ stabiles Allylradikal abspaltet und somit die Kettenreaktion vorzeitig beendet.

Monomere mit Doppelbindungen können je nach Substituenten unterschiedlich polymerisiert werden.

Donorgruppen (z. B. Methyl- oder Alkoxygruppen) erhöhen die Elektronendichte und fördern somit einen kationischen Angriff (kationische Polymerisation). Elektronenziehende Gruppen (z. B. Cyanid, Chlorid) begünstigen den Angriff von Anionen (anionische Polymerisation). Nachfolgende Tabelle 3 gibt einen Überblick über die unterschiedliche Polymerisierbarkeit verschiedener Monomere.

Tabelle 3: Polymerisationsfähigkeit von Monomeren

Monomer	Substituent	Radikalisch	Kationisch	Anionisch	Polyinsertion
Ethylen	-	x	x		x
Propylen	Donator		x		x
Isobutylen	Donator		x		
Styrol	Donor/ Akzeptor	x	x	x	x
Vinylchlorid	Akzeptor	x		x	x
Vinylether	Donor		x		x
Formaldehyd	-		x	x	

Obwohl Styrol auf unterschiedlichste Weise polymerisierbar ist, wird Polystyrol technisch fast ausschließlich durch radikalische Polymerisation erzeugt. Dagegen nutzt man das unterschiedliche Eigenschaftsbild bei der Herstellung von Poly(ethylen) aus und polymerisiert Ethylen industriell sowohl radikalisch (LD-PE) als auch durch Polyinsertion (HD-PE). Tabelle 4 gibt einen Überblick über die technisch eingesetzten Polymerisationsmethoden von Vinylpolymeren.

Tabelle 4: Polymerisationsmethoden technisch wichtiger Vinylpolymere

Radikalisch	Kationisch	Anionisch	Polyinsertion
LD-PE	Poly(isobutylen)	Polyacetale	HD-PE
Poly(vinylchlorid)	Poly(acetal)		Poly(propylen)
Poly(vinylacetat)	Butylkautschuk		Poly(butadiene)
Poly(acrylnitril)			Poly(isopren)
Poly(methylmethacrylat)			Ethylen-Propylen-Kautschuk
Poly(acrylamid)			
Poly(chloropren)			
Poly(styrol)			
SAN, SBR, NBR, ABS			

1.2 Radikalische Polymerisation

Radikalische Polymerisationen werden durch Radikale, d. h. ungepaarte Elektronen ausgelöst und durch wachsende Makroradikale fortgepflanzt. Aus Initiatormolekülen I_2 werden zumeist in einer Vorreaktion thermisch, elektrochemisch oder photochemisch paarweise Initiatorradikale (I·) gebildet.

$$I_2 \rightarrow 2\,I\cdot$$

Das Initiatorradikal reagiert in einer Startreaktion mit einem Monomermolekül M zu einem Monomerradikal (I-M·).

$$I\cdot + M \rightarrow I\text{-}M\cdot \equiv P_1\cdot$$

In einer Wachstumsreaktion werden fortlaufend Monomere an das Polymerradikal ($P_n\cdot$) addiert.

$$P_n\cdot + M \rightarrow P_{n+1}\cdot$$

Schließlich kann durch sogenannte Abbruchreaktionen die Polymerisation abgebrochen werden.

$$P_n\cdot + P_m\cdot \rightarrow P_{nm} \qquad \text{Rekombination}$$

$$P_n\text{-}CH_2\text{-}CH_2\cdot + P_m\text{-}CH_2\text{-}CH_2\cdot \rightarrow P_n\text{-}CH_2\text{-}CH_3 + P_m\text{-}CH{=}CH_2 \quad \text{Disproportionierung}$$

Übertragungsreaktionen führen zum Wachstumsende des Polymermoleküls, die Polymerisation läuft jedoch für ein neues Polymermolekül weiter.

$$P_n\cdot + HX \rightarrow P_nH + X\cdot \qquad X\cdot = \text{z. B. Mercaptane}$$

1.2.1 Radikalbildung/Startreaktion

Abbildung 7: Thermische Polymerisation von Styrol

Eine reine thermische Polymerisation von Monomeren in sogenannter Dunkelreaktion findet man nur bei wenigen Monomeren wie beispielsweise Styrol und einigen seiner Derivaten sowie einigen Acrylaten. Im Fall von Styrol wird vermutlich aus zwei Monomeren über eine Diels-Alder-Reaktion ein dibenzylischer Wasserstoff gebildet, der leicht als Wasserstoffradikal abgespalten werden kann und zusammen mit einem weiteren Styrolmonomer die Polymerisationskette startet (Abb. 7).

1.2.1.1 Thermische Initiatoren

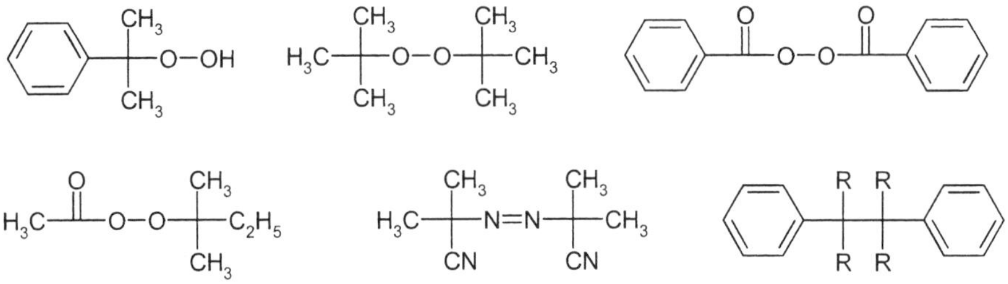

Abbildung 8: Radikalbildner

Abgesehen von Teilen der Polystyrolproduktion werden praktisch alle radikalischen Polymerisationen durch Zusatz von Radikalbildnern ausgelöst. Hierbei wird chemisch, photochemisch, elektrochemisch oder thermisch eine kovalente Bindung homolytisch gespalten. Sehr stabile Radikale, wie das Triphenylmethylradikal, vermögen jedoch keine Polymerisation auszulösen.

Wichtige Initiatoren für technische Polymerisationen sind Hydroperoxide wie Cumolhydroperoxid, Dialkylperoxide wie Di-tert.-butylperoxid, Diacylperoxide wie Dibenzoylperoxid (BPO), Persäureester wie t-Amylperoxyacetat, N,N-Azobisisobutyronitril (AIBN), Persulfate wie Kaliumperoxidisulfat ($K_2S_2O_8$) und Dibenzylderivate (Abb. 8).

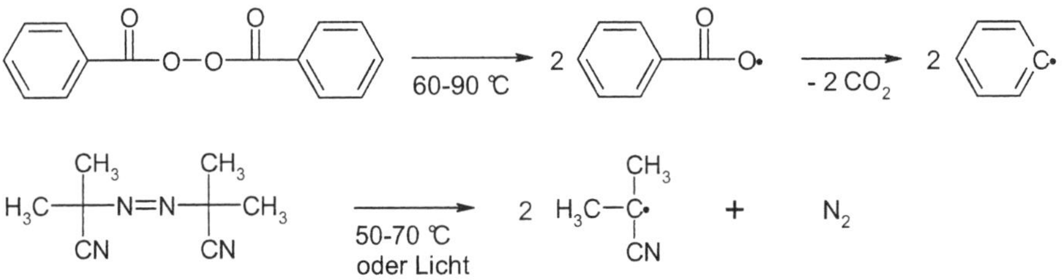

Abbildung 9: Radikalbildung von Benzoylperoxid und AIBN

Im Fall von AIBN bzw. Dibenzoylperoxid als Initiatoren werden zunächst über Zwischenstufen kleine stabile Moleküle (hier CO_2 und N_2) abgespalten, um 2 Radikale für die Polymerisation zur Verfügung zu stellen (Abb. 9). Durch Folgereaktionen, wie Rekombination mit sich selbst, steht nur ein Teil der zunächst gebildeten Radikale zur Auslösung einer Polymerisation zur Verfügung. Daher ist der Radikalausbeutefaktor (f) < 1.

$$f = \frac{\textit{Zahl der eingebauten Radikale}}{\textit{Zahl der primär erzeugten Radikale}} < 1$$

Die Startgeschwindigkeit, d. h. die Geschwindigkeit, mit der Monomerradikale (IM·) gebildet werden, ist proportional der Monomer- und Initiatorradikalkonzentration und gleich der Zerfallsgeschwindigkeit des Initiators, wobei 2 Initiatorradikale pro Initiatorzerfall zu berücksichtigen sind.

$$v_{St} = d[IM\cdot]/dt = k_{St}[I\cdot][M] = 2fk_D[I_2]$$

Der Initiatorzerfall verläuft nach einer Kinetik erster Ordnung, wobei sich der Zerfall berechnet nach:

$$[I_2] = [I_2]_0 \exp(-k_D\, t)$$

Die Halbwertszeit (t), die Zeit nach dem die Hälfte der Initiatormoleküle zerfällt, ist stark temperaturabhängig und z. T. beeinflusst vom eingesetzten Lösemittel. Dies verdeutlicht nachfolgende Tabelle 5.

Tabelle 5: Abhängigkeit der Halbwertszeit von der Temperatur und vom Lösemittel (nach Elias 1999 [1])

Initiator	**Lösemittel**	$t_{40°C}$ **in s**	$t_{70°C}$ **in s**	$t_{110°C}$ **in s**	**Aktivierungsenergie kJ/mol**
AIBN	Dibutylphthalat	303	5,0	0,057	122
	Styrol	414	5,7	0,076	128
BPO	Aceton	443	10,6	0,18	111
	Styrol	3525	29,2	0,23	133
$K_2S_2O_8$	0,1 mol NaOH/L H_20	1850	11,9		140

In Aminen erfolgt der Zerfall von BPO explosionsartig. AIBN kann sowohl thermisch als auch bei tiefen Temperaturen photochemisch gespalten werden.

Auch Peroxide in Verbindung mit Metallen lassen sich in Redoxsystemen als Initiatoren einsetzen.

$$H_2O_2 + Fe^{2+} \rightarrow OH^- + HO\cdot + Fe^{3+}$$
$$ROOH + Me^n \rightarrow OH^- + RO\cdot + Me^{n+1}$$

$$ROOH + Me^{n+1} \rightarrow H^+ + ROO\cdot + Me^n$$

Da sich das Metallion zurückbildet, werden nur geringe Mengen benötigt.

Für wässrige Systeme (z. B. in Emulsionspolymerisationen) wird häufig ein Initiatorsystem aus Kaliumperoxidisulfat und Mercaptanen verwendet.

$$K_2S_2O_8 + R\text{-}SH \rightarrow R\text{-}S\cdot + KSO_4\cdot + KHSO_4$$

1.2.2 Wachstumsreaktion/Abbruchreaktionen

In der Wachstumsreaktion werden fortlaufend Monomere an das Polymerradikal ($P_n\cdot$) addiert. Die Wachstumsgeschwindigkeit (v_W) ist abhängig von der Konzentration der Polymerradikale $P_i\cdot$ und des Monomers M. Unter der Voraussetzung, dass alle Polymerradikale die gleiche Reaktivität besitzen, ergibt sich die Wachstumsgeschwindigkeit aus der Konzentration aller Polymerradikale und der aktuellen Monomerkonzentration. Die einzelnen Geschwindigkeitskonstanten k_{Wi} sind dann gleich und können zu einer Konstante k_W zusammengefasst werden.

$$P_n\cdot + M \rightarrow P_{n+1}\cdot \qquad v_W = \sum_i k_{Wi}[P_i\cdot][M] = k_W[P\cdot][M]$$

Der Einbau eines Monomers in die wachsende Polymerkette ist um so leichter, je besser das entstehende Radikal resonanzstabilisiert ist. Die Resonanzstabilisierung und damit die Polymerisierbarkeit nimmt für Vinylsubstituenten in der Reihe $C_6H_5 > CH{=}CH_2 > COCH_3 > CN > COOR > OOCR > OR$ ab. Styrol ist leicht zu polymerisieren; umgekehrt ist jedoch ein Poly(vinylacetat)-Radikal ca. 1000-mal reaktiver (hohe Reaktionsgeschwindigkeit mit einem weiteren Monomer) als ein entstandenes Polystyrol-Radikal. Disubstituierte Vinylmonomere sind meist reaktiver als monosubstituierte.

Die Geschwindigkeit der irreversiblen radikalischen Polymerisation (Bruttopolymerisationsgeschwindigkeit v_{Br}) kann in einfacher Weise über die Änderung der Konzentration an Monomer definiert werden. Voraussetzung hierfür ist, dass das Monomer nicht durch andere Reaktionen (Start, Abbruch) verbraucht wird. Dies ist bei genügend hohen Polymerisationsgraden ($P_n > 100$) erfüllt. Die Wachstumsgeschwindigkeit (v_W) kann dann der Geschwindigkeit der Monomerabnahme gleichgesetzt werden.

$$v_{Br} = v_W = -d[M]/dt \approx -\Delta M/\Delta t$$

Praktisch lässt sich die Polymerisationsgeschwindigkeit über die Änderung der UV-Absorption oder über die Volumenkontraktion der Reaktionsmischung (dilatometrisch) bestimmen.

Die reaktiven Polymerradikale können mit sich selbst reagieren und somit zum Abbruch der Polymerisation führen. Hierbei kann zwischen Disproportionierungs- und Rekombinationsabbruch unterschieden werden.

$$v_{Ab} = k_{Ab} [P \cdot]^2$$

Zeitlicher Verlauf einer radikalischen Polymerisation:

Nach Zugabe des Initiators zu einer temperierten Polymermischung (z. B. Substanzpolymerisation von Styrol) steigt die Polymerisationsgeschwindigkeit zunächst an. Ist die Summe der Startreaktionen und die Summe der Abbruchreaktionen konstant (stationärer Zustand), wird die Polymerisationsgeschwindigkeit konstant, da im Frühstadium der Reaktion der Monomerenverbrauch zunächst vernachlässigbar ist. Sind einige Prozent an Monomer verbraucht, sinkt die Polymerisationsgeschwindigkeit entsprechend linear ab. Bei einem Umsatz von einigen 10 % steigt die Polymerisationsgeschwindigkeit jedoch wieder stark an (Gel-Effekt, Trommsdorff-Effekt), um nach Überschreiten eines Maximums drastisch abzusinken (Abb. 10).

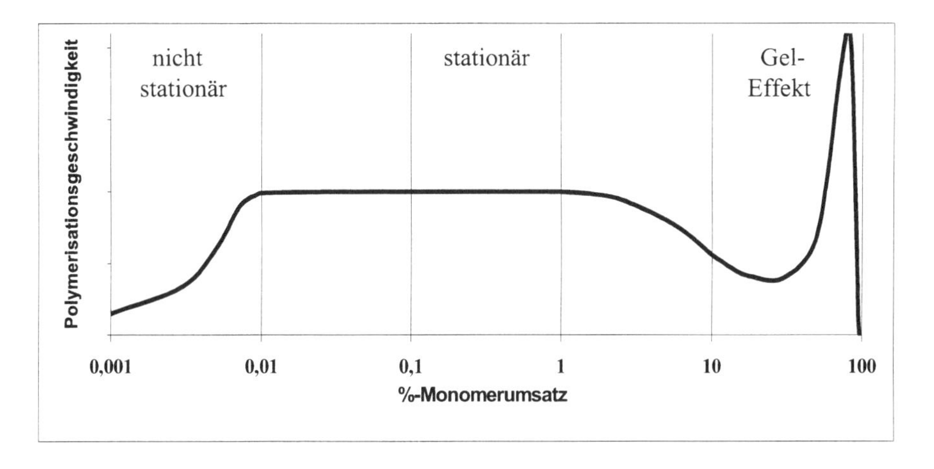

Abbildung 10: Polymerisationsgeschwindigkeit als Funktion des logarithmischen Monomer--umsatzes (nach Elias 1999 [1])

Im Gel-Zustand ist die Beweglichkeit der Polymerketten stark abgesenkt. Abbruchreaktionen zweier Polymerradikalketten werden so unterdrückt. Die höhere Viskosität mindert jedoch nicht die Beweglichkeit von Initiator und Monomer und hat somit zunächst keinen Einfluss auf die Bildung neuer Polymerradikale (kein stationärer Zustand). Infolge dessen steigt der Monomerverbrauch an. Erst wenn bei hohen Umsätzen die Monomerbeweglichkeit ebenfalls nachlässt, sinkt die Polymerisationsgeschwindigkeit ab und geht gegen Null.

Im stationären Zustand – die Konzentration an Polymerradikalen ist konstant und der Abbruch der Polymerisation erfolgt durch Rekombination/Disproportionierung zweier Polymerradikale – ergibt sich:

$$\mathrm{v}_{St} = \mathrm{v}_{Ab}$$

$$2 f k_D [I_2] = k_{Ab} [P\cdot]^2 \qquad [P\cdot] = \sqrt{\frac{2 f k_D}{k_{Ab}}}$$

Als Bruttoreaktionsgeschwindigkeit erhält man hieraus durch Einsetzen:

$$\mathrm{v}_{Br} = k_{Br} \sqrt{[I_2]}\ [M] \qquad \text{mit } k_{Br} = k_w \sqrt{\frac{2 f k_D}{k_{Ab}}}$$

Die Polymerisationsgeschwindigkeit nimmt somit unter stationären Bedingungen (Bodenstein´sche Stationarität) nur mit der Wurzel der Initiatorkonzentration zu und hängt linear von der Konzentration an Monomer ab.

Mit der Gleichung $k_{Br} = k_w \sqrt{\frac{2 f k_D}{k_{Ab}}}$ und dem Arrhenius-Ansatz $k = A^* \exp(-\Delta E^* / RT)$ ergibt sich für die Bruttoaktivierungsenergie E^*_{Br} nach Einsetzen in die Geschwindigkeitskonstanten der Einzelreaktionen:

$$E^*_{Br} = E^*_W + 1/2\, E^*_D - 1/2\, E^*_{Ab}$$

Für das Beispiel einer Substanzpolymerisation von Styrol mit Benzoylperoxid als Initiator ist E^*_D = 134 kJ/mol, E^*_W = 32,5 kJ/mol und E^*_{Ab} = 2 kJ/mol. Hieraus ergibt sich ein stark positiver Wert für die Bruttoaktivierungsenergie E^*_{Br}. Die Polymerisationsgeschwindigkeit nimmt somit entsprechend der Arrhenius-Beziehung mit steigender Temperatur stark zu.

1.2.2.1 Kinetische Kettenlänge

Eine Polymerisationskinetik liefert aufgrund unterschiedlicher Abbrucharten nicht das Zahlenmittel des Polymerisationsgrads, sondern die kinetische Kettenlänge ν. Diese gibt an, wie viele Monomermoleküle durch ein Initiatorradikal polymerisiert werden, bevor das Polymerradikal durch eine Abbruchreaktion vernichtet wird. Es beschreibt somit das Verhältnis der Wachstumsgeschwindigkeit zur Summe aller Abbruchreaktionen.

$$\nu = \mathrm{v}_W \Big/ \sum \mathrm{v}_{Ab}$$

Findet als Abbruchreaktion ausschließlich Disproportionierung statt, ist die kinetische Kettenlänge gleich dem mittleren Polymerisationsgrad ($\nu = \overline{P_n}$), bei Rekombinationsabbruch gilt jedoch $\overline{P_n} = 2\nu$. Spielen Übertragungsreaktionen eine wichtige Rolle, so gilt $\overline{P_n} << \nu$; der Polymerisationsgrad ist deutlich kleiner als die kinetische Kettenlänge.

$$P_n \propto \nu = \frac{2\,v_W}{v_{Ab}} = \frac{2\,v_W}{v_D} = \frac{2k_W \cdot k_{Ab}^{-0,5} \cdot (2fk_D)^{-0,5} \cdot [I_2]^{0,5} \cdot [M]}{2f \cdot k_D \cdot [I_2]}$$

$$P_n \propto \frac{1}{\sqrt{[I_2]}} \qquad \text{und} \qquad P_n \propto [M]$$

Aus der Betrachtung wird ersichtlich, dass der Polymerisationsgrad indirekt proportional zur Wurzel aus der Initiatorkonzentration und direkt proportional zur Monomerkonzentration ist.

Ersetzt man die Geschwindigkeitskonstanten der Teilreaktionen aus obiger Gleichung durch den Arrhenius-Ansatz ($k = A^* \exp(-\Delta E^* / RT)$) und betrachtet obiges Beispiel (Substanzpolymerisation von Styrol mit Benzoylperoxid), so folgt hieraus, dass mit steigender Polymerisationstemperatur der Polymerisationsgrad abnimmt.

Tabelle 6: Typische Wachstums- und Abbruchgeschwindigkeiten von Monomeren (nach Elias [1])

Monomer	**Lösemittel**	**k_W (l/mol·s)**	**k_{Ab} (l/mol·s)**
Styrol	-	86	6 000 000
MMA	-	325	30 000 000
MMA	Benzol	260	21 000 000
MMA	Benzonitril	330	17 000 000
Acrylnitril	-	90	9 000 000
Acrylnitril	DMF	380	48 000 000
Acrylnitril	Wasser	21000	2 800 000 000

In der Tabelle 6 sind typische Reaktionsgeschwindigkeitskonstanten für Wachstum (k_W) und für Abbruch (k_{Ab}) aufgeführt. Die Abbruchgeschwindigkeit liegt zumeist um mehrere Größenordnungen über der Polymerisationsgeschwindigkeit. Eine nennenswerte Polymerisation tritt nur deswegen ein, weil die Konzentration der Polymerradikale (ca. 10^{-8} mol/l) gegenüber der Monomerkonzentration (0,1–10 mol/l) vernachlässigbar klein ist. Der Einfluss von Lösemittel auf die Geschwindigkeitskonstanten k_W und k_{Ab} ist nur bei stark polaren Monomeren wie Acrylnitril ausgeprägt.

1.2.2.2 Kettenübertragung

Neben der Übertragung von Radikalen, z. B. Wasserstoffatom oder Halogen auf ein zweites Polymerradikal – sogenannte Abbruchreaktion durch Disproportionierung –, kann eine Radikalübertragung auch auf alle anderen Spezies der Reaktionsmischung erfolgen (Monomer, Initiator, Polymer, Lösemittel, Regler usw.).

Kinetisch spricht man dann von Übertragung, wenn das neu gebildete Radikal wiederum eine Polymerisation auslöst. Die kinetische Kettenlänge bleibt hierbei erhalten. Mit der Übertragungsgeschwindigkeit $v_Ü$ lässt sich die kinetische Kettenlänge wie folgt verallgemeinern:

$$\nu = \frac{v_W}{v_{Ab} + \sum v_Ü} \qquad v_Ü = k_Ü [P\cdot][X-R]$$

Im Falle eines reinen Polymerisationsabbruchs durch Disproportionierung (AD) ist der Polymerisationsgrad P_n mit der kinetischen Kettenlänge ν gleichzusetzen. Liegt ausschließlich Rekombinationsabbruch (AR) vor, ist $P_n = 2\nu$. Mit dem Kopplungsgrad k wird das Verhältnis der Bildungsgeschwindigkeiten von neuen Ketten zur Geschwindigkeit, mit der Makromoleküle entstehen, ausgedrückt. Der Kopplungsgrad gibt somit an, wie viele primär gebildete Polymerketten (Polymerradikale) ein Makromolekül bilden.

$$k = \frac{v_{AR} + v_{AD}}{1/2\, v_{AR} + v_{AD}}$$

k liegt zwischen 1 und 2

Der Polymerisationsgrad P_n beschreibt das Verhältnis der pro Zeiteinheit in ein Polymer eingebauten Monomere zur Zahl der in dieser Zeit gebildeten Makromoleküle. Gebildet werden Makromoleküle durch Abbruchreaktionen oder durch Übertragung der Radikalstelle.

$$P_n = \frac{v_W}{1/2\, v_{AR} + v_{AD} + \sum v_Ü}$$

Durch Erweiterung mit v_{AB} und Einsetzen von $v_{AB} = 1/2\ v_{AR} + v_{AD}$ erhält man den Ausdruck

$$\frac{1}{P_n} = \frac{1/2\, v_{AR} + v_{AD}}{v_{AR} + v_{AD}} \cdot \frac{v_{AB}}{v_W} + \frac{\sum v_Ü}{v_W}$$

Durch Einsetzen des Kopplungsgrads k sowie der einzelnen Übertragungsgeschwindigkeiten ($v_{ÜM}$ = Übertragung zum Monomer und $v_{ÜL}$ = Übertragung zum Lösemittel) ergibt sich:

$$\frac{1}{P_n} = \frac{1}{k \cdot \nu} + \frac{k_{ÜM} \cdot [P\cdot] \cdot [M]}{k_W \cdot [P\cdot] \cdot [M]} + \frac{k_{ÜL} \cdot [P\cdot] \cdot [L]}{k_W \cdot [P\cdot] \cdot [M]}$$

Die Definition der Übertragungskonstanten $C_{ÜM} = k_{ÜM}/k_W$ und $C_{ÜL} = k_{ÜL}/k_W$ und Umformen liefert schließlich die sogenannte **Mayo-Gleichung**:

$$\frac{1}{P_n} - \frac{1}{P_{n,0}} = C_{ÜM} + C_{ÜL} \frac{[L]}{[M]}$$

Ein Auftragen des aktuellen reziproken Polymerisationsgrads unter Abzug des reziproken Polymerisationsgrads ohne Übertragung gegen das Verhältnis der Lösemittel- zur Monomerkonzentration liefert als Steigung die Übertragungskonstante des Lösemittels und als Achsenabschnitt die Übertragungskonstante des Monomers.

Beispielsweise führt die Polymerisation von Propen durch die leichte Übertragung zum Monomer nur zu niedrigen Polymerisationsgraden von 15–25. Sie ist unabhängig von der Reaktionstemperatur und von der Monomerkonzentration.

Vergleicht man den Polymerisationsgrad ($P_{n,0}$) ohne und mit Zusätzen von Reglern (P_{nR}), so kann durch nachfolgende Gleichung das Reglerverhalten, d. h. die Übertragungskonstante $C_{ÜR}$ bestimmt werden.

$$\frac{1}{P_{nR}} = \frac{1}{P_{n,0}} + C_{ÜR} \frac{[R]}{[M]}$$

Ist beispielsweise der mittlere Polymerisationsgrad einer Polymerreaktion $P_{n,0}=1000$, so reduziert sich (für $C_{ÜR}=1$) der durchschnittliche Polymerisationsgrad P_{nR} bei Einsatz eines Regler/Monomerverhältnis [R]/[M] von 0,01 auf ca. 100. Voraussetzung hierfür ist, dass z. B. durch Nachdosierung die Konzentration an Regler bzw. das Regler/Monomerverhältnis konstant gehalten wird.

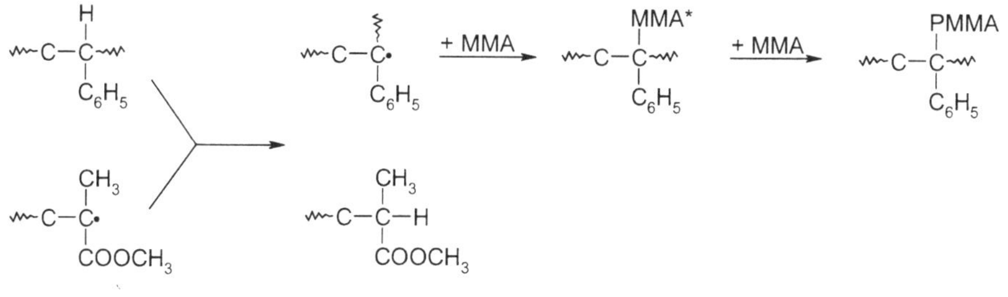

Abbildung 11: Herstellung von Pfropfcopolymeren (PS-PMMA) durch Übertragung

Verzweigungen und Pfropfreaktionen lassen sich zwanglos durch Übertragungsreaktionen erklären. Bei Pfropfreaktionen wird mitten in einem Polymermolekül durch Übertragung beispielsweise eines Wasserstoffatoms eine Radikalstelle übertragen, die dann mit Monomer weiterreagiert (Abb. 11).

1.2.2.3 Lebende radikalische Polymerisation

Bei der radikalischen Polymerisation werden Polymere mit relativ breiter Molmassenverteilung erzeugt. Bei starker Übertragungsreaktion (z. B. zum Monomer oder zu Überträgern) verbreitert sich die Verteilung der Molmasse abermals und es werden Uneinheitlichkeiten (U) bis 10 erhalten. Hierbei konkurrieren Wachstums- mit Abbruch- bzw. Übertragungsreaktionen. Die Verteilung ist somit durch kinetische Konstanten kontrolliert. Dem gegenüber wird die sehr viel engere Stoffmengenverteilung bei lebenden ionischen Polymerisationen durch die Stoffmengenverhältnisse von Monomer und Initiator bestimmt.

Bei der ionischen Polymerisation können die wachsenden Kettenenden nicht miteinander reagieren (gleiche Ladung) und somit die Polymerisation abbrechen. Im Gegensatz hierzu wird bei der radikalischen Polymerisation durch Rekombination und Disproportionierung die Konzentration an aktiven Zentren stetig reduziert und geht ohne die Bereitstellung neuer Monomerradikale schnell gegen Null. Können jedoch die Abbruchreaktionen unterdrückt werden und finden keine Nebenreaktionen statt, lässt sich eine quasilebende radikalische Polymerisation verwirklichen [19].

So lassen sich beispielsweise bei der Polymerisation von Styrol durch Zusatz von Monoradikalen wie Tetramethyl-1-piperidinyloxy (TEMPO) die Makroradikale reversibel blockieren (Erzeugung schlafender Radikale). Hierdurch werden die Radikalkonzentration stark reduziert und somit die Abbruchreaktionen zurückgedrängt. Die labilen TEMPO-Addukte stehen jedoch weiterhin dem Polymeraufbau zur Verfügung. Die Uneinheitlichkeit kann bei derartig "lebender" Polymerisation unter 0,5 gesenkt werden. Die Polymeristionsgeschwindigkeit ist jedoch relativ niedrig.

Auch bei der Atomübertragungspolymeristion, bei der durch katalytische Mengen von 2,2′-Bipyridyl-Kupferchlorid-Komplexen reversibel Chlorradikale aus schlafenden Kettenenden (z. B. $C_6H_5CH(CH_3)$-$[CH_2$-$CH(COOCH_3)]_n$-Cl) entfernt werden, können bei der geringen Konzentration an Polymerradikalen die Abbruchreaktionen minimiert und entsprechend einer lebenden Polymerisation Polymere mit niedriger Uneinheitlichkeit (U = 0,1) erhalten werden. Als Monomere lassen sich sowohl Styrole als auch Acrylate und Methacrylate einsetzen. Das Zahlenmittel der Molmasse nimmt hier wie bei der lebenden ionischen Polymerisation mit der Zeit linear zu.

1.2.2.4 Inhibitoren und Verzögerer

Um technisch die Lagerstabilität von Monomeren zu erhöhen, werden den Monomeren sogenannte Inhibitoren bzw. Verzögerer, wie Chinone oder Nitroverbindungen zugesetzt. Beispielsweise unterbindet ein Zusatz von Benzochinon im Styrol zunächst völlig die thermische Polymerisation. Hierbei werden reaktionsträge Radikale gebildet, die keine Polymerisation auslösen können. Nach Verbrauch lässt sich dann jedoch das Styrol mit gleicher Geschwindigkeit wie ohne Zusatz polymerisieren. Dieses Verhalten entspricht dem echter Inhibitoren. Im Gegensatz hierzu wird bei Zusatz von Nitrobenzol zu Styrol die thermische Polymerisation nicht völlig unterbunden. Die Polymerisation startet direkt, ist jedoch in der Geschwindigkeit deutlich verlangsamt. Man spricht hier von einem Verzögerer. Nitrosobenzol weist sowohl Inhibitoreigenschaften als auch Verzögererfunktion auf, indem es zunächst die Polymerisation völlig unterbindet, in einer zweiten Stufe dann die Polymerisationsgeschwindigkeit herabsetzt.

Ein Zusatz von Hydrochinon wirkt zunächst nicht inhibierend, fängt jedoch Sauerstoffradikale ab, bevor Hydroperoxide gebildet werden; sein Oxidationsprodukt Benzochinon wirkt dann aber als Inhibitor.

Abbildung 12: Spezielle Verzögererwirkung von Benzochinon in Verbindung mit AIBN

Die Wirkung von Stabilisatorzusätzen kann sich je nach Bedingungen unterscheiden. Wird beispielsweise Benzochinon zu Methylmethacrylat, das als Initiator AIBN enthält, zugesetzt, reagiert Benzochinon mit gebildeten Initiatorradikalen zu weniger reaktiven Initiatorradikalen, die verlangsamt dennoch eine Polymerisation starten können (Abb. 12, Verzögererverhalten).

1.3 Ionische Polymerisation

Ionische Polymerisationen sind Kettenreaktionen, die durch Ionen aus dissoziierten Initiatoren ausgelöst werden. Man unterscheidet hierbei zwischen anionisch (R^-) und kationisch initiierenden Ionen (R^+). Die Reaktion der Initiatoren mit Monomer liefert das sogenannte Monomeranion ($I\text{-}M^-$) bzw. Monomerkation ($I\text{-}M^+$). Durch die weiter ablaufende Anlagerung von Monomer werden entsprechend Makroanionen bzw. Makrokationen gebildet.

$P_n^- + M \rightarrow P_{n+1}^-$ anionischer Wachstumsschritt (Makroanionen)
$P_n^+ + M \rightarrow P_{n+1}^+$ kationischer Wachstumsschritt (Makrokation)

Vergleicht man die ionische Polymerisation mit der Polymerisation über Radikale, so zeigen sich folgende Unterschiede (Tabelle 7):

Tabelle 7: Vergleich radikalischer mit ionischer Polymerisation

Vergleich	Radikalisch	Ionisch
Initiierung	Homolytische Bindungsspaltung	Dissoziation zu Ionen
Aktivierungsenergie (kJ/mol)	125	0
Kettenwachstum	Radikale	Ionen (+ Gegenion)
Lösemitteleinfluss	Meist gering	groß
Kettenabbruch	Durch Wachstumsträger (z. B. durch Rekombination)	Nicht durch Wachstumsträger, da gleiche Ionenladung
Funktion im Monomeren	C=C	C=C, C=X, Heterocyclen

Bei der ionischen Polymerisation treten unterschiedliche Spezies von Ionen auf, deren Konzentrationen von Lösemittel, Temperatur und Gegenion abhängen.

kovalente Verbindung — polarisiertes Molekül — Kontaktionenpaar — Solvationenpaar — freie Ionen

$$R-Q \longleftrightarrow \overset{\delta^-\ \delta^+}{R-Q} \longleftrightarrow R^-Q^+ \longleftrightarrow R^-//Q^+ \longleftrightarrow R^- + Q^+$$

Polarisation — Ionisation — Solvatation — Dissoziation

Abbildung 13: Unterschiedliche Spezies von Ionen (nach Elias 1999 [1])

1.3.1 Polymerisationsgrad und Kinetik der ionischen Polymerisation

Bei Abwesenheit von Verunreinigungen (Sauerstoff, Wasser, Säuren), Übertragungsreaktionen zum Monomer oder Lösemittel findet bei der ionischen Polymerisation kein Abbruch statt (lebende Polymerisation). Der Polymerisationsgrad P_n ergibt sich dann aus den jeweiligen Konzentrationen an Monomer M und Initiator I am Anfang (0) und zum Zeitpunkt (t)

$$P_n = i\frac{[M_0]-[M_t]}{[I_0]-[I_t]} \approx i\frac{[M_0]}{[I_0]}$$

Der Faktor i beschreibt die Zahl der wachsenden Zentren pro Initiatormolekül (entspricht somit der "Wertigkeit" des Initiators). Bei hohen Umsätzen vereinfacht sich die Formel. Der Polymerisationsgrad ist dann direkt proportional zur Monomerkonzentration und indirekt proportional zur Initiatorkonzentration.

Werden durch schnelle Reaktion des Initiators direkt alle Ketten zu Beginn gestartet, ist die Initiatorkonzentration zur Zeit t (I_t) gleich 0 und kann aus der Gleichung gestrichen werden. Der Polymerisationsgrad ist durch den ersten Einbau eines Monomers bei der Startreaktion um 1 höher als die kinetische Kettenlänge ($P_n = \nu + 1$).

Die Bruttoreaktionsgeschwindigkeit v_{Br} der lebenden ionischen Polymerisation kann bei genügend hohen Umsätzen dem Monomerenverbrauch (-d[M]/dt) beim Wachstumsschritt gleichgesetzt werden (Monomerverbrauch beim Start ist vernachlässigbar) und ist proportional der Konzentration an Makroionen und des Monomers M. Werden aus allen Initiatormolekülen wachsende Ketten gebildet, so gilt für die Startkonzentration des Initiators $[I_0] = [I\text{-}M^-] = [P^-]$.

$$v_{Br} = -\frac{d[M]}{dt} = k_W\,[I_0]\,[M]$$

Durch Integration erhält man:

$$\ln([M]/[M_0]) = -k_w \cdot [I_0] \cdot t$$

Das Auftragen von $\ln([M]/[M_0])$ gegen t ergibt für irreversible Prozesse eine Gerade mit der Steigung $k_w\,[I_0]$. Die Polymerisationsgeschwindigkeit ist jedoch nur dann proportional der Initiatorkonzentration, wenn sich keine Assoziate von Initiatoren (z. B. Assoziate aus Alkyllithium: n R-Li $\rightarrow$ $(R\text{-}Li)_n$) bilden. Zunehmende Polarität bei der Lösemittelwahl wirkt einer Assoziation entgegen.

Bei reversiblen Reaktionen mit langen Reaktionszeiten macht sich die Rückreaktion bemerkbar, das Gleichgewicht wird erreicht und die zunächst abfallende Gerade (Auftragung $\ln([M]/[M_0])$ gegen T) geht in eine Funktion $\ln([M]/[M_0]) = const.$ (Gerade entlang der Zeitachse) über.

Im Vergleich zur radikalischen Polymerisation folgen bei der lebenden ionischen Polymerisation die erhaltenen Polymere einer sehr engen Molekulargewichtsverteilung (Poisson-Verteilung). Die Uneinheitlichkeit sinkt mit zunehmendem Polymerisationsgrad, für hohe Werte ($P_n > 1000$) werden quasi molekular einheitliche Polymere erhalten.

1.3.2 Anionische Polymerisation

Zur anionischen Polymerisation sind besonders Doppelbindungen oder Ringmoleküle mit Elektronenakzeptorsubstituenten geeignet (Abb. 14). Zu derartigen Substituenten zählen Nitrogruppen, Halogene, Pseudohalogene, Carboxylgruppen, Cyanogruppen, aber auch aromatische Systeme und Doppelbindungen, die die negative Ladung stabilisieren. Die Fähigkeit zur anionischen Polymerisation nimmt bei Substituenten von Olefinen in der Reihenfolge: NO_2 > COR > COOR = CN > C_6H_5 >> CH_3 ab.

Beispiele für Ringmoleküle, die anionisch polymerisiert werden können, sind Propylenoxid, ε-Caprolacton, ε-Caprolactam oder 1,3-Propylencarbonat. Industriell werden gegenüber radikalisch polymerisierten Monomeren nur wenige Monomere anionisch polymerisiert (z. B. Formaldehyd, Methylcyanacrylat, Laurinlactam, Butadien, Isopren). Gründe sind die zumeist teureren Initiatoren oder Lösemittel, die zum Erreichen hoher Polymerisationsgrade nötigen hohen Monomerumsätze und der erforderliche rigorose Ausschluss von Sauerstoff, Wasser und anderen kettenabbrechenden Verunreinigungen.

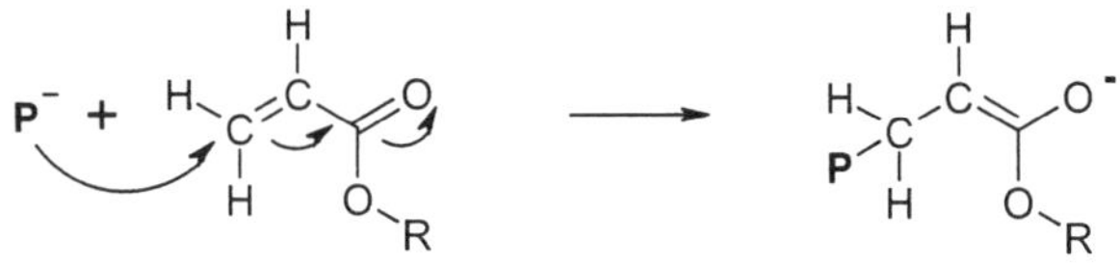

Abbildung 14: Stabilisierung der negativen Ladung bei anionischer Polymerisation

1.3.2.1 Initiatoren

Anionische Polymerisationen werden durch Basen oder Lewis-Basen wie beispielsweise Alkalimetalle, Alkoholate, Metallketyle, Amine, Phosphine und Grignard-Verbindungen initiiert. Welche Initiatoren zum Einsatz gelangen, ist stark vom Monomer abhängig. Styrol wird mit Metallalkylverbindungen (wie Butyllithium) gestartet, bei Cyanacrylaten reicht durch den Einfluss zweier aktivierender Substituenten (Carboxyl- und Cyanogruppe) schon Wasser als Base aus, um die Polymerisation auszulösen. Je größer der pK_A-Wert eines Initiators, umso einfacher ist es, ein Monomer anionisch zu polymerisieren.

Beispielsweise verläuft die anionische Polymerisation von Styrol mit Natrium und Naphthalin wie in Abbildung 15 beschrieben.

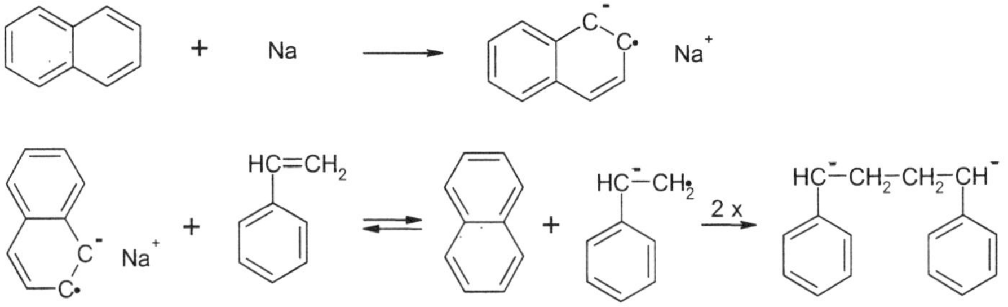

Abbildung 15: Herstellung des Distyryldianions beim Start der anionischen Styrolpolymerisation

Bei Zusatz von Natrium zu Naphthalin wird das Außenelektron vom Natrium in das unterste unbesetzte π-Orbital des Naphthalins übertragen. In einer Gleichgewichtsreaktion überträgt das entstehende Pseudoradikalanion dann das Elektron zum Styrol, obwohl das entstehende Styrolradikalanion weniger stabilisiert ist. Da jedoch das Styrolradikal mit einem 2. Radikal zum Distyryldianion weiterreagiert, wird das Gleichgewicht völlig auf diese Seite verschoben (Abb. 15).

Bei der anionischen Polymerisation von Lactamen ist die negative Ladung nicht wie üblich am Ende der wachsenden Polymerkette positioniert. Hier erfolgt der Angriff des 7-Rings durch ein Lactam-Anion; nach der Addition wird die negative Ladung wiederum auf ein Lactammonomer übertragen und somit das verbrauchte Monomeranion regeneriert (siehe Kapitel 3.6, Polyamide).

1.3.2.2 Abbruchreaktionen

Systemimmanente Abbruchreaktionen sind bei anionischen Polymerisationen selten. Bei Natriumgegenionen (bei höheren Temperaturen auch bei Lithium) können Eliminierungen und Bildung von Natriumhydrid die Polymerisation stoppen. Eine entsprechende Polystyrollösung wechselt dann die Farbe von Kirschrot nach Purpur (Abb. 16).

$$\sim CH_2-CH(C_6H_5)-CH_2-CH(C_6H_5)^- \; Na^+ \longrightarrow \sim CH_2-CH(C_6H_5)-CH=CH(C_6H_5) + NaH$$

Abbildung 16: Abbruch durch Elimination von Hydriden

Abbruchreaktionen erfolgen ansonsten unbeabsichtigt durch Verunreinigungen (beispielsweise Wasser, Alkohol, Ammoniak). Gezielte Zugabe von bestimmten Verbindungen wie beispielsweise CO_2 führen ebenfalls zum Abbruch und zur Funktionalisierung der Kettenenden (Carboxylatgruppen).

1.3.3 Kationische Polymerisation

Zur kationischen Polymerisation sind Olefine mit elektronenreichen Substituenten R′, Verbindungen mit Heteroatomen oder Gruppen der Form $R_2C{=}Z$ sowie heterocyclische Ringe geeignet. Hierzu zählen auch π-Donatoren wie Diene und Vinylaromaten, sowie Donatoren wie N-substituierte Vinylamine und Vinyether. Zur Gruppe der kationisch polymerisierbaren heteronuklearen Mehrfachbindungen gehören Aldehyde, Ketone und Thioketone, als heterocyclische Ringverbindungen sind cyclische Ether (Oxiran), Acetale, Sulfide, Imine, Ester (Lactone) und Amide (Lactame) zu nennen.

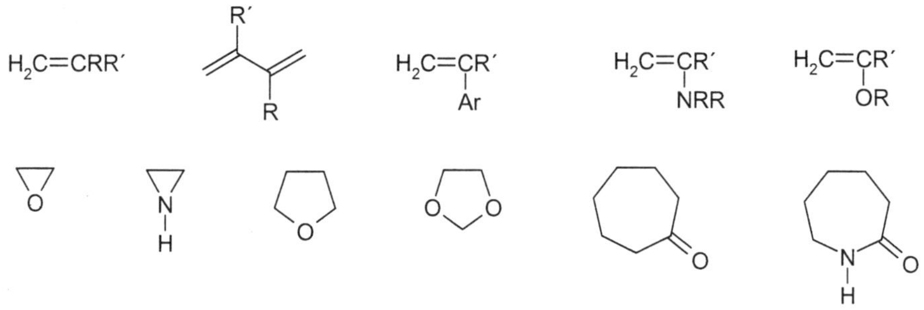

Abbildung 17: Kationisch polymerisierbare Monomere

Der wachstumsfähigste Teil muss hierbei jeweils der nucleophilste Teil sein. Bei Vinylnitril ist die Nitrilgruppe der nucleophilste Teil und nicht die Doppelbindung. Daher ist Vinylnitril nicht kationisch polymerisierbar. Prinzipiell können sehr viele Monomere kationisch polymerisiert werden. Durch die hohe Reaktivität vieler Makrokationen, die zu Abbruch und Übertragungsreaktionen führt, werden jedoch nur wenige Monomere industriell kationisch polymerisiert (z. B. Isobutylen/Isopren-Mischungen, Alkylvinylether, Formaldehyd, Ethylenimin, Tetrahydrofuran).

1.3.3.1 Initiatoren

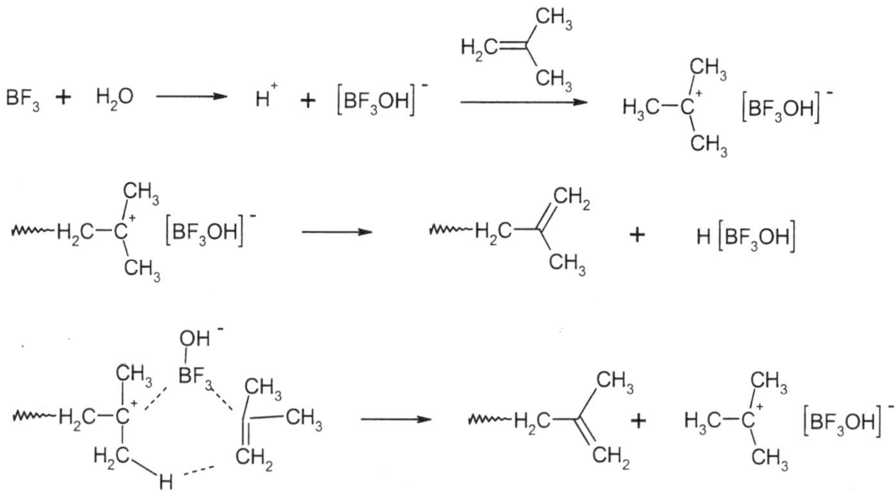

Abbildung 18: Kationische Initiierung der Polymerisationsreaktion mit Lewis-Säuren und Abbruch durch Eliminierung und Übertragung

Als Initiatoren kommen Brönsted-Säure, Lewissäure und Carbenium-Salze in Frage. In allen Fällen dürfen die Gegenionen nicht nucleophil sein, da sie sich sonst an die wachsenden Makrokationen anlagern und die Kette abbrechen.

Geeignete Protonensäuren sind beispielsweise Perchlorsäure ($HClO_4$), Schwefelsäure und Trichloressigsäure (CCl_3COOH), als Lewissäuren werden $AlCl_3$, $TiCl_4$, BF_3 mit Spuren von H_2O eingesetzt, als potentielle Carbeniumionensalze gelten Acetylperchlorat und Triphenylmethanhalogenide (Abb. 18).

Lebende kationische Polymerisationen treten auf, wenn das instabile Carbeniumion stabilisiert werden kann. Die Zugabe bestimmter Gegenionen setzt die kationische Ladung herab, ebenso kann durch Zusatz schwacher Lewis-Basen die Acidität des β-Protons vermindert werden (Verhinderung der Eliminierung Abb. 19).

So findet man beispielsweise lebende kationische Polymerisationen bei der Polymerisation von Tetrahydrofuran mit Antimonpentachlorid unter Zusatz von Acetylchlorid (Abb. 19). Das Antimonpentachlorid bildet zunächst mit Acetylchlorid das Oxoniumion und als Gegenion Antimonhexachlorid. Tetrahydrofuran wird anschließend in einer Gleichgewichtspolymerisation polymerisiert. Als Folge erhält man eine sehr breite Molmassenverteilung (Schulz-Flory-Verteilung). Die Ceilingtemperatur liegt bei ca. 60–70 °C.

$H_3C{-}CO{-}Cl + SbCl_5 \longrightarrow H_3C{-}\overset{+}{C}{=}O\ [SbCl_6]^-$ —(THF)→ $\overset{+}{O}{-}C(=O){-}CH_3\ [SbCl_6]^-$

$\overset{+}{O}{-}C(=O){-}CH_3\ [SbCl_6]^-$ ⇌ (n THF) $H_3C{-}CO{-}[O{-}(CH_2)_4]_n{-}\overset{+}{O}\ [SbCl_6]^-$

Abbildung 19: Lebende kationische Polymerisation für das System Tetrahydrofuran/ $SbCl_5$/CH_3COCl

1.3.3.2 Vergleich anionischer mit kationischer Polymerisation

Die Durchführung von kationischen Polymerisationen ist komplizierter als die der anionischen Polymerisation. Je höher die Polarität des Lösemittels, desto größer ist die Reaktivität des Kations. Gegenüber der anionischen Polymerisation ist die Reaktionsgeschwindigkeit bei der kationischen Polymerisation sehr hoch, was zu vielen Nebenreaktionen führt. Durch Übertragungsreaktionen steigt der Polymerisationsgrad nicht linear mit dem Umsatz.

Bei lebender anionischer bzw. kationischer Polymerisation können durch sukzessive Zugabe unterschiedlicher Monomere in einfacher Weise Blockcopolymere erzeugt werden. Bei anionischer Polymerisation von Butadien mit Butyllithium als Initiator werden so beispielsweise bei nachfolgender Zugabe von Styrol Zweiblockcopolymere erhalten; wird mit Naphthylnatrium gestartet, entstehen entsprechend Dreiblockcopolymere.

1.4 Polyinsertion

Bei der ionischen und radikalischen Polymerisation werden Monomermoleküle an aktive Zentren angelagert. Diese Zentren (Anionen, Kationen, Radikale) sind von den kovalent gebundenen Initiatorresten durch die bereits angelagerten Monomereinheiten getrennt. Im Gegensatz hierzu wird das neue Monomer bei der Insertionspolymerisation in die Bindung zwischen dem Initiator und der zuletzt eingebauten Monomereinheit eingelagert, was eine bessere sterische Kontrolle des Katalysators auf das neu einzubauende Monomer erlaubt. Beispielswiese können bei Einsatz chiraler Metallocene mit C^2-Symmetrie isotaktische oder syndiotaktische Polymere erhalten werden. Der Einbau erfolgt bifunktionell, bei der klassischen radikalischen und ionischen Polymerisation hingegen monofunktionell.

1.4.1 Katalysatoren

Bei der Ziegler-Natta-Polymerisation (nach Karl Ziegler und Guilio Natta) kommen zumeist heterogene Katalysatoren zum Einsatz. Diese entstehen durch Kombination von Metallverbindungen der 4. bis 8. Nebengruppe des Periodensystems mit Hydriden, Alkyl- oder Arylverbindungen von Metallen der 1. bis 3. Hauptgruppe. Ein typischer Ziegler-Katalysator wird aus $TiCl_4$ und $(C_2H_5)_3Al$ gebildet. Da Fragmente des Ziegler-Katalysators in das Polymer eingebaut werden und dieser somit nicht wieder vollständig zurückgebildet wird, ist die Bezeichnung Katalysator eigentlich nicht korrekt.

Bei den heterogenen Katalysatoren ist nur der an der Oberfläche befindliche Anteil an Übergangsmetall für die katalytische Aktivität verantwortlich. Durch die unterschiedliche räumliche Umgebung weisen derartige Mehrzentren-Katalysatoren unterschiedlich wirksame Zentren auf, die beim Polymeraufbau zu einer breiten Molekulargewichtsverteilung führen (U = 3–10, mit einer logarithmischen Normalverteilung).

Mit Metallocen-Katalysatoren stehen aber auch lösliche Einzentrenkatalysatoren zur Verfügung, die nur eine Art an wirksamer Spezies besitzen. Finden keine Abbruch- oder Übertragungsreaktionen statt, folgen die Molmassen hiermit hergestellter Polymere denen einer Poisson-Verteilung (U ≈ 0,5) und bei starker Übertragungsreaktion denen einer Schulz-Flory-Verteilung (U ≈ 1).

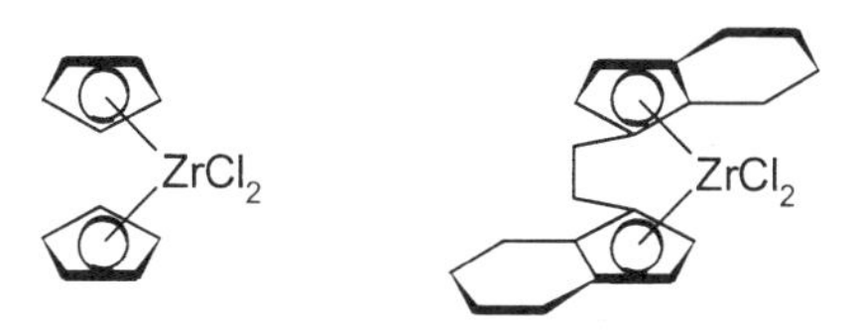

Abbildung 20: Zirkonium-Metallocene mit und ohne Ethylenverbrückung

Da bei heterogenen Katalystoren weder die genaue Struktur noch die Konzentration der aktiven Zentren bekannt ist, werden die Katalysatoren über ihre Produktivitäten (Ausbeuten) beurteilt. Ein Katalysatorsystem aus $TiCl_4/R_3Al/MgCl_2$ weist eine Polymerausbeute von bis zu 50 kg/g Titan auf, der lösliche Katalysator Cp_2ZrR_2/Methylaluminoxan sogar eine von bis zu 3 t/g Zr [1].

Die löslichen Ziegler-Katalysatoren werden aus Aluminiumorganylen durch Zusatz gewisser Mengen an Wasser hergestellt. Hierbei entstehen Aluminoxane, Ketten oder Ringe (Hexamere) mit Kettengliedern aus –Al(R)-O- und organischen Resten (R: Ethyl, Methyl).

1.4.2 Monomere

Ziegler-Natta-Polymerisationen lassen sich mit aliphatischen oder cycloaliphatischen Olefinen bzw. Dienen und in bestimmten Fällen mit Vinylverbindungen durchführen. Polare Verbindungen (Ester, Säuren) sind als Monomere nicht einsetzbar, weil sie den Katalysator zerstören.

Ethen polymerisiert mit Ziegler-Katalysatoren zu einem Polyethylen mit nur wenigen Verzweigungen (HD-PE). Ein entsprechendes Produkt ist radikalisch nicht herstellbar (hier entsteht nur stark verzweigtes LD-PE). Propen und Styrol polymerisieren je nach eingesetztem Initiator zu iso-, syndio- oder ataktischen Polymeren, wogegen die anderen 1-Olefine nur iso- oder ataktisches Material liefern. Cycloolefine können je nach Katalysatorwahl entweder unter Öffnung der Doppelbindung und Erhalt des Rings oder umgekehrt polymerisiert werden. 1,3-Diene bilden je nach Katalysator 1,4-cis-, 1,4-trans- oder 1,2-st-Polymere.

Auch Copolymere sind bei Einsatz von Ziegler-Katalysatoren herstellbar. So lässt sich Ethen zusammen mit Propen und einem nichtkonjugiertem Dien zu Elastomeren umsetzen (EPDM).

1.4.3 Mechanismus der Insertionsreaktion

Zur Bildung von Polymeren mit Ziegler-Katalysatoren werden sowohl bimetallische als auch monometallische Mechanismen vorgeschlagen.

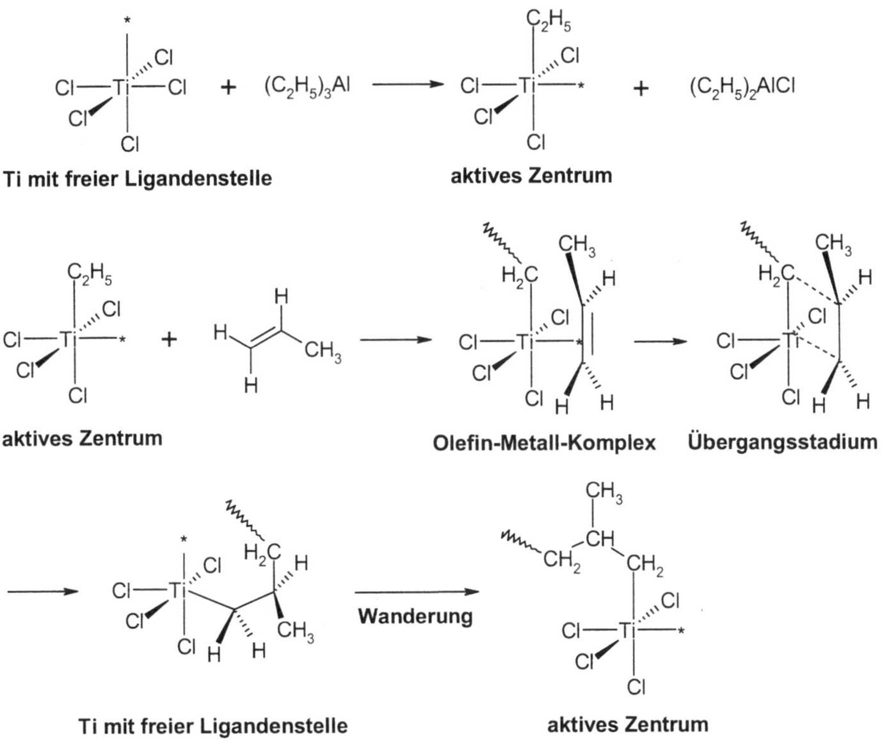

Ti mit freier Ligandenstelle **aktives Zentrum**

aktives Zentrum **Olefin-Metall-Komplex** **Übergangsstadium**

Wanderung

Ti mit freier Ligandenstelle **aktives Zentrum**

Abbildung 21: Monometallischer Insertionsmechanismus (nach Elias 1996 [4])

Beim monometallischen Mechanismus ist das aktive Übergangsmetall (z. B. Oberfläche von $TiCl_3$-Kristallen) oktaedrisch koordiniert und besitzt eine unbesetzte Ligandenstelle, an das sich das Olefin mit seiner π-Bindung koordiniert. Hierbei sind sowohl bindende als auch antibindende p- und d-Orbitale des Übergangsmetalls beteiligt. Der Doppelbindungscharakter wird während dieser Phase nicht vollständig aufgehoben, wodurch die freie Drehbarkeit um die entstehende Einfachbindung des Monomers verhindert wird und der Einbau sterisch kontrolliert abläuft. Gleichzeitig wird die Bindung Übergangsmetall–Polymerrest in dieser Phase destabilisiert. Die Methylengruppe des Polymerrestes am Übergangsmetall wird so aktiviert, dass sie mit der Doppelbindung des koordinierten Monomermoleküls reagieren kann. Schließlich wird das Olefin zwischen Übergangsmetall und Polymerkette geschoben und dann durch Wanderung an die ursprüngliche Ligandenposition verschoben. Die leere Ligandenstelle steht damit zur erneuten Koordination eines Monomers zur Verfügung (Abb. 21).

Das alkylierte Übergangsmetall als aktives Zentrum kann beispielsweise durch Zusatz von Aluminiumalkylen in einer Vorreaktion durch Austausch einer Alkylgruppe gegen Chlor erzeugt werden.

Beim bimetallischen Mechanismus spielt während der Koordination und Insertion des Monomers sowohl das Übergangsmetall (Titan) als auch das Hauptgruppenelement (Aluminium) eine Rolle. Auch hier wird die freie Drehbarkeit der sich abbauenden Doppelbindung verhindert. Alle Wachstumsreaktionen verlaufen über chirale Zentren, die zwischen den beiden Seiten des prochiralen Monomermoleküls differenzieren.

Abbruchreaktionen werden bei Ziegler-Natta-Polymerisationen nur durch Verunreinigungen hervorgerufen. Daneben findet man Übertragungen zum Monomer oder bei höheren Temperaturen Übertragung von Wasserstoff (β-Eliminierung, Abb. 22). Das bei der β-Eliminierung entstehende Metallhydrid wird aber durch Monomer realkyliert, so dass bei den Übertragungsreaktionen die Gesamtzahl der aktiven Zentren und damit die kinetische Kette unverändert bleibt.

$$\sim CH(R)-CH_2-Mt + R-CH=CH_2 \longrightarrow \sim C(R)=CH_2 + R-CH_2-CH_2-Mt$$

Abbildung 22: Übertragung des Übergangmetalls zum Monomer

Bei vorgeformten stabilen aktiven Zentren ist die Polymerisationsgeschwindigkeit nur abhängig von der Monomerkonzentration. Bei heterogenen Ziegler-Katalysatoren sind die aktiven Zentren weder vorgeformt noch stabil, da sich die aktiven Zentren oft nur langsam bilden. Hierdurch wird je nach Temperatureinstellung eine mehr oder weniger lange Anlaufphase beobachtet. Mit zunehmender Temperatur steigt die Produktivität des Katalysators, die Molmasse des hergestellten Polymers sinkt jedoch aufgrund vermehrter Eliminierung. Auch Übertragungen setzen den Polymerisationsgrad herab.

Metallocene werden durch Reaktion mit Aluminoxanen (AO) wie z. B. Methyl-aluminoxane (MAO) aktiviert, indem eine Methylgruppe vom Metallocen abstrahiert wird und sich ein Kontaktionenpaar bildet (Abb. 23).

$$Cp_2Zr(CH_3)_2 + MAO \rightarrow [Cp_2ZrCH_3]^+ + [CH_3MAO]^-$$

Abbildung 23: Bildung eines aktiven Metallocenkatalysators

Das Zirkonium ist hierdurch im Kation koordinativ ungesättigt und kann so Monomermoleküle addieren, um sich tetraedrisch zu koordinieren. Durch die freie

Drehbarkeit der Liganden am Zirkonium werden bei der Polymerisation von Olefinen nur ataktische Polymere erhalten. Wird jedoch mit sterisch anspruchsvollen Gruppen die räumliche Anordnung der Liganden eingefroren, können auch isotaktische oder syndiotaktische Polymere synthetisiert werden. Starre Metallocene sind durch Verbrückungen der Liganden (z. B. Ethylen-verbrückte Cyclopentadienylreste) zugänglich (Abb. 20). Die Symmetrie des Katalysators regelt während der Insertionsreaktion den sterischen Aufbau des Polyolefins. Je höher die Polymerisationstemperatur, um so weniger starr sind die Metallocenmoleküle und um so weniger stereoreguläre Polymere werden erhalten.

Folgendes Beispiel verdeutlicht die katalytische Wirkung eines löslichen hochaktiven Metallocenkatalysators:

Unter Verwendung von Cp_2ZrMe_2 (Cp: Cyclopentyl) werden bei einem Partialdruck des Ethylens von 8 bar ca. $24{,}8 \cdot 10^6$ g Polyethylen pro g Zirkonium und Stunde erzeugt. Bei einem Molmassenverhältnis von $M_{PE}/M_{Zr}=28/91{,}2$ bedeutet dies einen stündlichen Einbau von ca. $80 \cdot 10^6$ Ethylenmonomereinheiten bzw. bei einer mittleren Molmasse des Polymers von ca. 100.000 g/mol ca. 22.400 Polymermoleküle pro Zr-Atom. Die Wachstumszeit für ein Polymermolekül beträgt somit ca. 0,16 s und die Zeit für die Insertion eines Ethylenmoleküls ca. $4{,}5 \cdot 10^{-5}$ s [1].

1.4.4 Metathesepolymerisation

Eine Metathese ist eine Austausch- bzw. Disproportionierungsreaktion von Kohlenstoff-Kohlenstoff-Doppelbindungen in Olefinen, Cycloolefinen oder Dienen. Bei Metathesen von acyclischen Olefinen werden keine Polymere erhalten, wogegen sich Cycloalkene mit Metathese-Katalysatoren unter Ringöffnung und somit Erhalt der Doppelbindung zu linearen Polymeren umsetzen lassen.

Je höher die Ringspannung, um so leichter kann die Polymerbildung durchgeführt werden. Cyclohexen und Cyclohepten polymerisieren nicht.

Abbildung 24: Polymerbildung von Cycloalkenen und Dienen mit Hilfe von Metathese-Katalysatoren (nach Elias 1999 [1])

Daneben können auch acyclische Diene mit isolierten Doppelbindungen polymerisiert werden, indem sie in einer echten Polykondensationsreaktion kleine niedermolekulare Olefine abspalten. So kondensiert 5-Methyl-deca-1,5,9-trien unter Abspaltung von Ethen mit Wolframkatalysatoren zu Poly(butadien-alt-isopren, Abb. 24).

Bei cyclischen Olefinen oder Dienen werden bei der Metathese gleichartige Bindungen ausgetauscht. Somit ist die Reaktionsenthalpie null, die Reaktion ist ausschließlich entropisch kontrolliert. Metathesen verlaufen nicht spontan, sondern ausschließlich in Gegenwart von Metallcarbenen (CR_2=[Mt], [Mt] ist ein Übergangsmetallkomplex), wie zum Beispiel $CH_2=WCl_4$ ab.

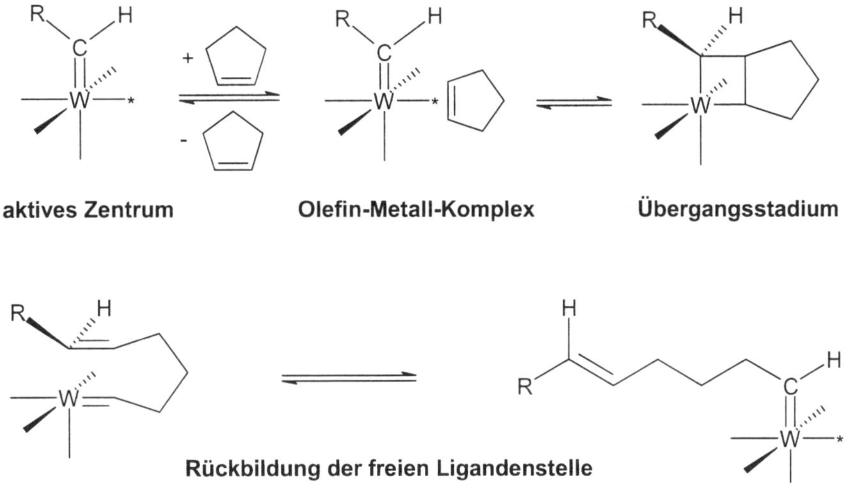

aktives Zentrum **Olefin-Metall-Komplex** **Übergangsstadium**

Rückbildung der freien Ligandenstelle

Abbildung 25: Mechanismus der Metathesekatalyse (nach Elias 1999 [1])

Entsprechend den Ziegler-Katalysatoren weisen Metathese-Katalysatoren ebenfalls eine unbesetzte Ligandenstelle auf, an welche ein Monomer (z.B. Cyclopenten) koordiniert wird (Abb. 25). Über π-Komplex, Ringöffnung, Kettenverlängerung wird nach Ringöffnung und Polymerisation die freie Ligandenstelle zurückgebildet und steht einer neuen Koordination zur Verfügung. Neben Monomermolekülen können sich auch Doppelbindungen von Polymermolekülen koordinieren. Hierbei werden dann die an einer Doppelbindung hängenden Polymerreste (P_1-CH=CH-P_2) mit dem am Metall hängenden Rest (=CHR) ausgetauscht. Findet eine Koordinierung einer Doppelbindung im Rest (R) selbst statt, werden cyclische Oligomere abgespalten (Polymerabbau).

Während der Polymerbildung werden in Abhängigkeit der Monomerkonzentration sowohl lineare Polymere als auch cyclische Ringe erhalten. Unterhalb einer kritischen Konzentration ($[M]_{0,crit.}$) erhält man zunächst cyclische Dimere, Trimer, Tetramere usw., oberhalb werden direkt lineare Polymere mit nur geringem Anteil an cyclischen Oligomeren erhalten (läuft unter kinetischer Kontrolle). Die

Polymerausbeute steigt hierbei mit zunehmender Monomerkonzentration an. Im Endzustand (thermodynamisches Gleichgewicht) stellt sich bei gegebenem Metathese-Katalysator immer die gleiche Verteilung zwischen Monomer und linearem Polymer einerseits und linearen Polymermolekülen und cyclischen oligomeren Strukturen andererseits ein.

1.4.5 Gruppentransferpolymerisation

Bei der Gruppentransferpolymerisation (Gruppenübertragungs-Polymerisation) lassen sich Acrylat- sowie Methacrylatderivate durch Zusatz von Silylketenacetalen als Initiatoren sowie Katalysatoren zu Polymeren mit Dispersitäten von ca. 1,3 umsetzen. Hierbei wird der aktive Teil des Initiators auf das sich einbindende Monomer übertragen. Im eigentlichen Sinn handelt es sich jedoch um eine Insertionsreaktion des Monomers in die Bindung zwischen der aktiven Gruppierung und dem Rest der Polymerkette.

Als Katalysatoren kommen je nach eingesetztem Monomer sowohl nucleophile als auch elektrophile Substanzen in Frage. Der Mechanismus ist noch nicht vollständig geklärt. Lebende Polymere und eine Reaktion analog der Michaeladdition spielen eine wichtige Rolle.

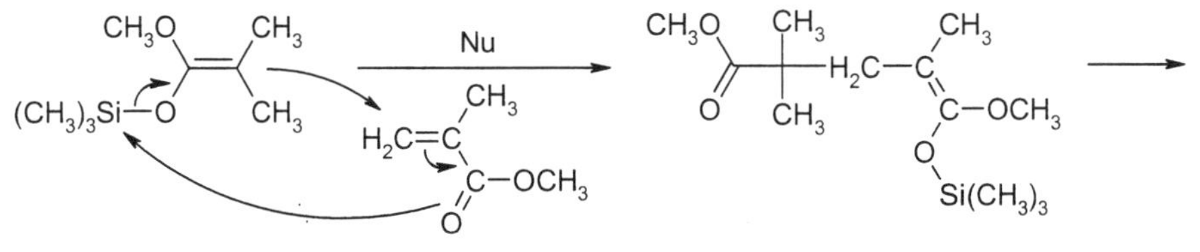

Abbildung 26: Gruppentransferpolymerisation

Ein Beispiel ist die mit $[HF_2]^-$ nucleophil katalysierte Polymerisation von Methylmethacrylat mit Silylketenacetalen als Initiator. Das Monomer schiebt sich zwischen die Silylketalgruppe und den Rest der Kette (Abb. 26).

1.5 Polykondensation und Polyaddition

Polykondensationen und Polyadditionen werden unter dem Begriff der Stufenreaktionen zusammengefasst. Beim Wachstumsschritt einer Kettenpolymerisation (Polymerisation, Polyinsertion) lagert sich jeweils ein Monomermolekül an eine aktivierte Polymerkette an. Demgegenüber reagieren bei stufenweise ablaufenden Polyreaktionen die Polymerketten außer mit Monomermolekülen auch mit Oligomer- und weiteren Polymermolekülen. Die Wahrscheinlichkeit einer Reaktion ist im Idealfall nur abhängig von der Konzentration an reaktiven Gruppen und gehorcht damit einfachen statistischen Gesetzen. Unter der Annahme, dass die Reaktivität der funktionellen Gruppen unabhängig von der Kettenlänge ist, entspricht die Kinetik der Polykondensation/addition der entsprechender niedermolekularer Verbindungen. Es gibt keinen Startschritt, sondern es wird jeder Wachstumsschritt neu katalysiert. Der Katalysator wird nicht Teil der Polymerkette.

1.5.1 Monomere

Die Funktionalität der eingesetzten Monomere muss in Summe mindestens 2 betragen, um Polymere mit hohen Molmassen zu synthetisieren. Im Normalfall kommen zwei unterschiedliche funktionelle Gruppen zur Reaktion, die sich auf ein Molekül (AB-Polykondensation/addition) oder zwei Moleküle (AA/BB-Polykondensation/addition) verteilen. Die Kondensation bzw. Addition vom AA-Typ ist weniger häufig anzutreffen. Beispiel für eine derartige Kondensationsreaktion vom AA-Typ ist die Selbstkondensation von Ethylenglykol zu Polyethylenglykol. Ein Beispiel für die Addition vom AA-Typ stellt die α-Nylon-Bildung (1-Polyamid) von Isocyanaten bei tiefen Temperaturen dar (siehe Kapitel 3.8.7 Polyurethane). Die verwendeten Monomere tragen typischerweise folgende funktionelle Gruppen: $-NH_2$, -OH, -SH, -COOH, -COCl, -P(R)OCl, $-SO_2Cl$, $-CO-NH_2$.

Werden Monomere vom AB_2-Typ eingesetzt, erhält man hyperverzweigte Moleküle, die jedoch bei idealer Reaktion ohne Nebenreaktionen nie vernetzen.

1.5.2 Polymerisationsgrad

Der Polymerisationsgrad ergibt sich aus der Zahl der Grundbausteine im Verhältnis zur Zahl der entstandenen Moleküle. So liegt beispielsweise der Polymerisationsgrad bei Einsatz von 16 Grundbausteinen nach 12 von 16 Verknüpfungen bei $P_n = 4$.

$$P_n = \frac{N_{Bausteine}}{N_{Moleküle}} = \frac{16}{4} = 4 \qquad p = \frac{N_{Bausteine} - N_{Moleküle}}{N_{Bausteine}} = \frac{16-4}{16} = 0{,}75$$

Es haben also 75 % aller reaktiven Gruppen abreagiert, d. h. der Reaktionsumsatz p = 0,75.

Neben der Abhängigkeit vom Umsatz ist der Polymerisationsgrad auch abhängig vom molaren Verhältnis der eingesetzten reaktiven Gruppen A und B ($r_0 = N_{A0}/N_{B0} \leq 1$, stellt das Verhältnis zum Zeitpunkt 0 dar). Hat ein bifunktionelles Molekül A zwei A-Gruppen bzw. ein bifunktionelles Molekül B zwei B-Gruppen, so liegen zu einem Zeitpunkt t im Gleichgewicht N_A Gruppen bzw. N_B Gruppen vor.

$$N_A = N_{A0} - p_A \cdot N_{A0} \qquad N_B = N_{B0} - p_B \cdot N_{B0}$$

Die Gesamtzahl der reaktivern Gruppen ist $N_E = N_A + N_B$. Da pro Verknüpfung immer eine Gruppe A mit einer Gruppe B abreagieren, gilt $p_A N_{A0} = p_B N_{B0}$. Somit gilt:

$$N_E = N_{A0} - p_A \cdot N_{A0} + N_{B0} - p_A \cdot N_{A0}$$

Durch Einsetzen von $r_0 = N_{A0}/N_{B0}$ und Umformen erhält man:

$$N_E = N_{A0} \cdot \left[2\left(1 - p_A\right) + \frac{1 - r_0}{r_0} \right]$$

Der Polymerisationsgrad P_n definiert sich durch:

$$P_n = \frac{N_{Bausteine}}{N_{Moleküle}} = \frac{2N_{Bausteine}}{N_E}$$

Nach Einsetzen und Umformen ergibt sich schließlich:

$$P_n = \frac{1 + r_0}{1 + r_0 - 2r_0\,p_A}$$

Carothers-Formel

Die Carothers-Beziehung beschreibt für bifunktionelle Moleküle die Abhängigkeit des Polymerisationsgrads vom Umsatz sowie vom Einsatzverhältnis der reaktiven Gruppen A und B.

Durch Betrachtung zweier Grenzfälle lässt sich die Formel wesentlich vereinfachen:

1. Das Einsatzverhältnis $r_0 < 1$ bei einem Umsatz von 100 %

$$P_n = \frac{1 + r_0}{1 - r_0}$$

Tabelle 8: Abhängigkeit des Polymerisationsgrads vom Einsatzverhältnis

r_0	P_n
0,9	19
0,95	39
0,99	199
0,999	1999

Selbst bei vollständigem Umsatz ist eine exakte Dosierung (r_0 > 0,99) notwendig, um zu Polymeren mit höheren Molmassen zu gelangen (Tabelle 8).

2. Das Einsatzverhältnis $r_0 = 1$ bei variablem Umsatz, jedoch < 100 %.

$$P_n = \frac{1}{1 - p_A}$$

Für hohe Polymerisationsgrade werden hohe Umsätze in der Nähe von 100 % benötigt. Dies wird in der nachfolgenden Tabelle 9 deutlich.

Tabelle 9: Einfluss des Umsatzes auf den Polymerisationsgrad der Reaktionsmischung

p (Umsatz)	**P_n**
0,1	1,1
0,9	10
0,99	100
0,999	1000

Bei reversiblen Reaktionen (Polykondensationsreaktionen wie z. B. Veresterung) stellt sich auch bei stöchiometrischem Einsatz der Edukte nach genügend langer Reaktionszeit ein Gleichgewicht ein, das den erreichbaren Umsatz und somit den Polymerisationsgrad vorgibt. Nach dem Massenwirkungsgesetz ergibt sich:

$$K = \frac{N_{Ester} \cdot N_{H_2O}}{N_A \cdot N_B}$$

Ohne weiteren Wasserzusatz ($N_{H_2O0} = 0$) kann die aktuell vorhandene Wassermenge der Anzahl erzeugter Estergruppen gleichgesetzt werden ($N_{Ester} = N_{H_2O}$). Außerdem gilt für gleichen Einsatz von A und B ($N_{A0} = N_{B0}$): $N_A = N_B$. Mit $N_A = N_{A0} - p_A \cdot N_{A0}$ ergibt sich so:

$$K = \frac{(N_{H_2O})^2}{N_{A0}^{\;2} \cdot (1 - p_A)^2}$$

Nach Auflösen nach $(1-p_A)$ und Einsetzen in $P_n = 1/(1-p_A)$ erhält man:

$$P_n = \sqrt{K\, N_{A0}^{\;2}} \cdot \frac{1}{N_{H_2O}}$$

Zur Erzielung hoher Polymerisationsgrade ist somit das Entfernen des entstandenen Reaktionswassers (P_n indirekt proportional zu N_{H_2O}) zwingend erforderlich.

1.5.3 Polymerverteilung

Bei AB-Reaktionen oder stöchiometrischen AA/BB-Reaktionen ist die Wahrscheinlichkeit für die Verknüpfung von 2 funktionellen Gruppen A und B durch das Reaktionsausmaß $p_A = p_B \equiv p$ gegeben. Die Wahrscheinlichkeit für das Auftreten von 3 Verknüpfungen bei 4 Molekülen ist p^3. Die Zahl der Verknüpfungen in einem Molekül mit dem Polymerisationsgrad $P_n = n$ ist folglich p^{n-1}. Die Wahrscheinlichkeit W_i für das Auftreten eines Polymermoleküls mit dem Polymerisationsgrad n ergibt sich aus der Wahrscheinlichkeit p^{n-1} für das Auftreten von n–1 Verknüpfungen und der Wahrscheinlichkeit 1–p für die nichtreagierten Endgruppen einer funktionellen Spezies mit $W_i = p^{n-1}(1-p)$.

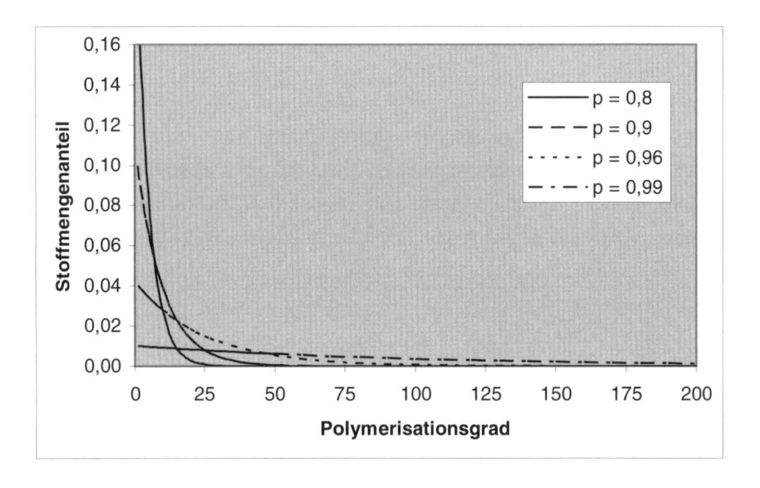

Abbildung 27: Verteilung der Stoffmengenanteile in Abhängigkeit vom Polymerisationsgrad

Die Stoffmengenanteile x_i nehmen bei gegebenem Umsatz p mit steigendem Polymerisationsgrad $P_n = n$ kontinuierlich ab. Die Verteilung wird mit zunehmendem Umsatz immer flacher und entspricht somit einer Schulz-Flory-Verteilung. Der Massenanteil ist jedoch neben der Häufigkeit des Auftretens einer Polymerspezies auch von der Zahl der eingebauten Monomere (Polymermasse) abhängig und steigt daher zunächst mit dem Polymerisationsgrad an (Abb. 27, 28).

Wie aufgeführt, ist der äquivalente Einsatz der beiden reaktiven Gruppen A und B zur Erzielung höherer Polymerisationsgrade unerlässlich. Durch spezielle Methoden kann dies sichergestellt werden.

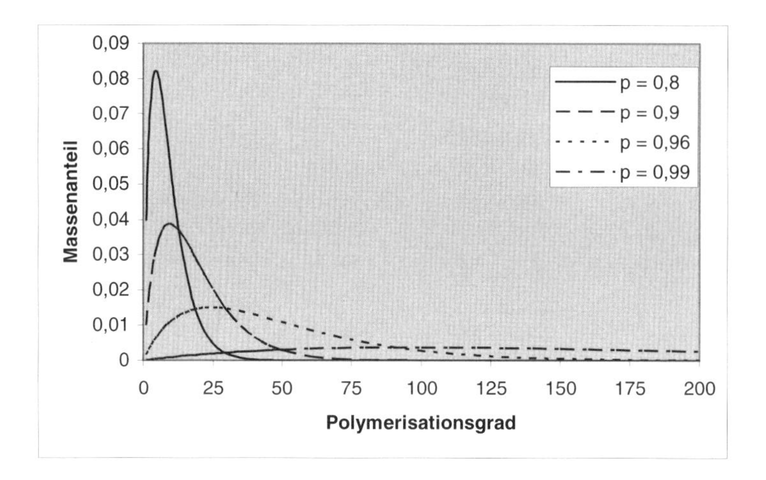

Abbildung 28: Massenverteilung in Abhängigkeit vom Polymerisationsgrad

1. Schotten-Baumann-Reaktion: Hierbei handelt es sich um eine Grenzflächenkondensation, die zur Herstellung von Polyamiden und Polycarbonaten eingesetzt wird.

Die hydrophobe Komponente A (z. B: Carbonsäuredichlorid, Phosgen) ist in der organischen Phase gelöst, das Diamin bzw. Diol (z. B. Natriumsalz von Bisphenol-A) in der wässrigen Phase (Abb. 29). An der Grenzfläche können die beiden Reaktionspartner äquimolar abreagieren und aus dem System entfernt werden.

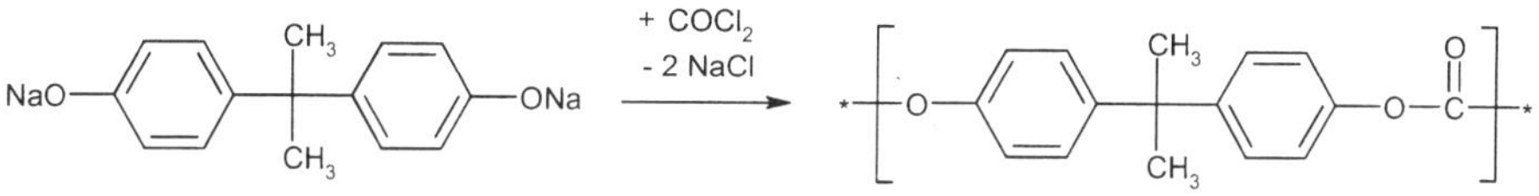

NaO–C_6H_4–$C(CH_3)_2$–C_6H_4–ONa $\xrightarrow[-\,2\,NaCl]{+\,COCl_2}$ $\left[\text{–O–}C_6H_4\text{–}C(CH_3)_2\text{–}C_6H_4\text{–O–C(=O)–}\right]$

Abbildung 29: Grenzflächenpolykondensation

2. Einsatz von AH-Salzen (Nylon-6.6-Herstellung)

$$H_2N{-}(CH_2)_6{-}NH_2 \;+\; HOOC{-}(CH_2)_4{-}COOH \longrightarrow H_3\overset{+}{N}{-}(CH_2)_6{-}NH_3^+ \;\; {}^-OOC{-}(CH_2)_4{-}COO^-$$

$$\xrightarrow{n} \left[HN{-}(CH_2)_6{-}NH{-}OC{-}(CH_2)_4{-}OC\right]_n$$

Abbildung 30: Polymeraufbau über AH-Salzbildung

Aus Hexamethylendiamin und Adipinsäure wird zunächst eine 1:1-Verbindung (AH-Salz) hergestellt, die nach Reinigung anschließend unter Wasserabspaltung zum Nylon-6.6 umgesetzt wird (Abb. 30).

3. Vorkondensation (Umesterung)

$$H_3CO\text{-}CO\text{-}C_6H_4\text{-}CO\text{-}OCH_3 + 2\ HO\text{-}CH_2CH_2\text{-}OH \xrightarrow[-\,2\,CH_3OH]{H^+} HO\text{-}CH_2CH_2\text{-}O\text{-}CO\text{-}C_6H_4\text{-}CO\text{-}O\text{-}CH_2CH_2\text{-}OH$$

$$\xrightarrow[300\,°C]{n} HO\text{-}[CH_2CH_2\text{-}O\text{-}CO\text{-}C_6H_4\text{-}CO\text{-}O]_n\text{-}CH_2CH_2\text{-}OH + n\text{-}1\ HO\text{-}CH_2\text{-}CH_2\text{-}OH$$

Abbildung 31: Polykondensation über Umesterung und Vorkondensation

In einer Vorreaktion wird aus Terephthalsäuredimethylester zunächst durch Umesterung mit Ethylenglykol Bis-2-hydroxyethylterephthalat hergestellt. Dieses kann dann bei hoher Temperatur (300 °C) unter Abspaltung von Ethylenglykol zum 1:1-Polymeren kondensiert werden (Abb. 31).

Die Regelung der Molmasse des Polymers kann über das stöchiometrische Verhältnis oder durch gezielten Zusatz monofunktioneller Verbindungen erfolgen.

Polyaddukte können im Gegensatz zu Polykondensaten auf zwei unterschiedlichen Wegen erzeugt werden. Zum einen können funktionelle Gruppen wie Hydroxylgruppen, Aminogruppen oder Carbonsäuren mit Doppelbindungen reagieren (z.B. Isocyanate, Ketene) und Polymere aufbauen oder sie werden mit cyclischen Verbindungen umgesetzt (Bisepoxide, Diaziridine).

1.5.4 Ringbildung

Die Endgruppen linearer Monomere, Oligomere oder Polymere vom Typ AB können nicht nur intermolekular mit anderen Reaktanden zu linearen Produkten höherer Molmasse reagieren, sondern prinzipiell auch intramolekular zu ringförmigen Verbindungen. Die Ringbildung kann hierbei thermodynamisch oder kinetisch kontrolliert sein.

Im thermodynamischen Gleichgewicht wird die Bildungswahrscheinlichkeit der Ringe vom mittleren Abstand der beiden Gruppen A und B kontrolliert und ist somit unabhängig vom Syntheseweg. Bei unendlicher Verdünnung und beliebig flexiblen Molekülen erfolgt ausschließlich Ringbildung durch intramolekulare Reaktion der Endgruppen A und B. Vorraussetzung hierfür ist die spannungsfreie Bildung der Ringe. Erst ab einer bestimmten Monomerkonzentration ist die Gleichgewichtskonzentration erreicht und aus den überschüssigen Monomermolekülen werden lineare Polymere gebildet. Die Stoffmengenkonzentration an Grundbausteinen in cyclischen Molekülen ist dann unabhängig von der anfänglichen Monomerkonzentration. Je höher der Polymerisationsgrad des Polymers, um so weiter entfernt sind die reaktiven Endgruppen A und B und um so geringer ist die Wahrscheinlichkeit zur Ringbildung.

Wechselwirkungen von Ketten mit thermodynamisch gutem Lösungsmittel weiten die Ketten auf und reduzieren die Wahrscheinlichkeit der Ringbildung. Die Ringbildung steigt aus entropischen Gründen mit der Erhöhung der Reaktionstemperatur. Beispielsweise nimmt die Ringbildung von Hexamethylendiamin mit Adipinsäure in der Schmelze bei 275 °C von 1,9 % auf 4,3 % bei 297 °C und 5,9 % bei 310 °C zu.

1.5.5 Dendrimere

Dendrimere sind Sternpolymere mit regelmäßigen Folgeverzweigungen und nahezu einheitlicher Molmasse der Makromoleküle. Sie werden meist nicht durch Polykondensation im Eintopfverfahren synthetisiert, sondern durch kontrollierte wiederholte Kondensation, wobei zwischen divergierender und konvergierender Synthese unterschieden wird.

$$TB_3 \xrightarrow[-3\,AB]{+3\,A\text{-}R(BZ)_3} T[R(BZ)_3]_3 \xrightarrow{-9\,Z} T[RB_3]_3 \xrightarrow[-9\,AB]{+9\,A\text{-}R(BZ)_3} T[R(R(BZ)_3)_3]_3$$

Abbildung 32: Bildung von Dendrimeren nach der divergierenden Synthesemethode (nach Elias 1999 [1])

Bei der divergierenden Synthese baut man die Dendrimere vom Kern aus auf. So wird beispielsweise an einen Kern TB_3 mit 3 reaktiven Endgruppen B ein Überschuss an Monomeren der Form $A\text{-}R(BZ)_3$ mit einer reaktiven Gruppe A und 3 blockierten Gruppen B kondensiert. Nach Abspaltung des Blockierungsmittels Z kann erneut durch Zusatz von $A\text{-}R(BZ)_3$ die nächste Schale (Generation) auf den Kern addiert werden. Auf diese Weise kann Generation für Generation aufgebaut werden (Abb. 32).

Beispielsweise kann ausgehend von NH_3 (TB_3) bzw. R-NH_2 (TB_2) Acrylnitril (CH_2=CHCN) zum RN($CH_2CH_2CN)_2$ umgesetzt werden. Nach der Hydrierung stehen dann mit RN($CH_2CH_2CH_2NH_2)_2$ neue Aminfunktionen zur erneuten Addition von Acrylnitril zur Verfügung. Acrylnitril ist in obigem Sinne das Aufbauglied A-R(BZ)$_2$, wobei durch die Hydrierung (analog Deblockierung) die neuen reaktiven Zentren RB_2 generiert werden.

Bei der konvergierenden Methode beginnt man umgekehrt von der Oberfläche. Beispielsweise wird eine Verzweigungseinheit VB_3 mit 2 Endgruppen S zu S_2VB (1. Generation) umgesetzt. Die verbleibende Gruppe B wird dann in eine reaktive Gruppe A umgewandelt (S_2VA). Zwei derartiger Moleküle reagieren nachfolgend erneut mit einer Verzweigungsgruppe VB_3 zur Struktur $(S_2V)_2VB$ (2. Generation). Dies kann fortgesetzt und schließlich durch Reaktion mit einem multifunktionellen Kern abgeschlossen werden.

Inzwischen hat eine stürmische Entwicklung neuer Dendrimersysteme eingesetzt. So wurde beispielsweise die Koordination von Metallionen mit Dendrimeren als Liganden sowie die Untersuchung der photochemischen Eigenschaften z. B. von Polyaminen mit Naphthyl- und Azogruppierungen von Voegtle und Schalley intensiv untersucht und in einer Vielzahl von Publikationen dokumentiert [14].

1.5.6 Vernetzende Polykondensation/-addition

Kondensiert man stöchiometrische Mengen einer bifunktionellen Verbindung (z. B. Adipinsäure) mit einer höherfunktionellen Verbindung (z. B. Glycerin), so beobachtet man mit zunehmender Reaktionsdauer einen steilen Viskositätsanstieg des Reaktionsansatzes. Mit der Erhöhung des Umsatzes und Polymerisationsgrads erhöht sich die mittlere Verzweigung und somit Funktionalität der Reaktionsmischung. Die Wahrscheinlichkeit der Reaktion eines hochfunktionellen Moleküls mit einem weiteren hochfunktionellen Molekül nimmt daher stark zu. Ab einem bestimmten Umsatz genügt dann eine infinitesimal kleine Umsatzsteigerung, um ein Polymer mit quasi unendlicher Größe herzustellen. In diesem Punkt geht dann die immer viskosere Reaktionsmischung abrupt in ein Gel über. Dieser Übergang ist relativ scharf und wird daher Gelpunkt genannt. Der kritische Umsatz zur Gelbildung ist abhängig von der Funktionalität der Reaktionsteilnehmer sowie vom Stoffmengenverhältnis der funktionellen Gruppen und ist aus den Anfangsbedingungen berechenbar. Der tatsächliche Gelpunkt ist jedoch zumeist höher als der theoretische, da durch intramolekulare Verknüpfungen die Funktionalität der Moleküle herabgesetzt ist. Neben dem unlöslichen Anteil ist im Gel immer ein Anteil an löslichen niedermolekularen Makromolekülen und Monòmeren vorhanden.

Bei der Herstellung duroplastischer Formkörper aus flüssigen oligomeren Verbindungen, sogenannten Prepolymeren (Phenolharze, Aminoharze, Epoxidharze; siehe Teil 3.8 Reaktivsysteme) wird dieser Gelpunkt durchwandert. Nach vollständiger Aushärtung entstehen hochmolekulare, unlösliche, mehr oder weniger quellbare Polymere (Duroplaste).

1.6 Copolymerisation

Nach IUPAC sind Copolymere Polymere, die sich aus mehr als einer Spezies von Monomeren ableiten. Früher wurden derartige Polymere auch als Heteropolymere oder Mischpolymere bezeichnet.

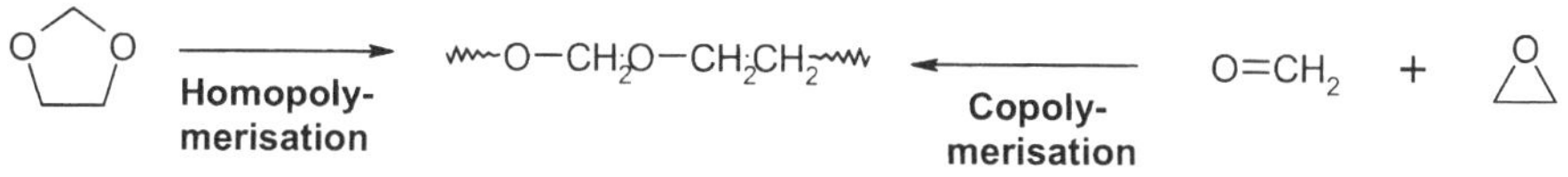

Homopoly-merisation → ~O–CH_2O–CH_2CH_2~ ← Copoly-merisation O=CH_2 +

Abbildung 33: Alternierendes Polymer erzeugt durch Homo- oder Copolymerisation

Aus der Struktur eines Polymers kann nicht immer eindeutig geschlossen werden, ob es sich um ein Copolymer oder ein Homopolymer handelt. So entsteht beispielsweise bei der ionischen Copolymerisation von Formaldehyd und Ethylenoxid bei geeigneter Reaktionsführung ein weitgehend alternierendes Copolymer. Ein ähnliches Polymer kann man aber auch durch Homopolymerisation von 1,3-Dioxolan erhalten (Abb. 33).

Bei der unvollständigen polymeranalogen Verseifung von Poly(vinylacetat) entsteht ein statistisches Polymer aus Vinylalkohol- und Vinylacetateinheiten. Derartige Polymere werden nicht aus zwei Monomeren hergestellt, sondern über eine polymeranaloge Reaktion erhalten. Sie ähneln jedoch echten Copolymeren und werden daher als Pseudo-Copolymere bezeichnet.

Prinzipiell kann zwischen unterschiedlichen Arten an Copolymeren unterschieden werden, die verfahrenstechnisch unterschiedlich zugänglich sind. Copolymere mit alternierendem oder statistischem Aufbau werden häufig aus Mischungen von A- und B-Monomeren in einem Schritt hergestellt. Block- und Pfropfcopolymere erhält man dagegen in der Regel durch mehrere aufeinanderfolgende Polyreaktionen (Mehrschritt-Polymere).

Statistische Copolymere

--(ABBAAABABBABBBAABABBA)--

z. B. Copolymere aus Isopren/Butadien oder Methylmethacrylat/Vinylchlorid

Alternierende Copolymere

--(ABABABABABABABABAB)--

z. B. Copolymere aus Styrol/Maleinsäureanhydrid

Blockcopolymere

--{A}{B}-- Zweiblockcopolymere

--{A}{B}{A}-- Dreiblockcopolymere

z. B. thermoplastische Elastomere aus Styrol/Butadien

Pfropfcopolymere

```
—A——A——A——A——A—
 |    |    |    |    |
{B}  {B}  {B}  {B}  {B}
```

z. B. an einer Kette aus A-Monomeren seitlich angehängte Ketten aus B-Monomerblöcken (beispielsweise Copolymere wie ABS oder SAN)

Stereoblockcopolymere (aus einem Monomer)

Die Blöcke unterscheiden sich nur in der Taktizität (z. B. it-/st-Block)

Radikalische Copolymerisationen führen zumeist zu statistischen oder alternierenden Copolymeren. Im Gegensatz hierzu werden bei ionischen Copolymerisationen vermehrt blockartige Strukturen gebildet. Somit lassen sich durch Wahl der Reaktionsbedingungen bei gegebener Monomermischung unterschiedlichste Produkteigenschaften verwirklichen. Anionische Copolymerisationen sind in der Regel lebend, wobei ein Monomer bevorzugt eingebaut wird. Die Reaktionsgeschwindigkeit ist beim Start oft geringer als bei der Homopolymerisation, steigt dann jedoch nach Erreichen einer "kritischen" Monomerzusammensetzung stark an.

Ein Beispiel ist die Butyllithium-katalysierte Copolymerisation von Butadien mit Styrol, die zunächst relativ langsam startet, jedoch bei weitgehend verbrauchtem Butadien überdeutlich in der Reaktionsgeschwindigkeit zunimmt.

1.6.1 Theorie der Copolymerisation

Im einfachsten Fall einer Copolymerisation von zwei Monomersorten reagieren die aktiven Kettenenden irreversibel mit den beiden Monomeren 1 und 2. Wenn die Polymerisationsgeschwindigkeit nur durch das zuletzt in die Kette eingebaute Monomer beeinflusst wird und der Monomerverbrauch durch Start und Übertragungsreaktionen vernachlässigt werden kann, lässt sich die Copolymerisation durch vier verschiedene Wachstumsgeschwindigkeiten v_{IJ} mit vier Wachstumskonstanten k_{IJ} beschreiben (Terminal-Modell).

$—M_1^* + M_1 \rightarrow —M_1\text{-}M_1^*$ $\quad v_{11} = k_{11}\,[M_1^*]\,[M_1]$ $\quad$ Homowachstum

$—M_1^* + M_2 \rightarrow —M_1\text{-}M_2^*$ $\quad v_{12} = k_{12}\,[M_1^*]\,[M_2]$ $\quad$ Kreuzwachstum

$—M_2^* + M_1 \rightarrow —M_2\text{-}M_1^*$	$v_{21} = k_{21}\,[M_2^*]\,[M_1]$	Kreuzwachstum
$—M_2^* + M_2 \rightarrow —M_2\text{-}M_2^*$	$v_{22} = k_{22}\,[M_2^*]\,[M_2]$	Homowachstum

Die zeitliche Abnahme an Monomer M_1 ist durch die Summe der Geschwindigkeiten $-\,d[M_1]/dt = v_{11} + v_{21}$ definiert, die Abnahme der Konzentration des Monomers M_2 durch $-\,d[M_2]/dt = v_{22} + v_{12}$. Im stationären Gleichgewicht ist die Geschwindigkeit $v_{12} = v_{21}$, d. h. die Konzentration an wachsenden Ketten mit den Monomerenden M_1 bzw. M_2 ist konstant. Das Verhältnis der Monomerabnahme der Monomere M_1 und M_2 ist dann:

$$\frac{d[M_1]}{d[M_2]} = \frac{v_{11} + v_{21}}{v_{22} + v_{12}} = \frac{v_{11}/v_{21} + 1}{v_{22}/v_{21} + v_{12}/v_{21}}$$

Die Division durch v_{21} und der teilweise Austausch von v_{21} durch v_{12} führt zu:

$$\frac{d[M_1]}{d[M_2]} = \frac{v_{11}/v_{12} + 1}{v_{22}/v_{21} + 1}$$

Durch Einsetzen der entsprechenden Ausdrücke für die Geschwindigkeiten (s.o) erhält man:

$$\frac{d[M_1]}{d[M_2]} = \frac{k_{11}/k_{12} \cdot [M_1]/[M_2] + 1}{k_{22}/k_{21} \cdot [M_2]/[M_1] + 1}$$

Die Definition von Copolymerisationsparametern $r_1 \equiv k_{11}/k_{12}$ und $r_2 \equiv k_{22}/k_{21}$ und Einsetzen führt schließlich zur Copolymerisationsgleichung:

$$\frac{d[M_1]}{d[M_2]} = \frac{1 + r_1 \cdot [M_1]/[M_2]}{1 + r_2 \cdot [M_2]/[M_1]}$$ **Mayo-Lewis-Gleichung**

Durch die Mayo-Lewis-Gleichung kann das aktuelle Einbauverhältnis der beiden Monomere bei gegebenem Verhältnis der Monomerkonzentration ermittelt werden. Die Copolymerisationsparameter r_1 und r_2 definieren das Verhältnis der Geschwindigkeitskonstanten zur Anlagerung des gleichen Monomers (Homoanlagerung) in Bezug auf die Anlagerung des Fremdmonomers (Kreuzanlagerung). Hierbei lassen sich folgende Fälle unterscheiden:

$r_i = 0$ Die Geschwindigkeitskonstante des Homowachstums ist Null, es findet nur eine Anlagerung des Fremdmonomers statt.

$r_i < 1$ Das Fremdmonomer wird bevorzugt angelagert.

$r_i = 1$ Beide Monomersorten werden entsprechend ihrer Konzentration angelagert. Ist $[M_1] = [M_2]$, erfolgt der Einbau mit gleicher Wahrscheinlichkeit (statistischer Einbau).

$r_i > 1$ Das eigene Monomer wird bevorzugt eingebaut. Dies führt zu einem blockartigen Polymeraufbau.

$r_i = \infty$ Es erfolgt nur Anlagerung des eigenen Monomers. Es bilden sich ausschließlich Homopolymere.

Bei der Copolymerisation wird meist eines der beiden Monomere bevorzugt eingebaut. Die Zusammensetzung der Reaktionsmischung und auch die Zusammensetzung des Copolymers ändert sich daher mit dem Umsatz. Um das Abdriften zu vermeiden, muss deshalb das reaktivere Monomer ständig nachdosiert werden.

Ist das aktuelle Einbauverhältnis der beiden Monomere gleich dem Verhältnis der Monomerkonzentration ($d[M_1]/d[M_2] = [M_1]/[M_2]$), spricht man von einer azeotropen Copolymerisation. Das Einbau- und Konzentrationsverhältnis bleibt hier während der gesamten Reaktionsdauer konstant.

$$\frac{d[M_1]}{d[M_2]} = \frac{[M_1]}{[M_2]} = \frac{1 + r_1 \cdot [M_1]/[M_2]}{1 + r_2 \cdot [M_2]/[M_1]}$$

$$\frac{[M_1]}{[M_2]} = \frac{1 - r_2}{1 - r_1}$$

Bei der azeotropen Copolymerisation müssen jeweils beide Parameter kleiner oder beide Parameter größer 1 sein. Sind beide Copolymerisationsparameter $r_1 = r_2 = 0$ (doppelt alternierende azeotrope Copolymerisation), baut jedes zuletzt eingebaute Monomer am Polymerstrang jeweils nur das Fremdmonomer ein. Die Copolymerzusammensetzung bleibt dann unabhängig von der Konzentration konstant (je 50 %-Anteil). Ist eine Monomersorte aufgebraucht, stoppt die Polymerbildung.

Gilt $r_1 = r_2 \neq 0 < \infty$, erfolgt der Einbau entsprechend dem Verhältnis der Monomerzusammensetzung.

Bei der Copolymerisation von Styrol/Methylmethacrylat-Mischungen werden die Monomere je nach Reaktionsbedingungen (kationisch, radikalisch, durch Insertion oder anionisch) höchst unterschiedlich eingebaut. Dies spiegeln die stark differierenden Copolymerisationsparameter wieder. So erfolgt bei der kationischen Polymerisation ein überwiegender Einbau von Styrol zu Styrolblöcken, die durch einzelne MMA-Einheiten unterbrochen sind (nicht azeotrop). Erst bei geringen Anteilen an Styrolmonomer wird verstärkt MMA eingebaut. Umgekehrt verläuft die anionische Polymerisation. Hier wird auch bei Variation der Stoffmengenanteile in weiten Grenzen vorwiegend MMA eingebaut. Bei der Polyinsertion erfolgt hingegen der Einbau bei einem Stoffmengenanteil zwischen 0,1 und 0,9 weitgehend alternierend. Eine radikalische Polymerisation liefert schließlich Polymere, in denen der Einbau dem Stoffmengenanteil des Monomers entspricht (azeotrope Copolymerisation, Abb. 34).

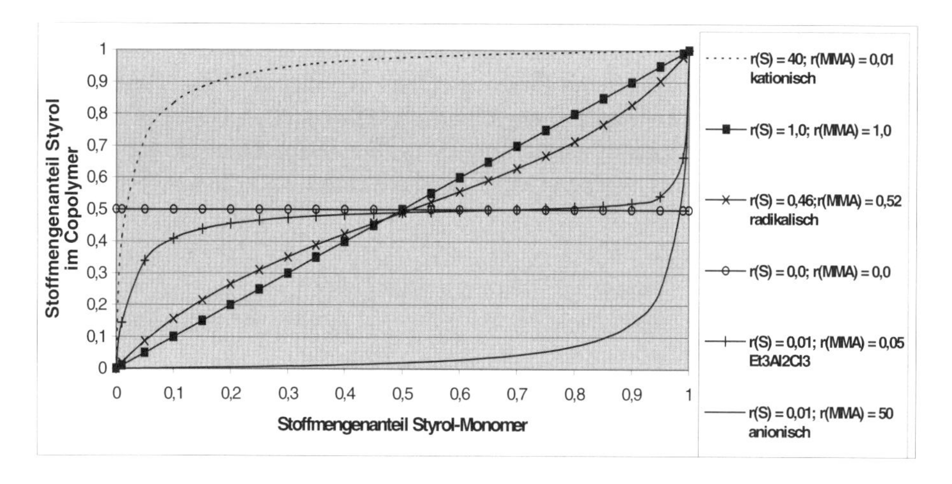

Abbildung 34: Copolymerisationsdiagramm von MMA mit Styrol (nach Elias 1999[1])

Copolymerisationen, ausgelöst durch radikalische Initiatoren, befolgen zumeist die Mayo-Lewis-Gleichung. Hieraus abgeleitete Copolymerisationsparameter können daher direkt als Verhältnisse zweier Geschwindigkeitskonstanten interpretiert werden. Die relativen Reaktivitäten werden von der Polarität, der Resonanzstabilisierung und sterischen Effekten beeinflusst. Hierbei überwiegen zumeist Effekte der Resonanzstabilisierung, sterische Hinderungen spielen oft nur eine untergeordnete Rolle, ebenso wie Lösungsmitteleffekte, die nur bei tautomeriebildenden Monomeren einen stärkeren Einfluss ausüben.

Rein phänomenologisch wird sich ein resonanzstabilisiertes Monomer lieber an ein ebenfalls resonanzstabilisiertes Polymerradikal anlagern und nicht an ein nichtstabilisiertes, da dann erneut eine resonanzstabilisierte Spezies gebildet wird. Sind beide Monomere resonanzstabilisiert, wird bei der Anlagerung bei entgegengesetzter Polarität der Monomere bevorzugt das fremde Monomer eingebaut. Die beiden Copolymerisationsparameter sind daher < 1 (alternierende Copolymerisation von Styrol mit elektronendrückender Phenylgruppe und Acrylestern mit elektronenakzeptierenden Estergruppen).

1.6.2 Q,e-Schema

Copolymerisationsparameter beschreiben die relativen Reaktivitäten für ein vorgegebenes System zweier Monomere A und B mit gegebenem Initiator und Temperatur. Sie müssen für jedes System bestimmt werden. Daher versucht man durch monomerspezifische, aber systemunabhängige Parameter das Copolymerisationsverhalten zu erfassen. Dies gelingt beispielsweise durch das auf dem Terminal-Modell basierende Q,e-Schema.

Jedem Monomer kann bei Festlegung eines Bezugssystems ein Wert für einen resonanzstabilisierenden Effekt und einen auf der Polarität basierenden Effekt zugeordnet werden. Abgeleitet werden diese Werte aus der Arrhenius-Beziehung, indem bei konstanter Temperatur die Aktivierungsenergie in die Anteile für die Resonanz beim Polymerradikal, die Resonanz beim Monomer und die elektronische Wechselwirkung der Ladungen beim Radikal und Monomer aufgeteilt werden.

$$k_{aB} = A_{aB} * \exp\left(-p_a^* + q_B + e_a^* e_B\right)$$

mit $e_a^* = e_A$, $Q_B = A_{aB} \exp(q_B)$ und $r_A = k_{aA}/k_{aB}$ erhält man

$$r_A = \frac{Q_A}{Q_B} \exp(-e_A(e_A - e_B)) \qquad \text{bzw.} \qquad r_B = \frac{Q_B}{Q_A} \exp(-e_B(e_B - e_A))$$

Die Tabelle 10 gibt einen Überblick über die Q- und e-Werte verschiedener Monomere.

Tabelle 10: Q- und e-Werte einiger Monomere (nach Elias 1999 [1])

Monomer	Q-Wert	e-Wert
m-Divinylbenzol	3,35	– 1,77
1,3-Butadien	2,39	– 1,05
o-Divinylbenzol	1,64	– 1,31
Styrol (Bezugssystem)	1,00	– 0,80
Methylstyrol	0,90	– 0,78
Methylmethacrylat	0,74	0,40
Acrylnitril	0,60	1,20
Maleinsäureanhydrid	0,23	2,25
Tetrafluorethen	0,049	1,22
Vinylchlorid	0,044	0,20
Methylvinylether	0,037	– 1,28
Vinylacetat	0,026	– 0,22
Propen	0,002	– 0,78

Kennt man die Werte für das Bezugssystem (1. Monomer), kann aus den Copolymerisationsparametern ein Wert für das 2. Monomer ermittelt werden. Als Basis wurde für Styrol ein Q-Wert von 1 und ein e-Wert von – 0,8 festgelegt. Experimentelle Werte für Q reichen von 0,0001 (Tetrachlorethen) bis ca. 16 (Vinylchlormethylketon), für e von – 8,5 (Vinyl-o-kresylether) bis + 3,7 (N-Butylmaleimid). Nicht resonanzstabilisierende Monomere weisen Q-Werte nahe Null auf. Stark negative e-Werte (< 0,8) deuten auf eine stärkere Nucleophilie als die des Styrol-Radikals hin, positivere Werte auf einen mehr elektrophilen Charakter.

Das Q,e-Schema gestattet die Abschätzung unbekannter Copolymerisationsparameter und damit die Copolymerisationsfähigkeit von zwei Monomeren. Monomere mit deutlich unterschiedlichen Q-Werten lassen sich nicht copolymerisieren. Bei ähnlichen Q-Werten führen gleiche e-Werte zu ideal-azeotropen, stark differierende e-Werte zu alternierenden Copolymerisationen.

1.7 Mischungen von Polymeren (Polymerblends)

Bei der Copolymerisation werden Monomere gemischt und entsprechend der Copolymerisationsparameter unterschiedlich in die wachsende Kette eingebaut. Für $r_i = \infty$ werden homogene Polymermoleküle erhalten, wie sie auch durch nachträgliches Mischen der fertigen Polymere herstellbar sind. Prinzipiell können beliebige Polymere miteinander vermischt werden, wobei man zwischen sich bildenden homogenen und heterogenen Phasensystemen unterscheidet.

Da die Mischungsenergie zweier Polymere zumeist positiv ist (nur geringer Entropiegewinn; siehe Kapitel 2.2.1.1), bilden sich bei der überwiegenden Mehrzahl von Polymermischungen phasenseparierte, d. h. heterogene Mischungen aus. Sie bestehen aus einer kontinuierlichen Phase, in welche die disperse Phase eingelagert ist. Im Gegensatz zu homogenen Polymerblends (nur ein T_G, der sich entsprechend des Masseanteils der Polymere A und B ergibt) weisen heterogene Mischungen zwei Glasübergangstemperaturen auf (bei unterschiedlichen T_G der Einzelpolymere). Technisch interessant sind heterogene Polymerlegierungen aus harten, spröden Thermoplasten als Matrix und weichen zähen Elastomeren als disperse Phase, wie sie beispielsweise bei ABS, schlagzähem PS, PO, Polyestern und Polyamiden zugrunde liegen. Heterogene Polymerblends aus zwei harten Thermoplasten sind z. B. bei Polycarbonat/Poly(butylenterephthalat)-Blends verwirklicht.

Die Eigenschaften von Polymerblends werden bestimmt durch die physikalischen und chemischen Eigenschaften der zugrunde liegenden Polymere, den Phasenzustand und – bei heterogenen Blends – von der Größe, Teilchenform und Größenverteilung der dispersen Phase. Diese lässt sich über das Herstellungsverfahren beeinflussen.

Folgende Verfahren lassen sich zur Blendherstellung verwenden: Mischung von Polymerschmelzen, Copolymerisation von Monomeren, gemeinsames Ausfällen aus Lösungen, Copräzipitation von Latexmischungen sowie Polymerisation eines Monomers in einem anderen Polymer.

1.8 Polymerisation durch Strahlung

Polymerisationen, die durch Strahlung (hochenergiereiche Strahlen wie β- oder γ-Strahlung, langsame Neutronen, aber auch Strahlungen niedriger Energie wie sichtbares und UV-Licht) eingeleitet werden, werden als strahlungsaktivierte Polymerisationen bezeichnet. Unterteilt werden diese in **strahlungsinitiierte Polymerisationen**, bei denen nur zur Startreaktion Photonen benötigt werden, und **Strahlungspolymerisation**, bei der jeder Wachstumsschritt von der Strahlung selbst herbeigeführt wird. Strahlungen können nicht nur Polyreaktionen auslösen, sondern auch Strukturen an fertigen Polymeren umwandeln (photoaktive Polymere). Beispielsweise können durch Licht Polymere vernetzen (photovernetzbare Polymere). Dies wird bei photolithographischen Verfahren ausgenutzt, um dünne Beschichtungen auszuhärten (Photoresists).

Um photochemische Reaktionen auszuführen, müssen die Moleküle aus dem Grundzustand in einen energetisch angeregten Singulett- oder Triplett-Zustand überführt werden. Die durch Zusammenstöße von Molekülen zugeführte thermische Energie (bis ca. 40 kJ/mol) ist hierfür nicht ausreichend. Demgegenüber kann durch Strahlungsabsorption ein Vielfaches an Energie übertragen werden (Licht mit einer Wellenlänge von $\lambda = 300$ nm führt zu einer Energieabsorption von ca. 400 kJ/mol). Bei Strahlungsabsorption werden zunächst nur angeregte Singulett-Zustände gebildet, indem Elektronen aus dem obersten besetzten Molekülorbital (HOMO) in das unterste unbesetzte Molekülorbital (LUMO) angehoben werden. Nachfolgend kann neben der Desaktivierung durch Strahlungsabgabe bzw. strahlungsloser (thermischer) Desaktivierung auch eine Energieübertragung in angeregte Tripplett-Zustände erfolgen (intersystem crossing). Triplett-Zustände sind wesentlich langlebiger als Singulett-Zustände. Eine Desaktivierung kann hieraus dann z. B. durch Phosphoreszens (> 10^{-4} Sekunden) erfolgen, ist aber um Größenordnungen langsamer als aus dem Singulett-Zustand.

Moleküle, die sich im angeregten Zustand befinden, können ihre Energie an andere Moleküle durch direkte Energieübertragung oder durch Bildung von Excimeren (nur im angeregten Zustand stabile Dimere) bzw. Exciplexen (angeregte Komplexe aus verschiedenen Spezies) übertragen.

Photoinitiationen erfolgen im einfachsten Fall durch Anregung eines Monomermoleküls selbst, das dann homolytisch in Radikale zerfällt, die die Polymerisation auslösen. Derartige Fälle sind selten. Häufiger werden Photoinitiatoren wie N,N-Azobisisobutyronitril verwendet, aber auch Peroxide, Disulfide und

Benzoinderivate stellen geeignete Initiatoren dar, um nach homolytischer Spaltung eine Radikalreaktion auszulösen. Anionische Photoinitiatoren sind unbekannt. Demgegenüber gibt es zahlreiche kationische Photoinitiatoren, die besonders für die Lackindustrie von Bedeutung sind, da hierdurch ausgelöste Polymerisationen und Vernetzungsreaktionen unempfindlich gegenüber Sauerstoff sind und so in dünnen Lackschichten durchgeführt werden können. Zu den wirksamsten kationischen Photoinitiatoren gehören Diaryliodonium-Salze (z. B. $[Ar_2I]^+ [SbF_6]^-$).

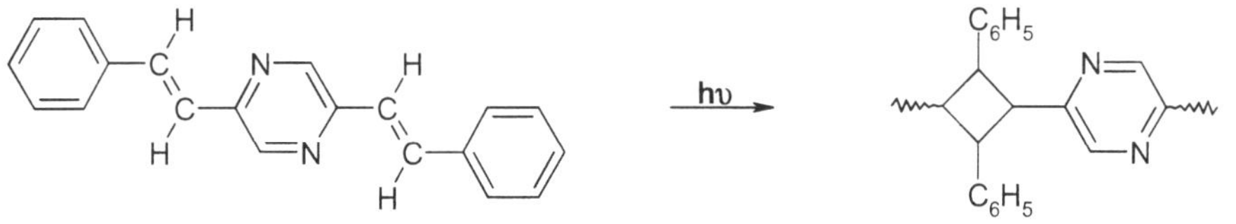

Abbildung 35: Photopolymerisation durch [2 + 2]-Cycloaddition

Bei Photopolymerisationen wird jeder einzelne Wachstumsschritt photochemisch aktiviert. Hierbei reagieren entweder reaktive Grundzustände oder angeregte Singulett- oder Triplett-Zustände.

So verläuft beispielsweise die Polymerisation von Distyrylpyrazin über angeregte Triplett-Zustände in einer [2 + 2]-Cycloaddition (Abb. 35).

1.8.1 Photoaktive Polymere

Manche Polymere ändern bei Bestrahlung ihre chemische Struktur. Ein Beispiel ist die Photo-Fries-Umlagerung aromatischer Polycarbonate bzw. -ester, wobei einige Carbonatgruppen in Ester- bzw. Ketogruppen umgewandelt werden. Hiermit einher geht eine ungewollte Verfärbung und Versprödung des Produkts.

Photochemische Reaktionen an Polymeren werden gezielt für die Vernetzung von Polymeren in dünnen Schichten wie z. B. Lacken oder Photoresists in der Elektronik eingesetzt. Die vernetzbaren Gruppen liegen dabei in der Kette oder als Seitenkette vor. Als photoempfindliche Seitengruppen dienen beispielsweise Azide, Diazoniumsalze, Carbazide oder gewisse cycloaliphatische Diazoketone.

1.9 Reaktionen von Makromolekülen

Reaktionen an und von Makromolekülen lassen sich in folgende 4 Gruppen unterteilen:

1. Reaktionen bei Konstanz von Polymerisationsgrad und Polymerverteilung,

2. Isomerisierung,
3. Reaktionen unter Erniedrigung des Polymerisationsgrads,
4. Reaktionen unter Erhöhung des Polymerisationsgrads.

1.9.1 Reaktionen bei Konstanz von Polymerisationsgrad und Polymerverteilung

Reaktionen an Polymeren, bei denen der Polymerisationsgrad (P_n) konstant bleibt, werden als polymeranaloge Reaktionen bezeichnet. Diese werden dort durchgeführt, wo beispielsweise entsprechende Monomere nicht zur Verfügung stehen. So ist Poly(vinylalkohol) industriell nur über den Umweg einer Verseifung bzw. Umesterung von Poly(vinylacetat) zugänglich. Auch eine nachträgliche Acetalbildung wird als polymeranaloge Reaktion ohne Änderung des Polymerisationsgrades durchgeführt. Hierbei ändert sich auch nichts an der Molekulargewichtsverteilung des Polymers (Abb. 36).

Vollständige Umsätze sind bei polymeranalogen Reaktionen besonders bei Cyclisierungen oder Ringschlussreaktionen zu Leiterpolymeren (z. B. Ringschlussreaktion von Polyacrylnitril) nicht erreichbar, da einzelne Seitengruppen bei statistischer Reaktion an der Kette übrig bleiben. Dies gilt in besonderem Maße bei irreversibel verlaufenden Reaktionen. Rechnerisch liegt die theoretische Ausbeute bei ca. 86 %. Je nach Einbau des Monomers in die Polymerkette, z.B. Kopf-Kopf-Einbau, reduziert sich der maximal erreichbare Umsatz bei Cyclisierung noch weiter.

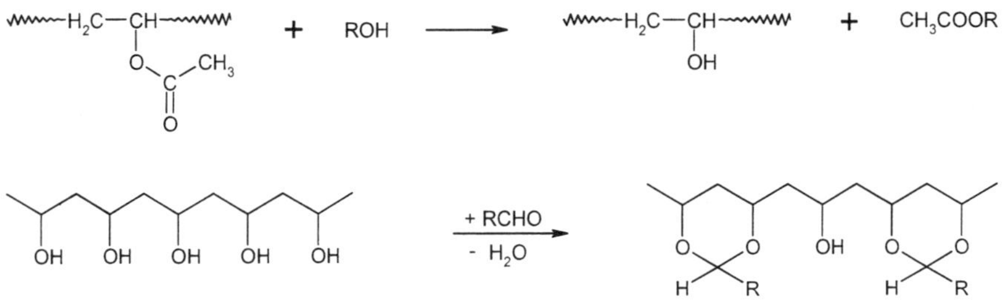

Abbildung 36: Polymeranaloge Reaktionen (P_n und Polymerverteilung bleiben konstant)

Ionenaustauscher lassen sich durch Copolymerisation von Styrol mit Divinylbenzol herstellen. Die vernetzten Copolymere werden im Anschluss durch Behandlung mit SO_3 (saurer Kationenaustauscher) oder Chlordimethylether mit anschließender Quaternierung mit Trimethylamin (basischer Anionenaustauscher) polymeranalog umgesetzt und kommen in Wasser aufgequollen als Polyelektrolyte zum Einsatz.

Bei all diesen Umsetzungen bleibt der Polymerisationsgrad erhalten, ebenso die Molekulargewichtsverteilung des Polymers. Es ändern sich jedoch die Molmasse und Konstitution des Polymers.

1.9.2 Isomerisierung

Zu den Isomerisierungsreaktionen zählen unter anderem die Austauschreaktionen, bei denen ein Segment eines Makromoleküls gegen ein Segment eines anderen Makromoleküls getauscht wird. Das Zahlenmittel des Polymerisationsgrads bleibt hierbei konstant. Jedoch ändert sich die Polymerverteilung. So kann aus Polyamiden mit enger Molekulargewichtsverteilung unter Zusatz geeigneter Umamidisierungskatalysatoren ein Polymer mit breiter Molmasse entstehen, wobei sich die Eigenschaften signifikant ändern. Eine derartige zeitliche Änderung der Eigenschaften, z. B. bei thermischer Beanspruchung während der Verarbeitung des Polymers (im Extruder, bei Verarbeitung der Schmelze), ist in der Technik zumeist unerwünscht. Auch Polyester, Polyurethane, Polyacetale und Polysiloxane können solche Reaktionen eingehen. Da hierbei gleichartige Bindungen ausgetauscht werden, ist die Reaktionsenthalpie null. Die treibende Kraft ist die Entropiezunahme des Gesamtsystems.

~~A—NH | ~~A—C=O + O=C—B~~ | HN—B~~ ⇌ ~~A—NH—C(=O)—B~~ + ~~A—C(=O)—NH—B~~

Abbildung 37: Umamidisierung von Polyamiden

Weitere Beispiele von Isomerisierungsreaktionen sind z. B. cis/trans-Isomerisierungen oder Isomerisierungen taktischer Polymere.

1.9.3 Reaktionen unter Erniedrigung des Polymerisationsgrads

Hierbei handelt es sich um Abbaureaktionen wie z. B. Depolymerisation, Kettenspaltung oder thermooxidativer Abbau. Je nach Reaktionsbedingungen und Polymerstruktur kann der Abbau chemisch, thermisch, mechanisch, durch Ultraschall oder durch Licht herbeigeführt werden.

Die Depolymerisation ist die Umkehrung der Kettenpolymerisation und tritt bei lebenden Polymeren spontan vom Kettenende her auf (ionischer Ablauf). Bei allen anderen Makromolekülen wird zunächst in einer Startreaktion homolytisch eine Bindung gespalten und von hier aus nach einem Radikalmechanismus die Kette abgebaut (Abb. 38).

$\sim CH_2O-CH_2O\sim \xrightarrow{\Delta} n\ H_2C=O$ Polyoxymethylen

$\sim N(R)-C(=O)-N(R)-C(=O)-N(R)-C(=O)\sim \xrightarrow{\Delta} n\ R-N=C=O$ alpha-Nylon

Abbildung 38: Thermisch initiierte Depolymerisation

Bei der Kettenspaltung vollzieht sich der Abbau durch Trennung an beliebiger Stelle unter Bildung größerer oder kleinerer Bruchstücke. Besonders leicht kann eine Spaltung bei Polymerketten mit leicht aktivierbaren Kettengliedern wie z. B. Heteroatomen erfolgen. Werden hierzu noch kleine Moleküle benutzt, wie zum Beispiel bei der Umesterung von Poly(ethylenterephthalat) mit Methanol, handelt es sich um eine Retro-Polykondensation.

Depolymerisationen und Kettenspaltungen findet man vornehmlich bei niedrigen Temperaturen. Für die Thermostabilität des Polymers ist die Ceilingtemperatur (T_C) eine charakteristische Größe. Des weiteren gibt der Masseverlust pro Minute z. B. bei 350 °C (v_{350}) Auskunft über das Stabilitätsverhalten. Der Massenanteil des Monomers in den bei Zersetzungstemperatur zumeist gasförmig anfallenden Abbauprodukten gibt Auskunft über das Depolymerisations- und Zersetzungsneigung des Polymers. So läuft bei hohen Monomeranteilen im Zersetzungsabgas der Polymerabbau weitgehend über Depolmerisationsprozesse (Tabelle 11).

Tabelle 11: Thermische Stabilität einiger Polymere (nach Lechner 2003 [16])

Polymer	T_C (°C)	v_{350} (%/min.)	Monomeranteil (%)
PTFE	580	~ 0	96
PE	400	0,008	~ 1
PP	300	0,07	0
PS	230	0,24	ca. 50
PMMA	220	5,2	95
Poly(isobutylen)	50	47	20–50

Bei hohen Temperaturen treten neben der Depolymerisation noch zusätzliche Reaktionen auf, so z. B. die Abspaltung von Substituenten wie CO_2, CO, H_2O, HCN oder HCl. Derartige thermische Abbaureaktionen werden als Pyrolyse bezeichnet. Genutzt werden diese zur Herstellung temperaturbeständiger Polymere, aber auch bei der Entsorgung von Kunststoffmüll.

Beim eigentlichen thermischen Abbau werden niedermolekulare Verbindungen (z. B. HCl beim PVC) abgespalten oder schwache Bindungen homolytisch aufgebrochen. Bei Anwesenheit von Sauerstoff werden entsprechende Abbauprozesse beschleunigt, indem zunächst gebildete Makroradikale zu Peroxiradikalen weiterreagieren. Folgereaktionen sind die Hydroperoxidbildung und Bildung von makromolekularen Peroxiden, die eine Kettenspaltung unter Bildung von Keto-, Aldehyd-, und Carboxylatgruppen verursachen (Abb. 39). Die erneut entstandenen Radikale führen zu weiterem Polymerabbau, bis sie schließlich durch Disproportionierung und Rekombination mit anderen Polymerradikalen aufgebraucht werden. Verunreinigungen, Katalysatorreste und Additive können den Zerfall von Peroxiden und Hydroperoxiden beschleunigen und den thermooxidativen Abbau zu niedrigeren Temperaturen verschieben.

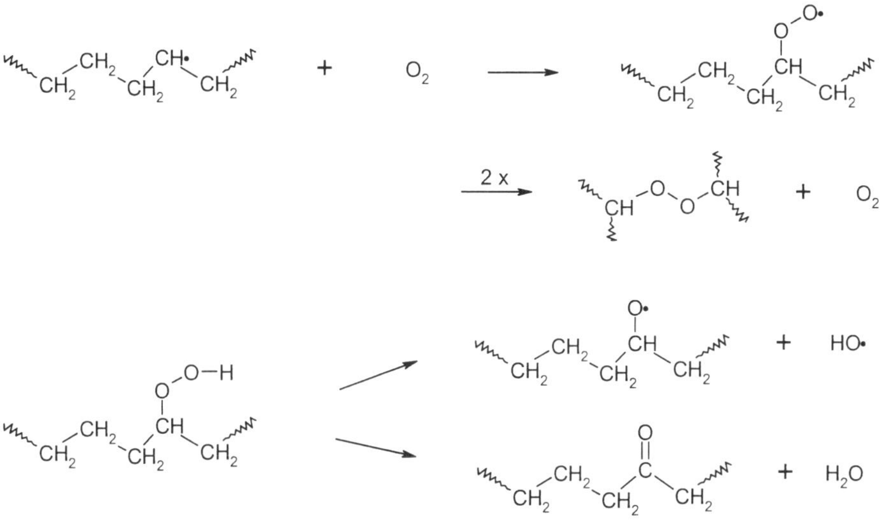

Abbildung 39: Thermooxidativer Polymerabbau über Peroxiradikale bzw. Hydroperoxide

Neben dem thermischen Abbau kann auch durch Aufnahme energiereicher Strahlung eine Kettenspaltung erfolgen. Die Strahlungsabsorption (z. B. Absorption von UV-Licht) in Polymeren wird bei Anwesenheit ungesättigter Gruppen bzw. Ketogruppen vereinfacht. Z. B. können Ketogruppen das Licht einer Wellenlänge von 270–330 nm absorbieren und sich aus dem entstandenen angeregten Zustand über die Spaltung der C-C-Bindung, benachbart einer C=O-Gruppe, bzw. Wasserstoffabstraktion aus der β- bzw. γ-Position zur C=O-Gruppe stabilisieren (Abb. 40).

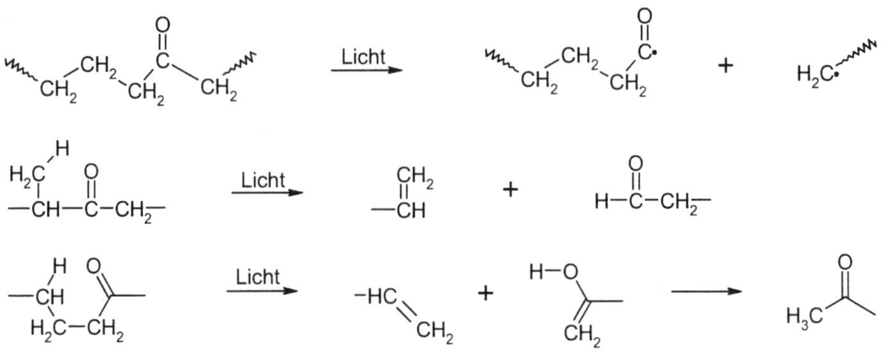

Abbildung 40: Lichtinduzierter Polymerabbau benachbart einer Carbonylgruppe (nach Lechner 2003 [16])

1.9.3.1 Alterung

Bei der Alterung von Polymerprodukten vollzieht sich je nach Einsatztemperatur ein thermischer bzw. bei Anwesenheit von Sauerstoff thermooxidativer Abbau des Polymers. Dies beginnt zumeist mit der Verflüchtigung niedermolekularer Bestandteile wie Restmonomere, Hilfsmittel (z. B. Weichmacher, Gleitmittel, Stabilisatoren), aber auch durch feuchtigkeitsinduzierten Abbau, wodurch sich das Eigenschaftsbild z. T. drastisch ändert. Nach DIN 50035 bezeichnet man als Alterung jede negativ oder positiv irreversibel ablaufende chemische und physikalische Änderung des Eigenschaftsbildes, die das betreffende Material im Laufe der Zeit erfahren kann.

Bei physikalischen Alterungsprozessen treten morphologische Änderungen ein, die über einen Schmelzvorgang reversibel sind (Änderung der Kristallstruktur, Erhöhung der Kristallinität, Relaxationsvorgänge). Chemische Alterungsprozesse sind irreversibel. Prinzipiell kann zwischen drei Prozessen unterschieden werden:

- Änderung des molekularen Aufbaus (Molmassenabbau, Änderung der Molmassenverteilung, Bildung von Verzweigungen und Vernetzungen) führt zu deutlichen Änderungen der mechanischen und rheologischen Eigenschaften.
- Bildung funktioneller Gruppen; bewirkt z. B. Veränderungen der Farbe und Transparenz eines Stoffs.
- Abspaltung niedermolekularer Stoffe (Depolymerisation, Seitengruppenabspaltung) führt zu Änderung der mechanischen und rheologischen Eigenschaften sowie ggf. zur Geruchsbildung (z. B. HCl-Bildung bei PVC).

Physikalische Alterungsvorgänge werden durch thermodynamisch instabile Zustände (Eigenspannung, Orientierung, unvollkommene Kristallstruktur) hervorgerufen, die aus den bei der Herstellung vorgegebenen Abkühlbedingungen resultieren. Durch Temperatureinfluss wird der Alterungsvorgang (z. B. Weichmacherwanderung oder -verlust) beschleunigt. Der Abbau von Spannungen führt zur Schrumpfung und zu Dimensionsänderungen mit ggf. Riss- und Bruchbildung des Werkstoffs. Bei Polymerblends wie z. B. ABS werden beim Abkühlen durch den unterschiedlichen Schmelzpunkt der Phasen interne Spannungen (Eigenspannungen) verursacht, die beim Abbau das mechanische Verhalten beeinflussen [21].

1.9.4 Reaktionen unter Erhöhung des Polymerisationsgrads

Hierzu zählen in erster Linie Vernetzungs- und Pfropfreaktionen. Bei Reaktivsystemen (Kapitel 3.8) werden so aus thermoplastischen Vorprodukten (z. B. Prepolymere) durch Vernetzungsreaktionen duroplastische Werkstoffe hergestellt. Die Vorprodukte können hierbei unterschiedliche reaktive Gruppen enthalten, so z. B. Isocyanat-, Epoxyd-, Siloxan-, Hydroxyl-, Säuregruppen bzw. Doppelbindungen. Mittels Polyaddition bzw. Polykondensation hergestellte reaktive Vorprodukte werden zumeist durch Reaktion überschüssiger Anteile an der zu verbleibenden reaktiven Gruppe erhalten (z. B. überschüssiger Einsatz der Diisocyanatkomponente bei Reaktion mit Hydroxylgruppen enthaltenden Polyetherpolyolen). Je höher hierbei der Überschuss, umso niedermolekularer ist das entstandene Prepolymer.

Durch radikalische Polymerisation hergestellte Polymere mit vernetzbaren Gruppen (z. B. Doppelbindungen) werden häufig über den Einsatz von Dienmonomeren erzeugt (siehe Elastomerherstellung). Daneben können auch Polykondensate bzw. Polyaddukte noch radikalisch vernetzbare Doppelbindungen enthalten, die nachfolgend durch geeignete Initiatoren zur Reaktion gebracht werden können (Makromonomere).

An einem Polymer durchgeführte Pfropfreaktionen, z. B. zur Herstellung von Kammpolymeren, erhöhen ebenfalls den Polymerisationsgrad.

2 Struktur und Eigenschaften von Polymeren

2.1 Struktur der Polymere

Die Kenntnis über die atomare Zusammensetzung von Makromolekülen macht noch keine Aussage über den Aufbau und damit verbunden über die Eigenschaften des Polymers. Entsprechend sind z. B. Poly(ethylen) und Poly(styrol) nur aus Kohlenstoff und Wasserstoff aufgebaut (ähnliche Bruttozusammensetzung), zeigen aber ein deutlich unterschiedliches Eigenschaftsbild. Auch Polymere, aufgebaut aus dem selben Monomer, mit ähnlicher Molmasse und Molmassenverteilung, können sich in ihrem Verhalten deutlich unterscheiden. Beispielsweise ist radikalisch hergestelltes Poly(styrol) ein amorphes Material mit einem Erweichungspunkt (Glastemperatur) von 100 °C, wogegen durch Ziegler-Katalysatoren mittels Polyinsertion ein hochsymmetrisches (isotaktisches) Material entsteht, das kristallisiert und einen Schmelzpunkt von 230 °C aufweist.

Die Struktur der Polymere hat somit einen entscheidenden Einfluss auf das Eigenschaftsbild. Man kann diese in drei Ebenen unterteilen:

- Primärstruktur: beschreibt die gegenseitige Verknüpfung der elementaren Atombausteine (Konstitution, Konfiguration),
- Sekundärstruktur: beschreibt die räumliche Anordnung der einzelnen Makromoleküle (Konformation),
- Tertiärstruktur (Aggregatstruktur): beschreibt die Anordnung mehrerer Makromoleküle bis hin zu makroskopisch sichtbaren Aggregaten (Knäuelbildung, Sphärolithbildung).

2.1.1 Anordnung von Substituenten entlang der Polymerkette

2.1.1.1 Konstitution, Konfiguration, Konformation

Konstitution: definiert den Typ und die Anordnung von Atomen, die Art der Substituenten und Endgruppen, die Sequenz der Grundbausteine, die Größe der Molmasse und Molmassenverteilung.

Konfiguration: definiert die räumliche Anordnung von Substituenten (Abb. 41) Die Anordnung kann nur durch Lösen von σ-Bindungen (hohe Energiebarriere) geändert werden. Im Gegensatz zu niedermolekularen Verbindungen müssen bei Makromolekülen Folgen von Konfigurationen betrachtet werden. Isotaktisches oder syndiotakisches Poly(propylen) sind Konfigurationsisomere, ebenso 1,4-Poly(butadien)e in cis-taktischem und trans-taktischem Aufbau.

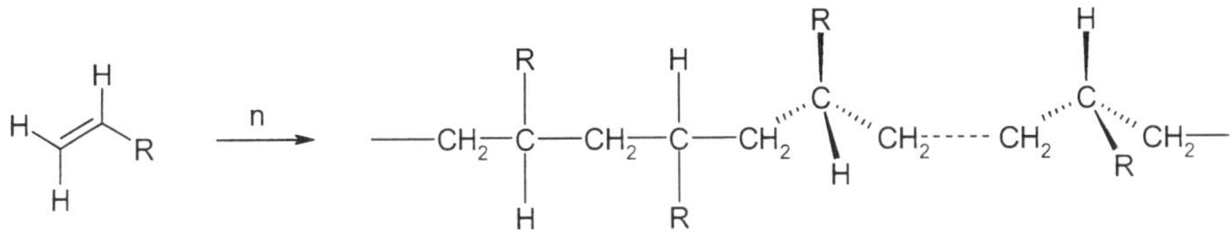

Abbildung 41: Herstellung pseudoasymmetrischer C-Atome durch prochirale Monomere

Bei Einsatz von prochiralen Monomeren (z. B. Propen) werden in der entstehenden Polymerkette chirale Zentren erzeugt. Das Polymer ist jedoch nicht optisch aktiv, da sich die Ketten nur in großen Entfernungen unterscheiden. Daher spricht man bei Polymeren von pseudoasymmetrischen Kohlenstoffatomen.

Neben der Herstellung von Polymeren mit pseudoasymmetrischen Kohlenstoffatomen können bei Einsatz geeigneter Monomere auch optisch aktive Makromoleküle erzeugt werden (Abb. 42). Ein Beispiel ist die Polymerisation von substituierten Oxiranen (z. B. Propylenoxid).

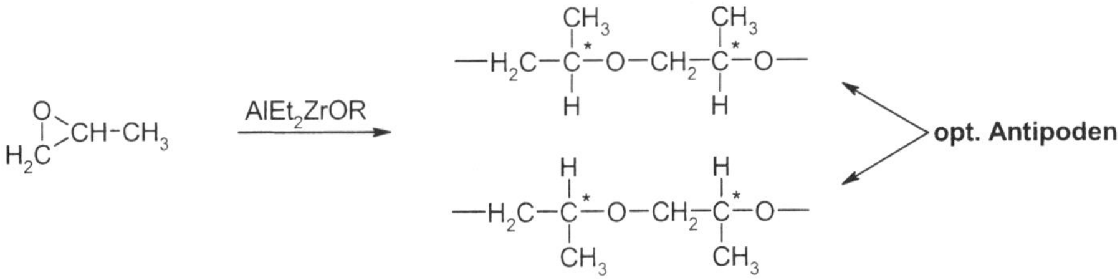

Abbildung 42: Optisch aktive Polymere

Konformation: definiert die bevorzugte Lage von Atom(grupp)en bei Drehung um eine Einfachbindung. Durch die niedrige Energiebarriere dieses Vorgangs wandeln sich Konformationsisomere schnell ineinander um.

2.1.1.2 Taktizität

Die relative Anordnung von benachbarten Asymmetriezentren wird durch die Taktizität abgebildet. Man unterscheidet hierbei zwischen (Abb. 43):

Isotaktisch (it): gleiche Konfiguration an benachbarten Asymmetriezentren. Eine isotaktische Wiederholungseinheit besteht nur aus einer konfigurativen Wiederholungseinheit.

Syndiotaktisch (st): unterschiedliche Konfiguration an benachbarten Asymmetriezentren. Eine syndiotaktische Wiederholungseinheit besteht aus zwei enantiomeren konfigurativen Wiederholungseinheiten.

Heterotaktisch (ht) Wechsel von it- und st-Einheiten. Eine heterotaktische Wiederholungseinheit besteht aus vier in gleicher Folge abwechselnden Wiederholungseinheiten.

Ataktisch (at): statistisch verteilte Konfiguration.

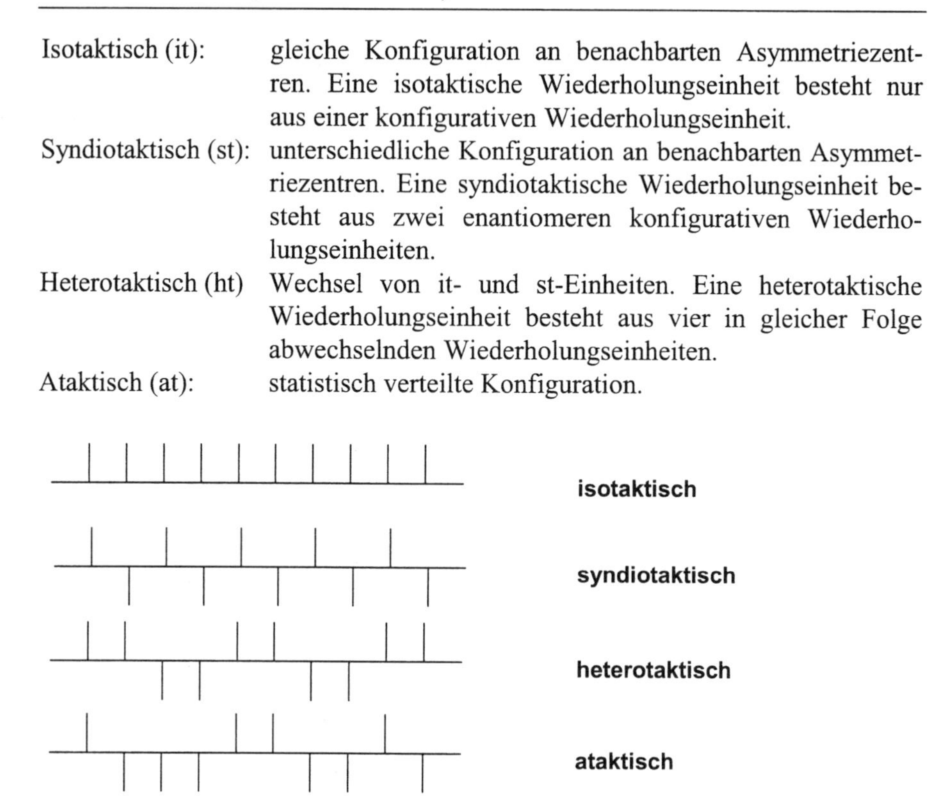

Abbildung 43: Polymerketten unterschiedlicher Taktizität

Die Unterscheidung in isotaktische, syndiotaktische und ataktische Diaden (benachbarte Zentren) ist nicht immer aussagekräftig und eindeutig, wie das folgende Beispiel zeigt:

Obwohl sich die Gesamtkonfiguration entlang der beiden unten abgebildeten Kettensegmenten deutlich unterscheidet, weisen beide Ketten eine fast gleiche Anzahl an isotaktischen und syndiotaktischen Diaden auf (Abb. 44).

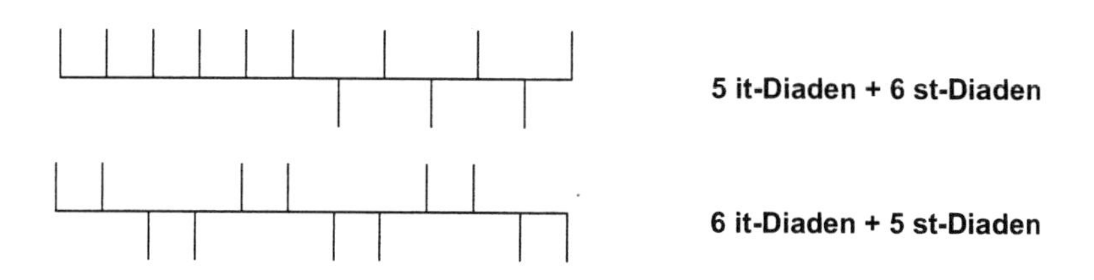

Abbildung 44: Beispiele zweier unterschiedlicher Konfigurationen

Eine genauere Differenzierung kann hier durch eine Sichtweise über drei benachbarte Symmetriezentren - sogenannte Triaden - erfolgen. In dieser Sichtweise gliedert sich das obere Kettensegment in 4 isotaktische und 5 syndiotaktische Triaden sowie eine weiter heterotaktische Triade; die untere Kette setzt sich aus 10 heterotaktischen Triaden zusammen und unterschiedet sich somit deutlich von der oberen (Abb. 45).

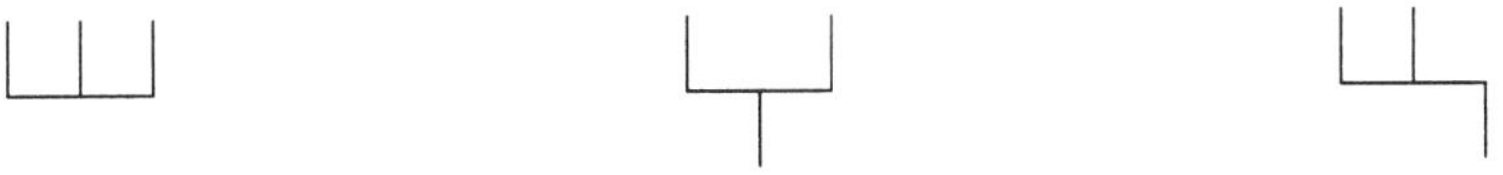

isotaktische Triade **syndiotaktische Triade** **heterotaktische Triade**

Abbildung 45: Unterschiedliche Triaden

Bei der Dienpolymerisation unterscheidet man weiterhin zwischen cis-taktischer (ct-1,4-Poly(butadien)) und trans-taktischer (tt-1,4-Poly(butadien)) Konfiguration (Abb. 46).

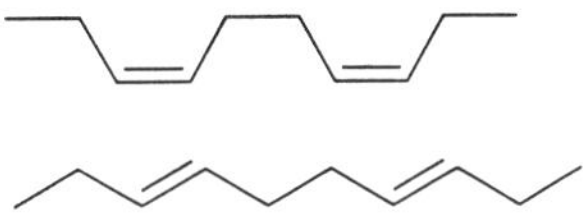

cis-taktisch

trans-taktisch

Abbildung 46: Schematische Polymerketten in cis-taktischer und trans-taktische Anordnung

Beispielsweise verläuft die Polymerisation von Butadien mit Lithiumalkylen während der Anlagerung des Monomers über einen sechsgliedrigen Zyklus mit cisoider Struktur. Die freie Drehbarkeit wird hierbei durch einen Metall-π-Allylkomplex verhindert, wodurch die cis-Struktur eingefroren wird (Abb. 47).

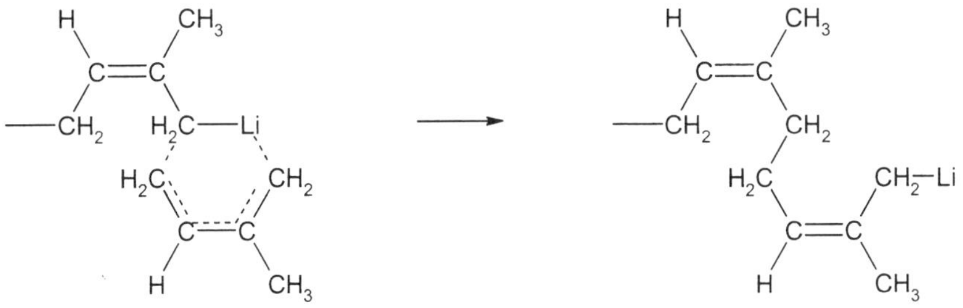

H CH3 C=C CH2 H2C—Li H2C CH2 C=C H CH3 → H CH3 C=C CH2 CH2 H2C CH2—Li C=C H CH3

Abbildung 47: Homogene Dienpolymerisation mit Lithiumalkylen (cis-1,4-Einbau)

2.1.2 Konformationen von Polymermolekülen

2.1.2.1 Mikrokonformation

Bei Polymermolekülen mit definierter Konstitution und Konfiguration sind die Atomabfolgen, die Bindungslängen zwischen den Kettenatomen und die Bindungswinkel zwischen je drei benachbarten Kettenatomen festgelegt. Dennoch können die Kettenatome durch Rotationen unterschiedliche räumliche Lagen einnehmen. Diese Konformationsänderungen weisen zumeist nur geringe Energiebarrieren auf, was bei Raumtemperatur eine leichte Umwandlung (Rotation) ineinander ermöglicht. Die Höhe der Potentialschwelle übt hierbei einen Einfluss auf die Glastemperatur und das Kristallisationsvermögen aus.

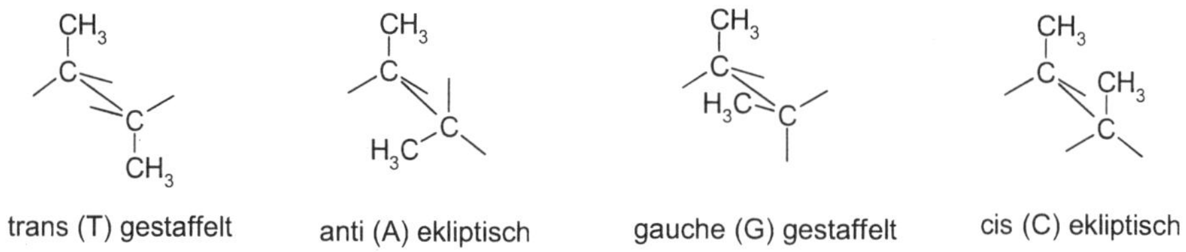

CH_3 C C CH_3 — trans (T) gestaffelt

CH_3 C C H_3C — anti (A) ekliptisch

CH_3 C H_3C C — gauche (G) gestaffelt

CH_3 C CH_3 C — cis (C) ekliptisch

Abbildung 48: Mikrokonformationen des Butans

Die räumlich ausgezeichneten Anordnungen werden bei Makromolekülen Mikrokonformationen (lokale Konformationen) genannt und lassen sich am Beispiel von Butan in einfacher Weise erläutern (Abb. 48).

Man unterscheidet zwischen trans- (T), anti- (A), gauche- (G), und cis- (C) Konformationen, wobei T und G energetisch bevorzugt sind und zumeist ausschließlich für die Gesamtkonformation herangezogen werden. Im Gegensatz zu niedermolekularen Verbindungen müssen für die Gesamtkonformation von Polymeren Folgen von Mikrokonformationen betrachtet werden.

Schon bei Pentan sind so beispielsweise zwei unterschiedliche Kettenkonformationen bei C^2-C^3 und C^3-C^4 zu berücksichtigen. Da jede Konformation in einer T-Lage und zwei G-Lagen (G^+ oder G^-) vorliegen kann, unterscheidet man 4 Typen von konformativen Diaden (Abb. 49). Die niedrigste Energie weist die TT-Konformation auf, die höchste haben die GG-Konformationen.

1 2 3 4 5 — TT

1 2 3 4 5 — TG, GT

1 5 2 3 4 — GG

1 5 2 3 4 — GG

Abbildung 49: Konformative Diaden des Pentans

Bei Berechnungen werden der Einfachheit halber zumeist keine GG-Konformationen angenommen. Weisen die Kettenatome jedoch freie Elektronenpaare oder elektronegative Substituenten auf, bevorzugen diese beim Vorhandensein einer polaren (polarisierbaren) Umgebung gauche-Stellungen (gauche-Effekt). In Kristallen von Polymeren treten daher doch häufig G-Konformationen auf. Poly(oxymethylen) (POM) kristallisiert wegen des gauche-Effekts beispielsweise in der all-gauche-Konformation (G_n).

Aus einer all-trans-Konformation eines Polymermoleküls und somit einer gestreckten Molekülanordnung kann durch wenige Konformationsstörungen ein Polymerknäuel entstehen.

Im kristallinen Zustand existieren nur Poly(ethylen) und st-Poly(vinylchlorid) in einer all-trans-Konformation mit der Bildung von Zickzack-Ketten. st-Poly(propylen) kristallisiert ebenfalls in einer Art Zickzack-Kette, jedoch mit einer TTGG-Mikrokonformation. Ansonsten kristallisieren alle Polymere in unterschiedlichen Helix-Formen, die durch die Anzahl der konstitutionellen Repetiereinheiten pro Anzahl der Schraubenwindungen charakterisiert werden können (z. B. 3_1-Helix; 3: Zahl der Grundbausteine, 1: Windungszahl). Bei gleicher Repetiereinheit können sich je nach konstitutioneller und konfigurativer Wiederholung unterschiedlichste Typen von Helices ergeben. So liegt Poly(propylen) in einer 3_1-Helix, it-Poly(4-methyl-1-penten) in einer 7_2-Helix und it-Poly(3-methyl-1-buten) in einer 4_1-Helix vor, obwohl alle die konformative Repetiereinheit TG aufweisen.

Helix-Typ	Rotationswinkel	räuml. Darstellung	Grundbaustein	Konformation	Polymer
1_1	0		$-CH_2-CH_2-$	-TTT-	Poly(ethylen) st-Poly(vinylchlorid)
13_6	16		$-CF_2-CF_2-$	-TTT-	Poly(tetrafluorethylen)
3_1	120		$-CH_2-CH(CH_3)-$	-TGTG-	it-Poly(propylen)
7_2	110		$-CH_2-CH_2-CH_2-CH(CH_3)-CH_2-$	-TGTG-	it-Poly(4-methylpenten)
9_4	103	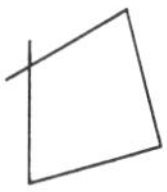	$-CH_2-O-$	-GGG-	Poly(oxymethylen)
4_1	90	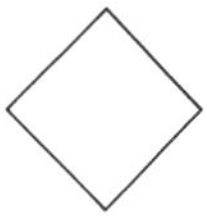	$-CH_2-CH_2-CH(CH_3)-CH_2-$	-TGTG-	it-Poly(3-methylbuten)

Abbildung 50: Polymerkonformationen und hieraus resultierende Helix-Typen (nach Elias 1986 [15])

Neben einfachen Helix-Arten existieren auch Doppel- (z. B. Desoxyribonucleinsäure) und Tripelhelix-Formen (z. B. Kollagen).

Die Kohlenstoffatome im Poly(ethylen) weisen eine C-C-Bindungslänge von 0,154 nm und einen Bindungswinkel drei benachbarter C-Atome von 111,5 ° auf. In einer trans-Konformation ergibt sich hiermit ein maximaler Abstand zweier benachbarter H-Atome von 0,25 nm. Dieser Abstand ist in etwa gleich der Summe zweier van der Waals-Radien der H-Atome (0,26 nm). Kristallines Polyethylen liegt daher in einer all-trans-Konformation vor. Der Van-der-Waals-Radius zweier Fluor-Atome im Poly(tetrafluorethylen) liegt bei 0,31 nm und übersteigt somit den maximal möglichen Abstand von 0,25 nm bei einer all-trans-Konformation. Die Kettenatome weichen daher durch leichte Drehung mit einem Winkel von 16 ° der idealen T-Konformation aus und bilden somit eine 13_6-Helix (Abb. 50).

$-H_2C-CH(CH_3)-$ **PP** 3_1-Helix

$-H_2C-CH(CH_2-CH_3)-$ **PB** 3_1-Helix

$-H_2C-CH(CH_2-CH(CH_3)_2)-$ **PMP** 7_2-Helix

$-H_2C-CH(CH(CH_3)_2)-$ **PMB** 4_1-Helix

Abbildung 51: Einfluss der Aufweitung sperriger Substituenten auf die Helixstruktur

Größere Substituenten nahe an der Kettenachse weiten die Helix auf, beispielsweise von einer 3_1-Helix für Poly(propylen) PP und Poly(butylen) PB über eine 7_2-Helix ("$3,5_1$-Helix") bei it-Poly(4-methyl-1-penten) PMP zu einer 4_1-Helix bei it-Poly(3-methyl-1-buten) PMB (Abb. 51).

Bei C-O-Bindungen in der Hauptkette ist der Bindungsabstand nur 0,144 nm gegenüber 0,154 nm bei C-C-Bindungen. Daher rücken Substituenten näher aneinander heran, wodurch bei isotaktischen Polymeren die Helix-Form ebenfalls aufgeweitet wird. Gegenüber it-PP [$-CH_2-CH(CH_3)-$] (3_1-Helix) liegt deshalb it-Poly(acetaldehyd) [$-O-CH(CH_3)-$] in einer 4_1-Helix vor.

Wegen elektrostatischer Effekte kann bei Polymerketten auch eine cis- (C) oder anti-(A) Konformation der energieärmste Zustand sein. Beispielweise liegen die Ketten von Poly(dimethylsiloxan) in einer $(CT)_n$-Mikrokonformation vor.

2.1.2.2 Makrokonformation

Polymere können kristallin in unterschiedlichen Helix-Formen wie Einfachhelix, Doppelhelix, Tripelhelix bzw. Superstrukturen vorliegen. Des Weiteren kristallisieren Polymere, wenn sie in Zickzack-Ketten vorliegen. Daneben trifft man jedoch auch eine Vielzahl von Polymeren in einem relativ ungeordneten amorphen Zustand an, bei dem sich die Makromoleküle in Knäuelform befinden.

Beim Lösen bleiben Doppelhelix-Strukturen zumeist erhalten, sie bilden jedoch bei hohen Molmassen (z. B. Desoxyribonucleinsäure) weitläufige Knäuel. Einfachhelix-Typen bleiben je nach Wechselwirkung mit dem Lösemittel völlig, teilweise oder gar nicht erhalten und bildet dann Knäuelstrukturen. Zickzack-Ketten und amorphe Polymere gehen beim Lösen stets in Knäuelstrukturen über. Die makroskopisch resultierenden Konformationen (Makrokonformationen = Aufeinanderfolge von Mikrokonformationen) sind nicht statische, sondern dynamische Strukturen, deren Lage der Kettenatome um das Minimum der Potentialenergie oszillieren. In einer Lösung existierende Knäuel werden daher als statistische Knäuel bezeichnet.

In Abhängigkeit von Bindungslänge l_0, Valenzwinkel τ, Konformationswinkel (Torsionswinkels) θ und Polymerisationsgrad P_n (für genügend großes P_n) werden unterschiedliche Knäuelausdehnungen erhalten.

Bei stäbchenförmiger Anordnung kann die Polymerkette unter Berücksichtigung von Valenzwinkeln maximal eine Konturlänge L von $L = l_{eff} \cdot P_K$ (P_K: Kettengliederzahl) aufweisen, wobei sich die Effektivlänge l_{eff} aus der Bindungslänge l_0 wie folgt ergibt: $l_{eff} = l_0 \cdot \sin(\tau/2)$ (Abb. 52). Der Abstand der beiden Kettenenden (Fadenendabstand, Endpunktsabstand) ist hierbei mit der Konturlänge identisch. Bei der Bildung eines Knäuels wird der Endpunktsabstand – als ein Maß für die Größe des Knäuels – kleiner.

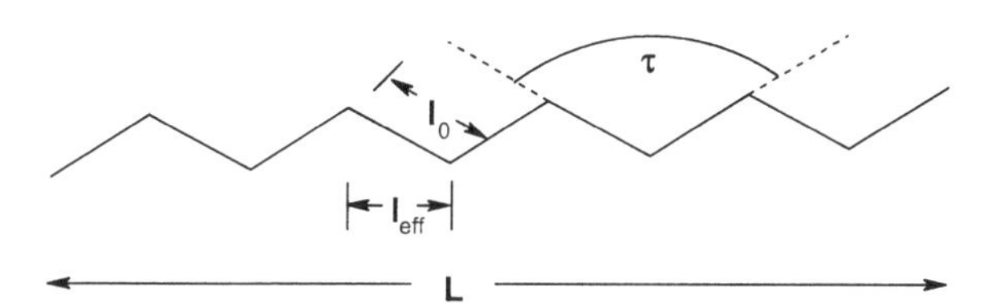

Abbildung 52: Zusammenhang zwischen Konturlänge (L), Bindungslänge (l_0) und Valenzwinkel (τ)

Bei einer linearen Kette aus unendlich dünnen und flexiblen Segmenten kann nach dem Irrflug-Prinzip der Endpunktsabstand h des idealen Knäuels mit $h = l_0^2 \cdot n$ (l_0 entspricht hierbei der Bindungslänge, n der Anzahl der Kettenglieder) berechnet werden. Starre Valenzwinkel (z. B. bei einer C-C-Kette τ = 109,5°), aber auch die Einstellung bevorzugter diskreter Konformationswinkel θ weiten den Endpunktsabstand des idealen Knäuels auf und führen zu einem realen Abstand h_r:

$$h_r = l_0^2 \cdot n \cdot \frac{1-\cos\tau}{1+\cos\tau} \cdot \frac{1-\cos\theta}{1+\cos\theta}$$

Beispielsweise führt der starre Valenzwinkel bei Polyethylenmolekülen mit cos (109,5°) ≈ – 0,33 mit $h = l_0^2 \cdot n \cdot 2$ zu einer Aufweitung auf den doppelten Endpunktsabstand.

Bei starr aufgebauten Monomeren bzw. bei der Betrachtung des Monomers als starre Einheit kann die Anzahl der Kettenglieder durch die Anzahl der Monomereinheiten, d. h. den Polymerisationsgrad ersetzt werden: $h = l_0^2 \cdot P_n$. Die Länge l_0 repräsentiert dann die Gesamtlänge des Monomers.

Anstelle von Bindungslänge, Polymerisationsgrad, Valenz- und Torsionswinkel kann durch Definition von längeren Segmentabschnitten A bei geringerer Anzahl N ebenfalls der Endpunktsabstand ermittelt werden (wird als Kuhn'sches Ersatzknäuel bezeichnet). Das Produkt aus A·N ist gleich der Konturlänge L und kann somit aus $L = l_{eff} \cdot P_K$ berechnet werden. Der Segmentabschnitt A stellt ein Maß für die Verknäuelung bzw. der Steifigkeit des Polymerfadens dar. Gute Lösemittel weiten das Knäuel auf und führen zu einer Vergrößerung des Segmentabschnitts (Abb. 53).

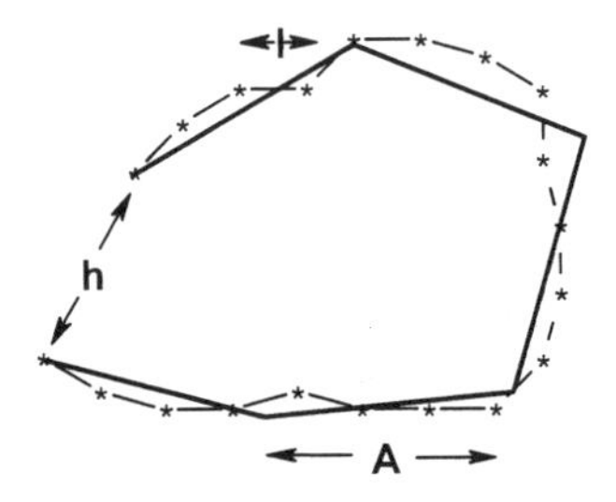

Abbildung 53: Schematisches Knäuel -*- überlagert mit Kuhn'schem Ersatzknäuel —

Der Fadenendabstand ist theoretisch wichtig, aber nur in speziellen Fällen (z. B. mit fluoreszierenden Endgruppen) physikalisch ermittelbar. Außerdem macht die Definition nur bei linearen Ketten Sinn. Im Gegensatz hierzu ist der Trägheitsradius einer beliebigen Teilchenform direkt messbar. Der Trägheitsradius leitet sich aus den Massenelementen m_i mit dem Abstand r_i zum Schwerpunkt ab und ist als Quadratwurzel aus dem Massenmittel von r_i^2 für alle Massenelemente definiert. Experimentell bestimmt wird zumeist das zeitliche Mittel über alle Trägheitsradien und über die gesamte Polymerverteilung.

Bei einem ungestörten Knäuel (im Theta-Zustand) ist der mittlere Fadenendabstand h bei hohem Polymerisationsgrad proportional zum mittleren Trägheitsradius s und entspricht:

$$\sqrt{\langle s^2 \rangle} = \frac{1}{6}\sqrt{\langle h^2 \rangle}$$

Ringförmige Moleküle sind im völlig gestreckten Zustand nur halb so lang wie Ketten. Dies sollte im Mittel ebenso bei allen anderen Makrokonformationen gelten. Daher sollte der Trägheitsradius ringförmiger Polymere im ungestörten Zustand somit um den Faktor $0{,}5^{0,5} = 0{,}707$ kleiner sein als derjenige linearer Polymere.

Die im ungestörten Zustand vorherrschenden kurzreichenden Kräfte hängen von der lokalen Struktur und somit von Taktizitätsunterschieden ab. Bei gleicher Konstitution und Molmasse unterscheiden sich daher die Trägheitsradien von iso- und syndiotaktischen Polymeren um bis zu 20 %.

Da der Endpunktsabstand von der Molmasse des Kettenglieds und vom Polymerisationsgrad abhängt, kann die mittlere Molmasse des Polymers aus den Trägheitsradien des ungestörten Knäuels bestimmt werden.

$$\sqrt{\langle s^2 \rangle} = K_S \cdot M^{0,5}$$

Die Stoffkonstante K_S ist experimentell durch Messung in sog. Theta-Lösemitteln ermittelbar. In Theta-Lösemitteln kompensieren sich bei einer bestimmten Temperatur die Wechselwirkungen zwischen Polymer- und Lösemittelmolekülen (es bildet sich ein ideales Knäuel). Thermodynamisch sind Theta-Lösemittel schlechte Lösemittel kurz vor der Fällung des Polymers (z. B. at-Polystyrol in Cyclohexan bei 34,5 °C; $\Delta H_{exz.} - T\,\Delta S_{exz.} = 0$).

Gute Lösemittel weiten ein Knäuel auf. Dies kann durch einen Aufweitungsfaktor α berücksichtigt werden, um den der Trägheitsradius bzw. der Fadenendabstand vergrößert wird ($\alpha \geq 1$). Der Exponent der Molmasse von 0,5 nimmt dann einen Wert von 0,59 an. Da in guten Lösemitteln langreichende Kräfte dominieren, werden die Trägheitsradien kaum von lokalen Effekten, d. h. auch Taktizitätsunterschieden beeinflusst. Daher besitzen sonst gleiche Polymere mit unterschiedlicher Taktizität in guten Lösemitteln in etwa gleiche Trägheitsradien.

2.2 Eigenschaften von Polymerverbindungen in flüssiger und fester Phase

2.2.1 Flüssiger bzw. gelöster Zustand von Polymeren

Mischungen zweier Komponenten, z. B. zweier Lösemittel bzw. Lösemittel und Polymer, können in ideale und nicht ideale (z. B. reguläre, irreguläre) Mischungen eingeteilt werden. Zwei Komponenten bilden dann eine ideale Mischung, wenn folgende Voraussetzungen erfüllt sind:

- Die Mischungsenthalpie ist unabhängig von den Anordnungsmöglichkeiten der Einzelelemente der beiden Komponenten, d. h. die Wechselwirkungsenergie zwischen Einheiten der Komponente 1 ist gleich der Wechselwirkungsenergie der Komponente 2 ($\Delta H_{mix} = 0$).
- Das Mischen der beiden Komponenten ist nicht mit einer Volumenänderung ($\Delta V_{mix} = 0$) verbunden.
- Die beiden Komponenten haben die gleiche Größe.

So wird bei idealen Mischungen die Änderung der Gibbs'schen Mischungsenergie nur durch die Änderung der Mischungsentropie (ΔS_{mix}) hervorgerufen, wobei ΔS_{mix} mit der Anzahl unterscheidbarer Anordnungsmöglichkeiten der beiden Komponenten korreliert. Gedanklich kann man die Einheiten (z. B. Lösemittelmoleküle) in einem Gitter anordnen und durch Vertauschen der Positionen alle unterscheidbaren Anordnungsmöglichkeiten ermitteln. Die Entropie idealer Mischungen ist über das Boltzmann'sche Gesetz $S = k \ln(W)$ definiert, wobei W für die Zahl der möglichen statistischen Mikrozustände steht (N_1 bzw. N_2 entspricht der Zahl der Einheiten 1 und 2 bei einem Molenbruch x.)

$$\Delta S_{mix} = -k\,(N_1 \ln x_1 + N_2 \ln x_2)$$

Somit ist die Gibbs'sche Mischungsenergie idealer Lösungen gleich:

$$\Delta G_{mix} = kT\,(N_1 \ln x_1 + N_2 \ln x_2)$$

Zwei Komponenten sind dann miteinander mischbar, wenn $\Delta G_{mix} \leq 0$ ist. Das Mischungsbestreben erhöht sich mit der Temperatur. Bei gegebener Gesamtanzahl an Einheiten 1 und 2 ist ΔG_{mix} bei einer 50/50-Mischung maximal.

Beim Lösen von Polymeren werden jedoch keine idealen Mischungen erhalten, d. h. $\Delta H_{mix} \neq 0$. Man findet häufig Volumenänderungen beim Lösen von Polymeren, ebenso ist die Mischungsentropie ΔS_{mix} nicht nur aus den Anordnungsmöglichkeiten der Einzeleinheiten ableitbar. Die thermodynamische Voraussetzung zur Mischung ($\Delta G_{mix} = \Delta H_{mix} - T\,\Delta S_{mix} \leq 0$) ist somit häufig nicht gegeben. Bei gleich großen Wechselwirkungen von Lösemittel und Polymer untereinander ist $\Delta H_{mix} \approx 0$. Da die Entropie jedoch beim Mischen zunimmt, ist die ΔG_{mix} negativ; es entsteht eine stabile Lösung. Je ungleicher die Wechselwirkungen zwischen Lösemittel 1-1 und Polymerbausteinen 2-2 sind, um so positiver wird ΔH_{mix}, was bei großen Unterschieden nicht mehr vom Beitrag $T \cdot \Delta S_{mix}$ ausgeglichen werden kann. ΔG_{mix} wird dann positiv, es erfolgt Entmischung zwischen Lösemittel und Polymer.

2.2.1.1 Löslichkeitsparameter

Zwischen Lösemittelmolekülen (1) wirken unterschiedliche zwischenmolekulare Kräfte, sogenannte Kohäsionskräfte (Dispersionskräfte, Dipol-Dipol-Wechselwirkungen, Wasserstoffbrücken). Mit ε_{11} als Kohäsionsenergie für zwei Lösemittelmoleküle ergibt sich bei z umgebenden weiteren Lösemittelmolekülen eine Gesamtkohärenzenergie pro Lösemittelmolekül von $z/2\ \varepsilon_{11}$ und eine Kohärenzenergiedichte pro Einheitsvolumen $V_{1,mol}$ von:

$$\gamma_1 = z/2 \cdot \varepsilon_{11} / V_{1,mol} = N_A z \varepsilon_{11} / 2V_{1,m} = \delta_1^2$$

Dabei ist $V_{1,m} = N_A\ V_{1,mol}$ das Molvolumen des Lösemittels (1). Die Wurzel aus der Kohärenzenergiedichte ist als Löslichkeitsparameter δ_1 definiert. Der Löslichkeitsparameter δ_1 lässt sich aus der Verdampfungsenergie $E_{1,m} = N_A\ z\ \varepsilon_{11}/2$ berechnen und kann experimentell aus der Verdampfungsenthalpie (Verdampfungsenergie + geleistete Arbeit gegen den Außendruck) ermittelt werden. Die Tabelle 12 gibt das Werteniveau üblicher Lösemittel an.

Tabelle 12: Löslichkeitsparameter von Lösemittel (nach Elias 1996 [4])

Lösemittel	**δ_1 in $(J/cm^3)^{0,5} \approx$ 0,5 Hildebrand**
Heptan	31,0
Tetrachlorkohlenstoff	36,2
Benzol	37,9
Aceton	40,6
Dimethylacetamid	46,6
N,N-Dimethylformamid	50,8
Methanol	61,1
Wasser	98,1

Beim Mischen von Lösemittelmolekülen (1) mit den Grundbausteinen eines Polymers (2) werden Lösemittelmolekülpaare 1–1 und Grundbausteinpaare 2–2 abgebaut und in Mischpaare 1–2 umgewandelt. Die Kohäsionsenergie ändert sich dabei nach:

$$\Delta\varepsilon = 1/2\left(\varepsilon_{11} + \varepsilon_{22}\right) - \varepsilon_{12}$$

Nach quantenchemischen Berechnungen lässt sich die Differenz der Kohäsionsenergie auch aus dem Mittel der Homo-Kohärenzenergien herleiten ($\varepsilon_{12} = \left(\varepsilon_{11}\varepsilon_{22}\right)^{1/2}$) und somit mit den Löslichkeitsparametern (δ) wie folgt beschreiben (aus Gleichungen s.o. mit $V_{1,m} = V_{2,m}$, d. h. gleiches Volumen der Einheiten):

$$\Delta\varepsilon \propto -\left(\delta_1 - \delta_2\right)^2$$

Da die Löslichkeitsparameter von flüssigen Polymeren nicht aus der Verdampfungsenergie ermittelt werden können, müssen sie aus niedermolekularen Verbindungen abgeschätzt oder aus Grenzviskositätszahlen abgeleitet werden. Bei festen Polymeren tritt beim Lösen eine Schmelzenergie auf, die jedoch zu Abweichungen in der Löslichkeit führt. Nachfolgende Tabelle 13 gibt einen Überblick über das Werteniveau von Löslichkeitsparametern einiger Polymere.

Tabelle 13: Löslichkeitsparameter ausgewählter Polymere (nach Elias 1996 [4])

Polymer	**δ_2 in $(J/cm^3)^{0,5}$**
Poly(dimethylsiloxan)	31,4
Poly(styrol)	38,1
Poly(methylmethacrylat)	38,1
Poly(vinylacetat)	39,4
Cellulosenitrat	45,2
Polyacrylnitril	52,3

2.2.1.2 Flory-Huggins-Theorie

Um die Lösemittelgüte bzw. die Güte der Mischung zweier Polymere (Blendbildung) zu ermitteln, muss gegenüber idealen Mischungen im Realfall die Änderung der Enthalpie ($\Delta H_M \neq 0$) mit einbezogen werden. Die Flory-Huggins-Theorie beschreibt bei vernachlässigbarem Mischvolumen ($\Delta V_M = 0$) diesen nicht idealen Zustand für konzentrierte Lösungen (in verdünnten Lösungen sind aufgrund der Bindungen der Grundbausteine nicht alle Gitterpunkte mit gleicher Wahrscheinlichkeit besetzbar). Die Herleitung der Theorie erfolgt über ein dreidimensionales Gitter, indem alle Gitterpunkte N_G durch ein Lösemittelmolekül oder ein Polymergrundbaustein besetzt werden. Die aus der möglichen Anzahl der statistischen Mikrozustände ($W = (N_1 + N_2)! \,/\, (N_1! * N_2!)$) ableitbare Mischungsentropie $S = k \ln(W)$ lässt sich über die Volumenbrüche (Volumenbruch Lösemittels ϕ_1; Volumenbruch Grundbausteine des Polymers ϕ_2) wie folgt beschrieben.

$$\Delta S_{mix} = -k\ (N_1 \ln \phi_1 + N_2 \ln \phi_2)$$

Mit $\Delta G_{mix} = \Delta H_{mix} - T\ \Delta S_{mix}$ ergibt sich:

$$\Delta G_{mix} = RT\ (\chi \phi_2 n_1 + n_1 \ln \phi_1 + N_2 \ln \phi_2)$$

χ wird hierbei als Flory-Huggins-Wechselwirkungsparameter bezeichnet und beschreibt die Lösemittelgüte (Verträglichkeit) eines Polymers in einem Lösemittel.

$$\chi \equiv -z\,\Delta\varepsilon / kT = \Delta H_{mix} / N_g\, \phi_1\, \phi_2\, kT$$

Für ein Polymer/Lösemittelgemisch lassen sich drei Fälle unterscheiden:

- $\Delta\varepsilon > 0$ d. h. $\chi < 0$; die Wechselwirkungen zwischen Polymersegment und Lösemittel sind größer als die Wechselwirkungen zwischen Polymersegmenten und Lösemittelmolekülen untereinander. Es entsteht eine stabile Lösung, das Lösemittel ist ein gutes Lösemittel für das Polymer.
- $\Delta\varepsilon = 0$ d. h. $\chi = 0$; die Wechselwirkungen zwischen Polymersegment und Lösemittel sind gleich denen der Polymersegmente und Lösemittelmoleküle untereinander. Die Lösung verhält sich athermisch.
- $\Delta\varepsilon < 0$ d. h. $\chi > 0$; Die Wechselwirkungen zwischen Polymersegment und Lösemittel sind kleiner als die Wechselwirkungen zwischen Polymersegmenten und Lösemittelmolekülen untereinander. Die Lösung ist nicht stabil.

Der Wechselwirkungsparameter eines Polymer/Lösemittel-Gemisches hängt in verdünnten Lösungen näherungsweise nur vom Polymerisationsgrad ab und geht für unendlich hohe Polymerisationsgrade gegen 0,5. Prinzipiell kann der Wechselwirkungsparameter χ aus den Löslichkeitsparametern (δ_1, δ_2) beider Komponenten ermittelt werden. Die Näherung ist jedoch oft nicht zutreffend; es können sowohl negative als auch positive Werte für χ diskutiert werden.

$$\chi \propto (\delta_1 - \delta_2)^2$$

Bei Mischungen von Polymeren mit Lösemitteln kann das Lösemittel durch die unabhängige Beweglichkeit der einzelnen niedermolekularen Moleküle jeden freien Gitterplatz einnehmen. Daraus folgt ein relativ großer Entropiegewinn, der den positiven Enthalpieterm (große Differenzen der Löslichkeitsparameter δ_1–δ_2) ausgleicht und somit zu einer negativen Gibbs´schen-Mischungsenergie führt (d. h. es besteht oft eine relativ gute Mischbarkeit zwischen Lösemittel und Polymer). Bei der Mischung zweier Polymere (Blends) können die Grundbausteine des 2. Polymers, bedingt durch die Kette, nicht wie die Lösemittelmoleküle jeden freien Gitterplatz einnehmen, was den Entropiegewinn stark abschwächt und somit nur einen kleinen Beitrag des Entropieterms ($-T\Delta S$) liefert. Die Gibbs´sche-Mischungsenergie ist somit häufig positiv, weshalb sich zumeist zwei Polymere (im Gegensatz zu Lösungsmittel mit Polymer) nicht miteinander mischen.

2.2.1.3 Osmotischer Druck

Bei Membranosmometern trennt eine semipermeable Membran eine Zelle mit einer Polymerlösung von einer zweiten Zelle mit dem entsprechenden reinen Lösemittel. Die Membran ist nur für das Lösemittel durchlässig. Für organische Lösungsmittel eignen sich als Membranmaterial beispielsweise regenerierte Cellulose, für Wasser Celluloseacetat und für Säuren poröses Glas.

Zu Beginn steht die Lösungsseite nicht im osmotischen Gleichgewicht mit der Seite des reinen Lösemittel. Daher strömt so lange Lösungsmittel zur Verdünnung in die Lösungszelle, bis sich ein Gleichgewichtsdruck (π) eingestellt hat, der dem Verdünnungsbestreben entgegenwirkt.

Die Veränderungen der Gibbs'schen Energie (G) lassen sich durch die Änderung des Drucks (p), der Temperatur (T) und des Stoffmengenanteils (x_i) ausdrücken.

$$dG = V \cdot dp - S \cdot dT + RT\, d\ln x_i$$

Im Gleichgewicht ist dG = 0. Gleichzeitig entfällt bei isothermer Verfahrensweise der entropische Anteil.

$$V \cdot dp = V \cdot \pi = -RT\, d\ln x_i$$

Die Druckdifferenz zwischen den beiden Zellen entspricht dem osmotischen Druck (π). Wenn für das Volumen V das Molvolumen $V_{M,1}$ (Index i für das Lösemittel = 1, Polymer = 2) eingesetzt wird, ergibt sich mit $x_1 + x_2 = 1$:

$$\pi V_{M,1} = -RT \ln(1 - x_2)$$

wobei x_2 der Molenbruch des Polymers ist. Für sehr verdünnte Lösungen gilt $V_{M,1} = V$ und $\ln(1-x_2) \approx x_2$. Der Molenbruch des Polymers x_2 ergibt sich aus dem Volumen, der Konzentration und dem Zahlenmittel des Molekulargewichts zu $x_2 = V(c_2/M_2)$. Durch Einsetzen und Grenzwertbildung erhält man die **van't Hoff'sche Gleichung**:

$$\lim_{c \to 0} \frac{\pi}{c} = \frac{RT}{M}$$

Durch Messungen des osmotischen Drucks π bei unterschiedlichen Konzentrationen und Auftragen von $\pi/c\,RT$ gegen die Konzentration kann an der Ordinate der Kehrwert der Molmasse (1/M) entnommen werden (Abb. 54).

Bei c > 0 berechnet die van't Hoff'sche Gleichung nur scheinbare Zahlenmittel der Molmasse. Je höher die Molmasse, desto ungenauer ist die Messung. Umgekehrt nimmt die Penetration niedermolekularer Bestandteile des Polymers durch die Membran mit sinkender Molmasse zu, was beispielsweise Messungen von Molmassen unter 10.000 g/mol bei regenerierter Cellulose schwierig macht.

Der osmotische Druck ist selbst bei idealen Lösungen nicht unabhängig von der Konzentration. Nur bei sogenannten Theta-Lösemittel ist der reduzierte osmotische Druck (π/c) für kleine Konzentrationen konstant. Für normale nichtionische

Lösungsmittel kann der reduzierte osmotische Druck gemäß der statistischen Mechanik über eine Reihe entwickelt werden.

$$\frac{\pi}{c} = RT\left[A_1c^0 + A_2c^1 + A_3c^2 + \ldots\right]$$

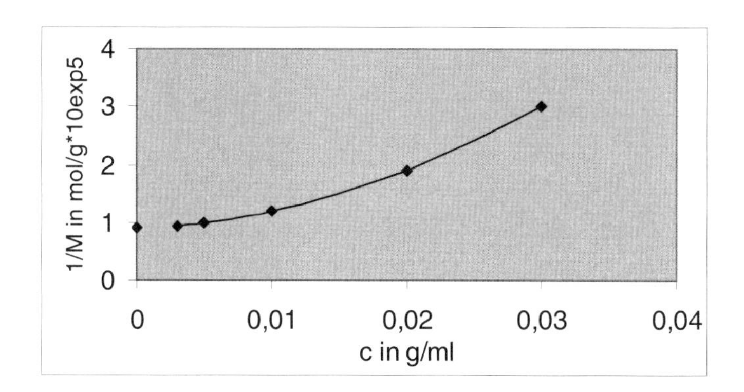

Abbildung 54: Konzentrationsabhängigkeit der scheinbaren reziproken Molmasse

Bei Extrapolation der Polymerkonzentration (c) gegen Null sowie Abbruch nach dem ersten Glied geht die Reihenentwicklung in die van't Hoff'sche Gleichung (s.o.) über. Der erste Virialkoeffizient entspricht somit der reziproken Molmasse (1/M). Der zweite Virialkoeffizient beschreibt Wechselwirkungen zwischen Lösemittel und gelöstem Polymer (wie sie auch durch χ ausgedrückt werden). Bei starken Wechselwirkungen findet man eine große Aufweitung der geknäuelten Makromoleküle. Das Verhalten von Theta-Lösemitteln wird entsprechend durch einen Nullwert für den 2. Virialkoeffizienten beschrieben (keine Knäuelaufweitung).

2.2.1.4 Viskosität verdünnter Lösungen

Für Newton'sche Flüssigkeiten kann die Viskosität durch den Quotienten der Scherspannung ($\tau = F_x/A$; F_x: Kraft entlang der Fließrichtung,; A: Fläche) und des Geschwindigkeitsgradienten $D = dv/ds_y$ quer zu Fließrichtung ausgedrückt werden.

$$\eta = \tau / D$$

Bezogen auf die Viskosität des reinen Lösemittels η_1 ergibt sich die **relative Viskosität** der Lösung mit

$$\eta_{rel} = \eta/\eta_1 \, .$$

Die **spezifische Viskosität** ist definiert als:

$$\eta_{sp} = (\eta - \eta_1)/\eta_1 = \eta_{rel} - 1$$

Schließlich lässt sich bezogen auf die aktuelle Konzentration der Lösung mit $\eta_{red}=\eta_{sp}/c$ eine **reduzierte Viskosität** aufstellen. Die reduzierte Viskosität lässt sich auch über eine Reihenentwicklung darstellen:

$$\eta_{red} = A_1 c^0 + A_2 c^1 + ... = \frac{5}{2} \cdot V_2 N_2 / M + B_2 (V_2 N_2 / M)^2 c + ... = [\eta] + ...$$

Bei der Extrapolation von $\eta_{red} \rightarrow 0$, d. h. Abbruch der Reihenentwicklung nach dem ersten Glied, erhält man die Grenzviskositätszahl [η] (auch Staudinger-Index genannt). N_2 und V_2 beschreiben die Zahl der Polymere mit dem entsprechenden Volumen. Das Polymervolumen starrer Polymerstäbchen ist proportional L^3. Die Länge berechnet sich aus $L = l_{eff} \cdot P_n$, der Effektivlänge je Einheit l_{eff} und dem Polymerisationsgrad P_n des Polymers, wobei der Polymerisationsgrad ($P_n = M/M_E$) sich aus der durchschnittlichen Molmasse des Polymers M bezogen auf die Masse einer Einheit M_E errechnet. Die Grenzviskositätszahl ist somit für starre Polymere proportional dem Quadrat der Molmasse.

$$[\eta] \propto (l_{eff} \cdot M / m_E) / M \propto M^2$$

Andererseits ist die Grenzviskositätszahl von undurchspülten Knäuelmolekülen proportional $M^{0,5}$. Verallgemeinert gilt für die Grenzviskositätszahl die empirisch aufgefundene Kuhn-Mark-Houwink-Sakurada-Gleichung (KMHS):

$$[\eta] = K_\eta M^\alpha \qquad \text{mit } 0{,}5 < \alpha < 2$$

Folgende Fälle können unterschieden werden:

- $\alpha = 0{,}5$ undurchspültes Knäuel (Theta-Bedingungen),
- $\alpha = 1{,}0$ frei durchspültes Knäuel,
- $\alpha = 2{,}0$ starres Stäbchen,
- $\alpha = 0{,}6$–$0{,}9$ reales Knäuel.

Die Konstanten K_η und α müssen für jedes Polymer/Lösungsmittelgemisch durch Eichung mit molekular einheitlichen Polymeren bestimmt werden. Das Auftragen von log[η] gegen log M liefert als Steigung α und als Achsenabschnitt K_η.

$$\log[\eta] = \alpha \log M + \log K_\eta$$

Die Molmasse M drückt das Viskositätsmittel des Polymers aus und ist für den Fall $\alpha = 1$ mit dem Massemittel M_w identisch.

$$M_\eta = \left(\sum_i w_i M_i^\alpha\right)^{1/\alpha}$$

Unter Theta-Bedingungen kann die mittlere Knäueldimension ($\bar{h}$ des undurchspülten Knäuels) aus der Grenzviskositätszahl bei bekannter Molmasse ermittelt werden ($K_\theta \propto \bar{h}^2$). Bei realen Lösemitteln lässt sich K_θ mit Hilfe der Stockmayer-Fixman-Beziehung $[\eta] = K_\theta \cdot M^{0,5} + cA_2M$ durch Auftragen von $[\eta]/M^{0,5}$ gegen $M^{0,5}$ bestimmen. An der Ordinate kann K_θ entnommen werden; Steigungen > 0 spiegeln die Knäuelaufweitung unter "Nicht-Theta-Bedingungen" wieder.

2.2.1.5 Konzentrierte Lösungen

Bei unendlicher Verdünnung hängen Struktur und Eigenschaften der gelösten Polymere nur von der eigenen chemischen Konstitution, Konfiguration und Konformation des Polymermoleküls und von Wechselwirkungen mit dem Lösemittel ab. Mit steigender Konzentration verstärken sich jedoch intermolekulare Wechselwirkungen zwischen den Polymermolekülen, die zu Assoziationen führen können. Je höher die Konzentration, um so mehr macht sich der Raumbedarf der Moleküle bemerkbar. Ab einer kritischen Konzentration (c*) ist der Platzbedarf von Knäuelmolekülen so groß, dass sich Knäuel erstmals berühren, vermehrt Überlappungen ausbilden und die Knäuel komprimiert werden. Diese Überlappungskonzentration kann beispielsweise durch Messungen des osmotischen Drucks bestimmt werden.

Bei doppelt-logarithmischem Auftragen des reduzierten osmotischen Drucks ($\pi M/cRT$) gegen die reduzierte Überlappungskonzentration c/c^* ist für ein undurchspültes Knäuel unterhalb von $c/c^* = 1$ der reduzierte osmotische Druck konstant. Oberhalb steigt der Druck mit der Konzentration an. Polymermoleküle, die als undurchspülte Knäuel (Theta-Bedingung) vorliegen, lassen sich nicht weiter komprimieren und zeigen abrupt oberhalb der Überlappungskonzentration eine starke Konzentrationsabhängigkeit des osmotischen Drucks. Polymere in guten Lösemitteln sind stark aufgequollen, von Lösemittel durchspült und werden zunächst komprimiert. Der Übergang ist daher hier fließend (Abb. 55).

Lange starre Moleküle ordnen sich oberhalb einer kritischen Konzentration parallel an (flüssigkristalliner Zustand).

Je nach Aufbau des Polymers (Endgruppen) können sich Polymermoleküle durch attraktive Wechselwirkungen zusammenlagern, d. h. physikalisch verbinden. Assoziieren in Gleichgewichtsreaktionen Polymermoleküle zu Dimeren,

Trimeren und Multimeren, spricht man von einer offenen Assoziation. Umgekehrt lagern sich bei geschlossener Assoziation nur Monomere an multimere Assoziate an (N P $\Leftrightarrow$ P_N), ohne dass sich z. B. Dimere oder Trimere untereinander zusammenlagern.

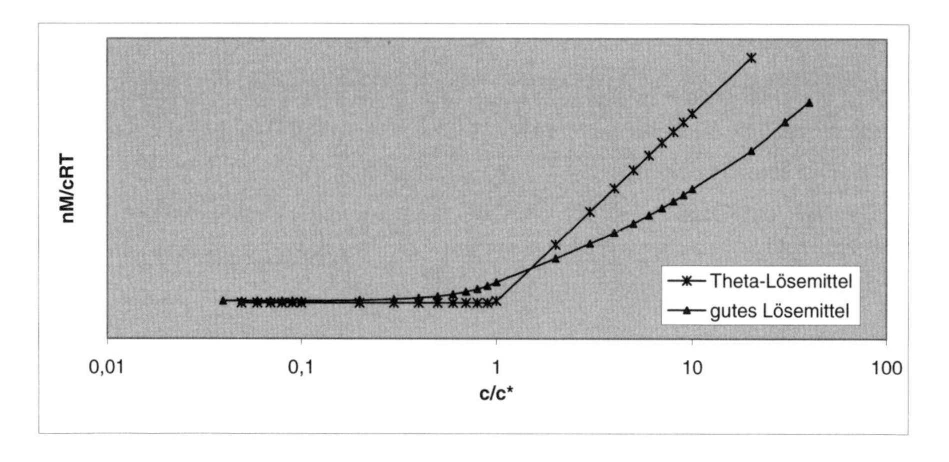

Abbildung 55: Abhängigkeit des reduzierten osmotischen Drucks (πM/cRT) von der normalisierten Überlappungskonzentration (c/c*) a) für ein Polymer im Theta-Lösemittel, b) im guten Lösemittel (nach Elias 1996 [4])

Je höher die Polymerkonzentration, desto höher ist die Assoziierungsneigung und der Viskositätsanstieg der Polymerlösung.

Bei nahezu unendlich hoher Konzentration geht eine Polymerlösung in eine Polymerschmelze über. Viele Polymerschmelzen zeigen bei Scherung mit kleinen Geschwindigkeitsgradienten ein Newton´sches Verhalten. Bei größeren Gradienten zeigen sie jedoch einen Abfall der Viskosität mit der Schergeschwindigkeit. Stäbchen und Kettensegmente orientieren sich hierbei in Strömungsrichtung und verleihen den Polymeren ein sogenanntes strukturviskoses Verhalten. Bei hohen Schergefällen sind alle Segmente orientiert und es stellt sich ein 2. Newton´sches Viskositätsverhalten ein.

Umgekehrt findet man z. B. bei ionisch stabilisierten Dispersionen einen überproportionalen Anstieg der Scherspannung mit der Schergeschwindigkeit. Dieses Verhalten wird als **Dilatanz** bezeichnet.

Bingham-Körper zeigen erst bei höheren Scherspannungen ein Fließverhalten mit dann Newton´schem oder nicht-Newton´schem Verhalten (Abb. 56).

Bei Newton´schen, strukturviskosen und dilatanten Flüssigkeiten stellt sich beim Einstellen eines Geschwindigkeitsgefälles die Viskosität direkt ein und bleibt dann konstant. **Thixotrope** Polymere hingegen zeigen einen zeitlichen Abfall der Viskosität, sie werden bei Scherung mit der Zeit dünnflüssiger. Umgekehrt steigt die Viskosität bei **rheopexen** Systemen an, sie werden dickflüssiger.

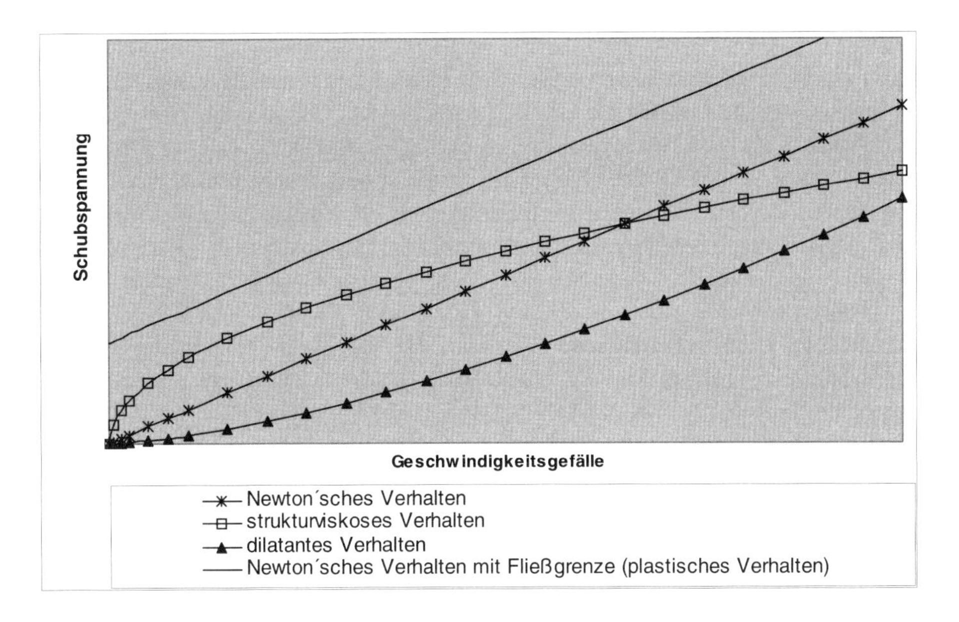

Abbildung 56: Unterschiedliches Viskositätsverhalten (nach Elias 1996 [4])

2.2.1.6 Methoden zur Viskositätsbestimmung

Die Viskositäten von Lösungen und Schmelzen variieren in weiten Grenzen. Zur Messung gibt es daher eine Vielzahl unterschiedlicher Messgeräte und Methoden. Sehr hohe Viskositäten (z. B. von Schmelzen) können mit einem Bandviskosimeter bestimmt werden. Hierbei wird ein ebenes Band durch das Polymer, welches sich zwischen zwei parallelen Platten befindet, gezogen. Bei konstanter Scherspannung stellt sich substanzspezifisch in der Polymerschmelze ein Geschwindigkeitsprofil zwischen Band und Platten ein.

Einfacher ist der apparative Aufbau eines Rotationsviskosimeters. Ein Zylinder rotiert in einem mit dem Polymer gefüllten Becher. Bei engen Spalten zwischen Rotor und Stator stellt sich ein konstantes Geschwindigkeitsgefälle ein. Die Normalspannungsdifferenz wird über einen Drehmomentfühler ermittelt. Ähnlich funktioniert ein Platte-Kegel-Viskosimeter, bei dem eine Platte rotiert und das Drehmoment (Scherspannung) über einen darüber befindlichen Kegel bestimmt wird. Der zwischen Kegel und Platte befindliche Spalt ist hierbei mit Produkt gefüllt. Bei Platte-Kegel-Viskosimetern werden nur geringe Produktmengen benötigt. Schließlich kann auch durch einen rein statischen Aufbau die Viskosität in einem Kapillarviskosimeter ermittelt werden. Durch Drucküberlagerung wird hierbei das Polymer durch die Kapillare befördert und die Durchlaufzeit ermittelt.

2.2.1.7 Flüssigkristalliner Zustand

Flüssigkristalline Substanzen zeigen mit einer Fernordnung Ordnungserscheinungen wie kristalline Körper, fließen jedoch wie Flüssigkeiten. Sie entstehen aus anisotropen Gruppierungen, sogenannten Mesogenen. Tritt der flüssigkristalline Zustand temperaturabhängig zwischen einem festen und flüssig isotropen Zustand auf, spricht man von thermotropen Flüssigkristallen. Stellt sich ein flüssigkristalliner Zustand konzentrationsabhängig in Lösung ein, beinhaltet dies ein lyotropes Verhalten. Eine Substanz kann bei Erhöhung der Temperatur hintereinander mehrere flüssigkristalline Zuständc einnehmen (z. B von einem smektischen in einen nematischen Zustand). Der Übergang vom flüssigkristallinen Zustand zur isotropen Schmelze wird Klärpunkt genannt (die anisotropen Strukturen sind in der Größenordnung von Licht und daher als Trübung sichtbar).

Anisotrope Gruppierungen sind entweder stäbchenförmig oder scheibenartig (diskotisch). Ordnen sich die anisotropen Gruppierungen zweidimensional in Schichten an, bezeichnet man die entstandene Struktur als smektisch, wobei diese sich je nach interner Anordnung der Gruppen (z. B. Neigungswinkel der Schichten) weiter unterteilt (S_A, S_B, S_C, ...). Bei eindimensionaler Anordnung werden nematische Flüssigkristalle erhalten.

Cholesterische Mesophasen treten nur bei chiralen Mesogenen auf und zeigen eine nematische Anordnung der Chiralitätszentren. In den im Mikrometermaßstab entstandenen Strukturen (Domänen) liegen die stäbchenförmigen Mesogene entlang einer Vorzugsrichtung vor, wobei bei smektischer Anordnung ein Orientierungsfaktor (f_O) von ca. 0,8 bis 0,95 vorherrscht, bei nematischer Anordnung ein Faktor von ca. 0,4 bis 0,65 (f_O = 1: Mesogen in Vorzugsrichtung, f_O = 0: Mesogen 90 ° zur Vorzugsrichtung).

In Polymeren können Mesogene auf zwei unterschiedliche Arten eingebaut vorliegen (Abb. 57):

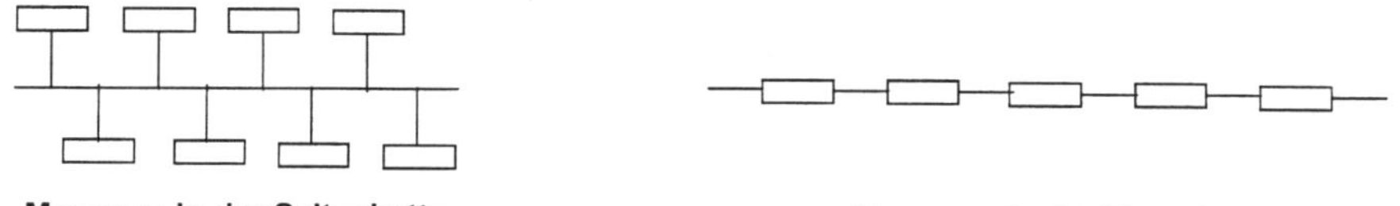

Abbildung 57: Prinzipieller Einbau von Mesogenen in einer Polymerkette

1. In der Hauptkette ggf. durch flexible Elemente getrennt (flüssigkristalline Hauptkettenpolymere, Abb. 58),

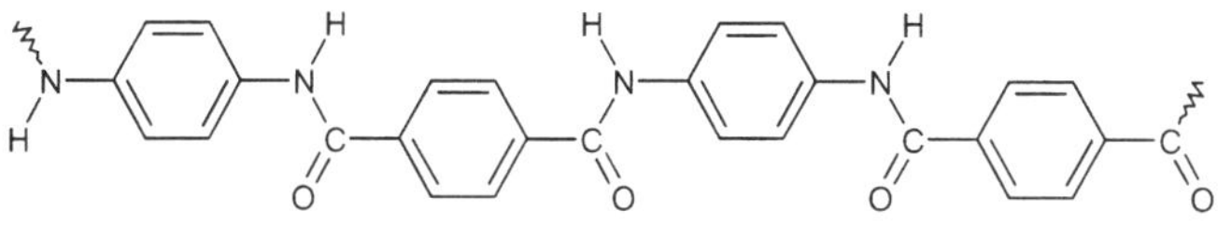

LC-Polyamid (Kevlar)

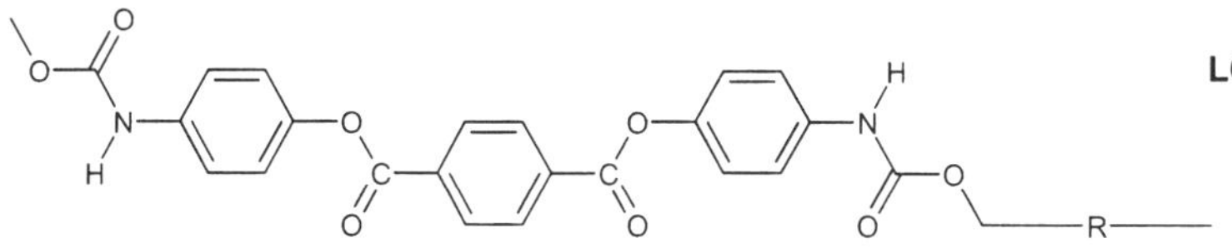

LC-Polyurethan

Abbildung 58: Flüssigkristalline Hauptkettenpolymere (nach Mormann 1995 [17])

2. Seitlich zu einer flexiblen Hauptkette in Seitenketten bzw. Seitenarmen (flüssigkristallines Seitenkettenpolymer).

Zumeist werden flüssigkristalline Hauptkettenpolymere durch Polykondensation oder Polyaddition hergestellt, flüssigkristalline Seitenkettenpolymere hingegen durch Polyaddition von Monomeren mit mesogenen Gruppen.

Ohne attraktive Wechselwirkungen muss nach Gittermodellrechnung ein Mindestachsenverhältnis (Länge/Durchmesser) > 6,4 vorliegen, um rein strukturell eine Mesophase zu stabilisieren.

Da sich die Mesogene bei Scherung leicht orientieren, weisen Polymerschmelzen mit nematischer Phase eine deutlich niedrigere Viskosität auf als analoge isotrope Schmelzen.

Bei lyotropen Flüssigkristallen tritt in Lösungen oberhalb einer kritischen Konzentration eine Phasentrennung auf und es bildet sich eine konzentrierte flüssigkristalline und eine isotrope Phase. Je größer das Achsenverhältnis ist, um so niedrigere Konzentrationen reichen für eine Phasentrennung.

Die Bildung lyotroper Phasen macht man sich bei der Herstellung von selbstorientierten Fasern (z. B. Poly(p-phenylenterephthalamid) Kevlar®) oder Filmen zunutze. Fasern werden oberhalb einer kritischen Konzentration durch Spinnverfahren hergestellt und das Lösemittel durch Fällbäder entfernt. Filme werden nach Herstellung aus isotroper Phase durch Abkühlung im den nematischen Zustand überführt und getempert, wodurch sich die Mesogene ausrichten.

2.2.2 Fester Zustand von Polymeren

Ideale Kristalle weisen keine Gitterfehler auf und sind durch eine dreidimensionale Ordnung der Gitterpunkte charakterisiert. Entsprechende Gitter bestehen aus kleinen Elementarzellen, die durch Translation den Gesamtaufbau des Kristalls reproduzieren. Bei ideal kristallisierten Polymeren (Kettenmolekülen) müssen alle Grundbausteine bzw. Kettenglieder kristallografisch äquivalente Lagen einnehmen. Aus kinetischen Gründen finden jedoch nicht alle Bausteine die idealen Gitterplätze, was Gitterfehler bedingt bzw. zu nicht kristallinen (amorphen) Bereichen führt. Deshalb weisen Polymere eine semikristalline oder teilkristalline Struktur auf.

Nach der Gibbs'schen Phasenregel ($F + P = K + 2$) sollte im Gleichgewicht bei vorgegebenem Druck und Temperatur für eine Komponente (K) nur eine Phase (P) existent sein. Da die Kristallinität des Materials jedoch durch die vorgegebenen Bedingungen (Keimbildung, Abkühlzeit) beeinflusst wird, stellt sich ein mehr oder weniger ausgeprägtes Ungleichgewicht ein und das Polymer wird im Zustand von kristallinen und amorphen Bereichen eingefroren.
Die Bestimmung der Kristallisationsgrads eines Polymers kann durch mehrere Methoden erfolgen:

- Chemische Reaktion, z. B. durch Hydrolyse. Nur im amorphen Teil kann beispielsweise Wasser eindringen und so eine Hydrolyse auslösen.
- IR-Spektroskopie; jedoch nur wenn typische Bandenlagen für amorphe und kristalline Bereiche existieren.
- Röntgenographie.
- Dichtemessung; hierbei muss $\rho_{krist.}$ z. B. aus Röntgenuntersuchungen bekannt sein. ρ_{amorph} kann durch Extrapolation aus der Dichte der Schmelze abgeleitet werden.

Die unterschiedlichen Bestimmungsmethoden liefern zum Teil deutlich differierende Ergebnisse. Daher können nur methodengleiche Analysen verglichen werden.

Typische Polymere, die im festen Zustand teilkristallin vorliegen, sind beispielsweise Poly(ethylen), Poly(propylen), Poly(butylen), Poly(oxymethylen), Poly(butylenterephthalat), Polyamide, Polyurethane.
Die Gebrauchstemperatur derartiger Polymere liegt oberhalb der Glastemperatur (T_G) und unterhalb der Schmelztemperatur (T_m).

Neben semikristallinen Polymeren gibt es auch Polymere, die strukturbedingt (z. B. starke Verzweigungen, ataktischer Polymeraufbau) nicht kristallisieren und beim Abkühlen zu einer unterkühlten Schmelze ohne Fernordnung erstarren. Beispiele hierfür sind Poly(styrol), Poly(methylmethacrylat), Poly(vinylchlorid), Celluloseacetobutyrat. Die Gebrauchstemperatur liegt bei Einsatz dieser Polymere unterhalb von T_G.

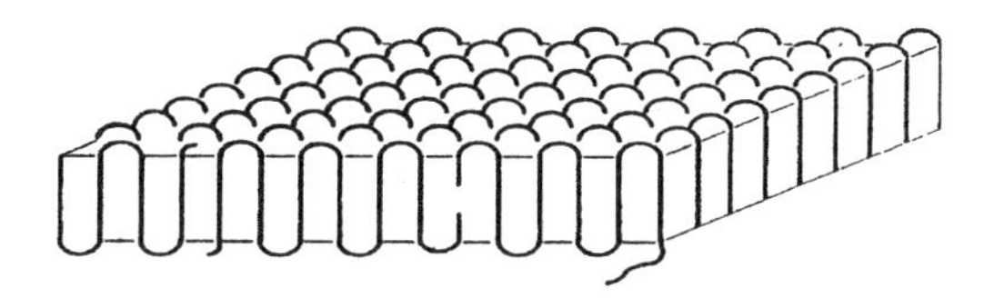

Abbildung 59: Faltung von Polymerketten zu kristallinen Bereichen (Kristallite)

Kristalline Materialien liefern unter Bestrahlung mit Röntgenstrahlen Reflexe, aus denen auf die kristallographische Struktur (Elementarzelle) geschlossen werden kann (Kurzperiodizität). Daneben findet man bei Polymeren jedoch noch eine Röntgenkleinwinkelstreuung (Langperiodizität).

Beispielsweise ist bei Alkanen mit bis zu ca. 75 Kettengliedern ($n < 75$) die Langperiode identisch mit der Konturlänge L der ausgestreckten Kette. Bei mehr als 75 Kettengliedern ($n > 75$) bleibt die Langperiode bei vorgegebenen Bedingungen jedoch durch Rückfaltung der Ketten im Kristall konstant, d. h. sie wird unabhängig von der Kettengliederzahl (Abb. 59).

Die Langperiodizität (Dicke der kristallinen Bereiche) ist im wesentlichen von der Kristallisationstemperatur (T_k) abhängig bzw. bei vorgegebenem Polymer vom Unterkühlungsgrad der Polymerlösung oder der Schmelze ($\Delta T_u = T_{l(m)} - T_k$). Trägt man die Kristallitdicke d gegen $1/\Delta T_U$ auf, ergibt sich eine lineare Abhängigkeit.

Derartige kristalline Bereiche (Kristallite) werden auch Faltenmizellen genannt. Faltenmizellen sind nicht zu 100 % kristallin, sondern enthalten an den oberen und unteren Enden der kristallisierten Kette noch amorphe Bereiche. Mit steigender Molmasse vergrößert sich der nichtkristalline Anteil, da es für die Polymerketten durch Verhakungen immer schwieriger wird, beim Abkühlen regelmäßige Faltenmizellen auszubilden. Ein Polymermolekül kann sich beim schnellen Abkühlen nicht schnell genug zurückfalten und kristallisiert so in mehreren von amorphen Bereichen getrennten Lamellen. Derartige kristalline Bereiche nennt man Fransenkristallite. Sie werden aus vielen Polymermolekülen aufgebaut. An den Enden der Kristallite gehen die Ketten wieder in amorphe Bereiche über.

2.2.2.1 Kristallisationskinetik

Der Kristallisationsprozess (Übergang vom ungeordneten in einen geordneten Zustand) lässt sich in zwei Stufen, 1. die Keimbildung und 2. das Kettenwachstum aufspalten.

1. Die Keimbildung wird durch Dichte- und Temperaturschwankungen in einer Schmelze/Lösung verursacht (homogen) oder heterogen durch feste Verunreinigungen bzw. Oberflächen induziert. Oberhalb der Schmelztemperatur sind diese Keime instabil, unterhalb gibt es eine kritische Größe, bei der die Gibbs'sche Energie der Keime kleiner ist als die der Schmelze, wodurch sie weiter wachsen. Liegt die Temperatur T_k nur wenig unterhalb der T_m, verbleiben nur wenige wachsende Keime (Bildung großer Kristallite); je größer die Temperaturdifferenz, desto mehr Keime existieren (Bildung vieler kleiner Kristallite).
2. Das Kristallwachstum vollzieht sich ein-, zwei- oder dreidimensional. Ist die Kristallisationsgeschwindigkeit beim Abkühlen einer Polymerschmelze ausgehend von einer Keimzelle in alle Richtungen gleich, erhält man kugelförmige polykristalline Bereiche, sogenannte Sphärolithe. Sphärolithe sind aus verdrillten Lamellen aufgebaut, die ihrerseits aus Faltungskristalliten bestehen. Die Lamellen sind im Zentrum dicht gepackt und parallel angeordnet, spreizen sich jedoch nach außen garbenförmig auf (Abb. 60).

Abbildung 60: Lichtmikroskopische Sphärolithaufnahme von isotaktischem Polystyrol

Das Wachstum, d. h. die Änderung des Radius eines kugelförmigen Kristallits, ist bei vorgegebener Temperatur T_k proportional zur Zeit t.

$$r = k_w \cdot t$$

Diese Beziehung gilt nur für die Anfangsphase des Kristallwachstums (keine Zusammenlagerungseffekte). k_w wird als Wachstumsrate bezeichnet und ist bei vorgegebenem Polymer abhängig von der Temperatur und vom Molekulargewicht. Qualitativ nimmt k_w zunächst mit sinkender Temperatur stark zu, erreicht jedoch aufgrund der ansteigenden Viskosität der Polymerschmelze schnell ein Maximum und verlangsamt sich dann bei tieferen Temperaturen durch die eingeschränkte Beweglichkeit der Polymerketten und dem damit behinderten Transport zu den Kristallisationszentren.

Bei konstanter Keimbildungsrate (N_k) pro Volumeneinheit ($V_0 = m_0/\delta_m$) ist der Zuwachs an Kristallitmasse (m_k) in einer Polymerschmelze mit $m_k = \delta_k V_k$ und $V_k = 4/3 \pi r^3$ gleich

$$dm_k = \frac{4\pi}{3} \delta_k k_w{}^3 t^3 N_k \frac{m_0}{\delta_m} dt$$

Die nach der Zeit t insgesamt erhaltene Kristallmasse ergibt sich nach Integration zu

$$\frac{m_k}{m_0} = \frac{\pi}{3\delta_m} \delta_k k_w{}^3 N_k t^4$$

Der Massebruch des Kristallitwachstums wächst bei konstanter Keimbildungsrate in der Anfangsphase mit t^4. Nach Bildung aller Keime ergibt sich eine Abhängigkeit von t^3. Lässt man bei längerer Wachstumszeit das Zusammenwachsen der kugelförmigen Sphärolithe zu, erhält man folgende Abhängigkeit (**Avrami-Gleichung**; Avrami-Exponent: $n_A = 3$ oder 4, Avrami-Konstante: k_A).

$$\frac{m_k}{m_0} = 1 - \exp(-k_A t^{n_A}) \approx \frac{\pi}{3} k_w{}^3 N_k t^4$$

2.2.2.2 Mechanische Eigenschaften

Werden Formkörper aus polymeren Stoffen einer Dehnung oder Stauchung ausgesetzt, zeigen sie je nach Struktur, Vorbehandlung und Kristallinität ein unterschiedliches elastisches Verhalten. In Zugversuchen kann bei angelegter Zugspannung (angreifende Kraft pro Fläche) als Funktion der Zeit die nominale Dehnung ($\varepsilon = L\text{-}L_0/L_0$; L_0: ursprüngliche Länge vor Dehnung) aufgezeichnet werden. Man findet zunächst einen linearen elastischen Bereich mit direkter Proportionalität von Zugspannung und Dehnung (Hooke´sches Gesetz). Der Formkörper kehrt nach Beendigung der Spannung in seine ursprüngliche Form zurück. Weitere Dehnung führt dann jedoch zu irreversibler Änderung und Orientierung von kristallinen Bereichen. Infolge dessen bleibt die Zugspannung über einen weiten Bereich nahezu konstant (Spannungsweichmachung). Bei hohen Dehnungen steigt die Zugspannung bis zur Bruchgrenze wieder kontinuierlich an.

Bei kleinen Dehnungen ist das Elastizitätsmodul eines Formkörpers, d. h. das Verhältnis von Zugspannung und Längenausdehnung, eine charakteristische Größe für das Polymer. Die Größe des Elastizitätsmoduls hängt von der Beweglichkeit und Fließfähigkeit der Kettensegmente ab. Ein amorphes lineares Polymer hoher Molmasse zeigt unterhalb der Glastemperatur (T_G) ein hohes Modul und ist hart und spröde. Bei einer Temperatur wenig oberhalb von T_G wird das

Polymer aufgrund von temporären Verhakungen gummiartig. Bei weiterer Temperaturerhöhung erfolgt über einen viskoelastischen Bereich schließlich die Erweichung zu einer viskosen Flüssigkeit.

Schwach vernetzte Polymere können oberhalb von T_G nicht fließen und bleiben daher gummiartig.

Bei teilkristallinen Polymeren wirken die kristallinen Bereiche (oberhalb von T_G) wie Vernetzungsstellen und sorgen für eine hohe Festigkeit des Materials. Durch die nur kleinen amorphen Bereiche wird ein hohes Modul erzeugt. Die amorphen Bereiche sorgen für ein zähes Verhalten des Körpers. Je höher die Temperatur, um so mehr kristalline Bereiche werden aufgelöst, wodurch der Elastizitätsmodul bis zum Schmelzpunkt hin absinkt.

Das viskoelastische Verhalten von Polymeren sorgt z. B. beim Spritzgießen durch eine schmale Düse für eine Vergrößerung des Strangdurchmessers (Strangaufweitung). Da die Polymerknäuel beim Durchgang durch eine Düse stark deformiert werden, weiten diese sich nach der Düse durch Rückstellkräfte wieder auf. Infolge dessen kommt es nach dem Austritt aus der Düse zur Strangaufweitung und Durchmesservergrößerung.

Ausdehnungskoeffizient

Isotrope Körper dehnen sich beim Erwärmen nach allen Seiten gleichmäßig aus. Dies kann durch den kubischen Ausdehnungskoeffizienten $\alpha = V^{-1}(\delta V/\delta T)_p$ beschrieben werden, wobei sich dieser über $\alpha = 3\alpha_l$ vom linearen Ausdehnungskoeffizienten ableitet. Für anisotrope Körper wie beispielsweise Polymerkristalle gilt diese Beziehung nicht ($\alpha \neq 3\alpha_l$). Hier führt eine Temperaturerhöhung zu einer Vergrößerung der seitlichen Schwingungen und somit zur Expansion des Querschnitts, aber gleichzeitig zu einer Kontraktion in Kettenrichtung und somit zu einem negativen Ausdehnungskoeffizienten α_l in diese Dimension.

Der Ausdehnungskoeffizient ist in starkem Maße von den Wechselwirkungen zwischen den Atomen abhängig. Bei starken Kräften (z. B. kovalenten Bindungen, Metallbindungen) ist α klein und somit ist die Ausdehnung bei Temperaturerhöhung gering. Bei Polymeren herrschen in Kettenrichtung starke Kräfte, senkrecht hierzu werden die Ketten jedoch nur durch schwache Kräfte (z. B. Van-der-Waals-Kräfte) wie bei Flüssigkeiten zusammengehalten. Werte für α liegen für Polymere deshalb zwischen denen von Metallen und Flüssigkeiten (z. B. $\alpha_{PS} = 7 \cdot 10^{-5}\,K^{-1}$).

2.2.2.3 Energie- und Entropieelastizität

Ideal-elastische Körper kehren nach Beendigung einer Belastung ohne bleibende Veränderung sofort in die Ausgangsform zurück. Bei Stahlplatten bzw. bei verstreckten Fasern werden die Atome bzw. Grundbausteine bei geringer Belastung aus ihren Ruhepositionen verschoben. Die hierzu erforderliche Energie wird dem System entnommen, d. h. der Körper kühlt sich ab. Es ändert sich nur die Enthalpie (Energieelastizität), nicht die Entropie des Körpers.

Dagegen verrutschen bei Elastomeren wie z. B. Gummi bei Belastung Kettensegmente; durch die innere Reibung entsteht Wärme, der Körper erwärmt sich. Hierbei nehmen die Kettensegmente unwahrscheinlichere Makrokonformationen ein, wobei die Gesamtentropie erniedrigt wird. Man spricht von einem entropieelastischen Verhalten. Dieser als Entropieelastizität (Kautschukelastizität) bezeichnete Effekt beruht auf einer reversiblen Verformung und wird oberhalb der Glastemperatur des Polymers beobachtet.

Das Verhalten von energie- und entropieelastischen Körpern unterscheidet sich deutlich, was in Tabelle 14 zum Ausdruck kommt.

Tabelle 14: Vergleich des entropieelastischen und energieelastischen Verhaltens

Körper	**Energieelastisch**	**Entropieelastisch**
Reversible Deformation	Klein (0,1–1 %)	Groß (mehrere 100 %)
Elastizitätsmodul (N/mm^2)	Hoch (Stahl: $2 \cdot 10^5$)	Niedrig (Kautschuk: 0,1)
Temperaturabhängigkeit bei Verstreckung	Kühlt sich ab	Erwärmt sich
Längenänderung bei Erwärmung	Längenausdehnung	Kontraktion (z. B. Keilriemen)

Viskoelastizität

Ideale Körper mit energie- oder entropieelastischem Verhalten kehren nach Deformation unmittelbar in ihre Ausgangsform zurück. Im Gegensatz hierzu geschieht die Rückstellung von Deformationen bei Polymeren jedoch nicht schlagartig, sondern benötigt Zeit. Außerdem haben einige Polymere eine irreversible Verformung durchlaufen. Körper, die gleichzeitig ein zeitunabhängiges und ein zeitabhängiges elastisches Verhalten zeigen, werden als viskoelastische Körper bezeichnet. Dieses viskoelastische Verhalten kann durch Kombination des Hook´schen Verhaltens (Elastizität) und des Newton´schen Fließverhaltens (Viskosität) modelliert werden.

Wird ein polymerer Körper einer schlagartigen Deformation ausgesetzt, welche dann über die Versuchsdauer konstant anhält (z. B. Stauchung), reagiert das Polymer mit einer spontan auftretenden Spannung, die nachfolgend im zeitlichen Ablauf exponentiell abfällt. Bei unendlich langer Versuchsdauer erreicht sie den Wert Null. Die hieraus ableitbare Relaxationszeit entspricht der Zeit, bis die Spannung auf 1/e-tel des Ausgangswertes abgefallen ist. Dieses Verhalten erklärt, warum z. B. eingebaute Dichtungen nach einer gewissen Zeit nachgezogen werden müssen. Das Polymer verhält sich zu Beginn wie ein elastischer Festkörper, während der Deformationszeit jedoch wie eine viskose Flüssigkeit (viskoelastisches Verhalten).

Spannungsrissbildung

Viele feste Polymere bilden bei Benetzung mit Flüssigkeiten an der Oberfläche Mikrorisse, die sich ins Innere fortsetzen und bei gleichzeitiger Beanspruchung zu einem Bruch des polymeren Körpers führen können. So widersteht beispielsweise ein Formkörper aus Polycarbonat über Stunden einer starken Beanspruchung mit nur geringer Längenausdehnung, wird jedoch bei einer Benetzung mit einer Toluol/Octan-Mischung in wenigen Minuten zerstört. Dieser Effekt wird als Spannungsrissbildung bzw. fälschlich als Spannungsrisskorrosion bezeichnet und beruht auf einem rein physikalischen Vorgang. Benetzende Flüssigkeiten quellen das feste Polymer an der Oberfläche auf. Hierdurch entstehen Spannungen, die die Bildung von Mikrorissen verursachen und schließlich das Versagen des Polymerkörpers herbeiführen. Sind die Löslichkeitsparameter von Polymer und Benetzungsmittel gleich, findet eine unendliche Quellung (es bildet sich eine Lösung) statt, wobei dann die stärkste Spannungsrissbildung beobachtet wird.

2.2.2.4 Thermisches Verhalten

Bei Erwärmung eines festen polymeren Körpers durchläuft dieser eine Reihe von Umwandlungen. Nehmen hierbei die Enthalpie, das Volumen oder die Entropie bei Temperaturerhöhung sprunghaft zu, spricht man von **Umwandlungen 1. Ordnungen** (1. Ableitung der Gibbs-Energie). Hierzu zählen beispielsweise Schmelz- und Kristallisationsprozesse, aber auch Übergänge in den flüssigkristallinen oder vom flüssigkristallinen in den isotrop flüssigen Zustand. Dies gilt jedoch nur für perfekte unendlich große Kristalle. Anstelle einer sprunghaften Änderung der thermodynamischen Größen weisen reale Kristalle bei Temperaturerhöhung einen mehr oder minder steilen s-förmigen Änderungsverlauf auf. Niedermolekulare Verbindungen zeigen einen verhältnismäßig engen Schmelzpunkt; bei kristallinen (besser teilkristallinen) Polymeren mit nur kleinen kristallinen Bereichen werden durch die große Kristalloberfläche und die große Zahl von Kristalldefekten nur Schmelzbereiche beobachtet, da an den Übergängen amorph/kristallin schon frühzeitig Teile von Polymerketten zu schmelzen beginnen. Darüber hinaus verbreitert sich der Schmelzbereich eines Polymers gegenüber niedermolekularen Verbindungen durch das Vorhandensein einer mehr oder minder ausgeprägten Molmassenverteilung.

Im Allgemeinen ist der Schmelzpunkt eines Polymers abhängig von der Molmasse, von Packungseffekten, Defekten und von der Art der zugrundeliegenden Grundbausteine. Bei einer polymerhomologen Reihe nimmt der Schmelzpunkt mit steigendem Polymerisationsgrad bis zu einem Grenzwert zu.

Bei aliphatischen Polyamiden nimmt der Schmelzpunkt mit der Zahl i der Methylengruppen in den Repetiereinheiten ($-NH(CH_2)_iCO-$) ab. Gegenüber entsprechenden Polyestern oder Polyalkylenoxiden weisen Polyamide deutlich höhere Schmelztemperaturen auf. Dies ist eine Folge von Packungseffekten und der Flexibilität der Kettensegmente und ist somit weniger auf die Kohäsionsenergie der Amidgruppe zurückführbar. Die Kohäsionsenergie, als Maß für intermolekulare Kräfte, ist beim Übergang flüssig/gasförmig von entscheidender Bedeutung, ändert sich jedoch beim Übergang fest/flüssig nur wenig und spielt daher keine große Rolle.

Der Schmelzpunkt wird ebenfalls durch die Verhinderung eines regelmäßigen Packungsaufbaus erniedrigt. Ataktische Polymere weisen daher deutlich niedrigere Schmelztemperaturen auf als isotaktische Analoga bzw. sind nicht kristallisierbar und liegen somit amorph vor.

Bei **Umwandlungen 2. Ordnung** ändert sich entsprechend sprunghaft die Wärmekapazität bzw. der Ausdehnungskoeffizient der Substanz (2. Ableitung der Gibbs-Energie). Typische Umwandlungen 2. Ordnung sind beispielsweise das Verschwinden des Ferromagnetismus oder die Umwandlung einiger smektischer Phasen ineinander.

Bei der Glastemperatur T_G (Umkehrung Einfriertemperatur) geht ein amorphes Polymer vom festen, spröden Zustand in den flüssigen Zustand über. Das Polymer ist jedoch nicht flüssig wie bei niedermolekularen Verbindungen, sondern viskoelastisch; es werden größere Kettensegmente (ca. 40 Kettenglieder) beweglich. Das Elastizitätsmodul sinkt bei dieser Temperatur stark ab. Durch die zunehmende Beweglichkeit von Polymerketten bei der Glastemperatur werden bei teilkristallinen Polymeren je nach Vorgeschichte Rekristallisationsprozesse ausgelöst. Phänomenologisch ähnelt die Glastemperatur einer Umwandlung 2. Ordnung, sie ist aber ein Relaxationsprozess.

Die Bestimmung der Glastemperatur kann beispielsweise mit der Differentialthermoanalyse (DSC) durchgeführt werden und äußert sich als sprunghafte Änderung der Wärmekapazität. Im DSC-Diagramm wird sie als Stufe gegen die Temperatur ausgegeben, wobei die Lage der Stufe von der Aufheizrate der Probe in starkem Maße beeinflusst wird. Bei extrem langsamem Aufheizen ist der Übergang fließend, und es kann keine Glastemperatur-Stufe ermittelt werden.
Die Glastemperatur linearer Polymere ist im Wesentlichen durch das freie Volumen bestimmt. Die beiden Endgruppen einer Polymerkette sollten ein größeres freies Volumen erzeugen als mittelständige Kettenglieder. Da der Einfluss der Kettenenden mit sinkender Molmasse der Polymerkette zunimmt, werden Relaxationsprozesse schon bei tieferen Temperaturen ermöglicht. Die Glastemperatur eines Polymers (T_G) ist von der Molmasse wie folgt abhängig (K: Konstante, $T_{G\infty}$: T_G für eine unendlich großer Kette):

$$T_G = T_{G\infty} - K \cdot M_n^{-1}$$

Bei kleinen Molmassen findet man große Erniedrigungen der Glastemperatur, wogegen der Einfluss der Molmasse auf die Glastemperatur bei hohen Polymerisationsgraden immer geringer wird.

Die Kettenarme sternförmiger Polymermoleküle sind in der Nähe der Verknüpfungspunkte weniger flexibel als entsprechend lange lineare Ketten. Ihre Glastemperatur ist daher höher als die linearer Polymere gleicher Molmasse.

Je geringer die Rotationsenergie (Energiebarriere) der Kettensegmente einer Polymerkette, um so niedriger ist T_G. (Tab. 15)

Tabelle 15: Einfluss des Substituenten auf die Glastemperatur T_G des Polymers

-CH$_2$-CH(X)-	**Substituent X**	T_G / °C
	H	– 86
	CH_3	– 18
	Phenyl	100
	Naphthyl	200

Strukturelle Faktoren, die den Schmelzpunkt beeinflussen, kontrollieren auch die Glastemperatur, d. h. je höher der Schmelzpunkt, desto höher sollte auch die Glasübergangstemperatur liegen. Eine empirische Beziehung (Beaman-Bayer-Regel) beschreibt dieses Verhalten ($T_G \approx 2/3\ T_m$, T_m: Schmelzpunkt).

Wärmekapazität und Wärmeleitfähigkeit

Bei tiefen Temperaturen ist die Wärmekapazität unabhängig davon, ob das Polymere im kristallinen oder amorphen Zustand vorliegt. Die spezifische isobare Wärmekapazität (c_p) des Polymeren nimmt hier durch zunehmend stärkere Schwingungen um die Ruhelage der Atome linear mit der Temperatur zu. Bei der Glastemperatur T_G setzen neue Schwingungen und Rotationen um die Kettenbindungen ein und die Wärmekapazität steigt sprunghaft an. Beim Schmelzen findet man die höchsten Wärmekapazitäten. Am oberen Ende des Schmelzbereiches verflüssigen sich dann die größten und perfektesten Polymerkristalle.

Theoretisch kann die Wärmekapazität durch die Gleichverteilung der Energie pro Atom einen Wert von 3 k (k: Boltzmann-Konstante $=1{,}38 \cdot 10^{-23}$ J/K) nicht überschreiten. Praktisch werden jedoch bei Raumtemperatur durch eingefrorene Freiheitsgrade nur Werte von ca. 1 k/Atom erreicht. In einem kg Poly(ethylen) sind ca. 71 mol d. h. $430 \cdot 10^{23}$ CH_2-Gruppen enthalten, was somit $1{,}3 \cdot 10^{26}$ Atomen entspricht. Bei der Vorgabe von 1 k/Atom resultiert hieraus eine Wärmekapazität von ca. 1,8 kJ/K · kg. Typische Werte bei Polymeren liegen zwischen 0,85 kJ/K · kg (z. B. für Poly(vinylchlorid)) und 2,7 kJ/K · kg (z. B. für HD-Poly(ethylen)), was mit der groben Abschätzung in guter Übereinstimmung steht.

Die Wärmeleitfähigkeit von Polymeren ist um Größenordnungen kleiner als die von Metallen, was verarbeitungstechnisch beim Zuführen bzw. Abführen von Energie, z. B. in Reaktionsbehältern oder Extrudern zu enormen Problemen führen kann. Bei amorphen Polymeren liegt sie ca. drei, bei teilkristallinen ca. zwei Zehnerpotenzen unter der von Metallen und ist somit mit der Wärmeleitfähigkeit von unpolaren organischen Flüssigkeiten vergleichbar. Die höhere Wärmeleitfähigkeit teilkristalliner Polymere (z.B. HD-PE, PP, POM) gegenüber amorphen Polymeren (z. B. PMMA, PS, PC) ist vornehmlich auf die höhere Packungsdichte zurückführbar. Je höher die Temperatur bei teilkristallinen Polymeren ist, desto geringer ist die Wärmeleitfähigkeit, wobei beim Schmelzpunkt eine drastische Abnahme beobachtbar ist. Der Temperaturanstieg bewirkt eine Reduzierung der Packungsdichte, wodurch die Wärmeleitfähigkeit über Phononen erschwert wird. Bei armorphen Polymeren steigt die Wärmeleitfähigkeit mit der Temperatur leicht an.

2.3 Zahlenmittel, Gewichtsmittel, Uneinheitlichkeit und Molmassenverteilung

Polymerisationsverfahren liefern je nach Monomer und eingestellten Bedingungen Polymere mit unterschiedlicher Molmasse und Molekulargewichtsverteilung. Die Molmasse M eines einheitlichen Polymers ist hierbei zusammengesetzt aus der Summe der Molmassen der eingebauten Monomereinheiten und der Molmasse der Endgruppen. Bei genügend hohen Polymerisationsgraden kann der Einfluss der Endgruppen auf die Molmasse vernachlässigt werden. Diese Annahme trifft jedoch nicht bei Oligomeren zu. Bei uneinheitlichen Polymeren gehen die Molmassen in Mittelwerte über. Je nach Wichtung können unterschiedliche statistische mittlere Molmassen definiert werden.

So ist das Zahlenmittel der Molmasse M_n durch den Quotienten der Summe aller Massen m_i und der Summe aller Stoffmengen n_i gegeben. Da experimentell oft nicht die Stoffmenge n_i, sondern die Masse m_i aller Moleküle des Typs i bestimmt wird, definiert man als entsprechende Molmasse das Massenmittel (Gewichtsmittel) der Molmasse M_w. In gleicher Weise lassen sich andere Molmassen aufstellen, so z. B. der Zentrifugenmittelwert der Molmasse.

Die Bestimmung von Molmassen kann über eine Vielzahl von Methoden vorgenommen werden. Man unterscheidet hierbei zwischen:

- Absolutmethoden, die die Messgröße (z. B. das Molekulargewicht) ohne weitere Annahme über die Polymerstruktur liefern (Massenspektroskopie, Membranosmometrie, statische Laserlichtstreuung, Sedimentationsgleichgewichte),

- Äquivalentmethoden, bei denen die Endgruppen bestimmt werden (^{13}C-NMR, Titration, radioaktiv markierte Gruppen); hier ist die genaue chemische Struktur der Endgruppe und die Zahl pro Polymermolekül erforderlich; und
- Relativmethoden, bei denen über eine Eichung mit Polymeren mit bekannter Molmasse die durchschnittliche Molmasse des Testpolymers ermittelt wird (Viskosimetrie, Größenausschlusschromatographie).

Zur groben und einfachen Charakterisierung der Polymerisate hinsichtlich Molmasse und Verteilung dienen Zahlenmittel (M_n) und Gewichtsmittel (M_w), aus denen die Kenngröße Uneinheitlichkeit (U) abgeleitet werden kann.

$$\overline{M}_n = \frac{\sum M_i \cdot n_i}{\sum n_i} = \frac{\sum m_i}{\sum n_i}$$

M_i: Molmasse des Polymers mit dem Polymerisationsgrad i

n_i: Anzahl Mole mit Polymerisationsgrad i

$$\overline{M}_w = \frac{\sum M_i \cdot m_i}{\sum m_i} = \frac{\sum M_i^2 \cdot n_i}{\sum M_i \cdot n_i}$$

m_i: Massenanteil des Polymers mit Polymerisationsgrad i

$$U = \frac{M_w}{M_n} - 1$$

Zur Erläuterung der Zusammenhänge dient folgendes Beispiel:

Gegeben sind zwei Steinhaufen mit einem Gesamtgewicht von je 1000 kg. Steinhaufen A enthält 500 Steine mit einer Masse von je 1 kg und 2 Steine mit je 250 kg. Steinhaufen B enthält 400 Steine mit einer Masse von je 1 kg und 100 Steine mit je 6 kg.

A) $\overline{M}_n = \frac{1 \cdot 500 + 250 \cdot 2}{502} \approx 2$ $\quad \overline{M}_w = \frac{1 \cdot 500 + 250 \cdot 500}{1 \cdot 500 + 250 \cdot 2} \approx 125$ $\quad U = \frac{125}{2} - 1 \approx 60$

B) $\overline{M}_n = \frac{1 \cdot 400 + 6 \cdot 100}{500} = 2$ $\quad \overline{M}_w = \frac{1 \cdot 400 + 6 \cdot 600}{1 \cdot 400 + 6 \cdot 100} = 4$ $\quad U = \frac{4}{2} - 1 = 1$

Bei gleicher Masse und nahezu gleichem Zahlenmittel unterschieden sich die beiden Verteilungen deutlich im Gewichtsmittel und somit in der Uneinheitlichkeit.

Bei einer radikalischen Polymerisation mit ausschließlichem Abbruch durch Disproportionierung liegt die Uneinheitlichkeit bei 0,5, bei ausschließlichem

Rekombinationsabbruch bei 1,0. Treten verstärkt Übertragungsreaktionen auf, können Uneinheitlichkeiten von 10 erreicht werden. Im Gegensatz hierzu liegt die Uneinheitlichkeit bei einer idealen lebenden Polymerisation für hohe Molmassen nahe 0, d. h. M_n und M_w sind nahezu identisch.

Unter der Annahme, das alle Polymerradikale die gleiche Reaktivität haben und die Bildung der Polymermoleküle rein statistisch erfolgt, entspricht die Molmassenverteilung bei der radikalischen Polymerisation einer Schulz-Flory-Verteilung. Allgemein kann diese Verteilung bei Polymerisationsprozessen angewendet werden, bei denen eine zeitlich konstante Zahl von aktiven Ketten wahllos Monomermoleküle addiert, bis die individuellen Ketten desaktiviert werden. Im Gegensatz zur Poisson-Verteilung müssen die ursprünglich vorhandenen Keime nicht individuell erhalten bleiben. Ebenso müssen auch nicht alle zur gleichen Zeit eine Polymerkette starten. Neben gewissen radikalischen Polymerisationen folgen z. B. auch Polykondensationsreaktionen einer Schulz-Flory-Verteilung (auch wahrscheinlichste Verteilung genannt; gilt für hohe Polymerisationsgrade und den Kopplungsgrad k = 1).

Poisson-Verteilungen treten dann auf, wenn eine konstante Zahl von Polymerketten gleichzeitig zu wachsen anfängt und die Monomere sich an diese Ketten zufällig und unabhängig von den vorhergehenden Schritten anlagern (z. B. lebende anionische Polymerisationen). Mit zunehmendem Polymerisationsgrad wird die Verteilung immer enger.

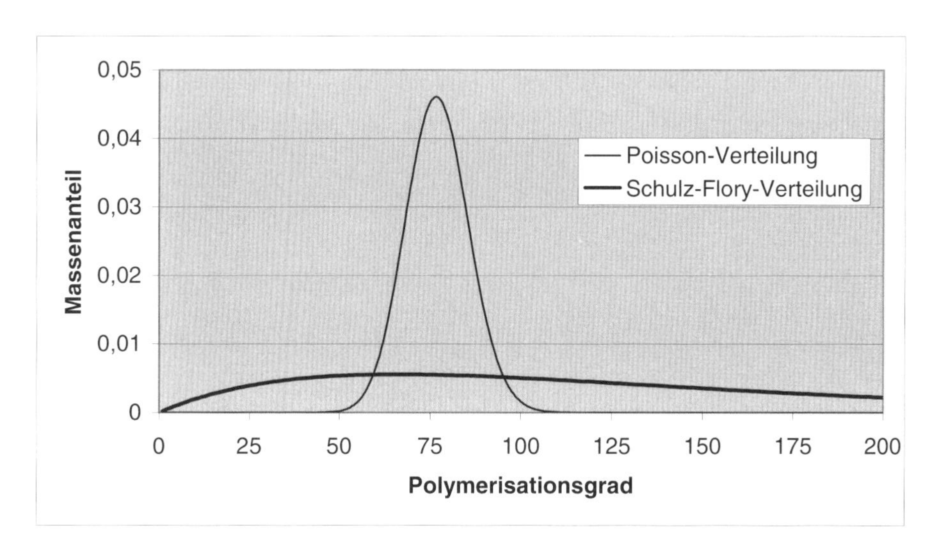

Abbildung 61: Unterschied Poisson- und Schulz-Flory-Verteilung ($\nu = 75$, k = 1)

Ein Vergleich der beiden Verteilungen lässt erkennen, dass es sich im Gegensatz zur Schulz-Flory-Verteilung bei der Poissonverteilung um eine sehr enge Verteilung handelt. Der Unterschied zwischen radikalisch und anionisch hergestellten Polymeren wird beispielsweise beim Auftragen des Massenanteils des Polymers bei einer vorgegebenen kinetischen Kettenlänge ($\nu = 75$) sowie reinem Disproportionierungsabbruch ($k = 1$) deutlich (Abb. 61).

Die Verteilung des Polymerisationsgrads P_n bei Polymeren ist diskontinuierlich, unterscheidet sich jedoch jeweils nur um den Wert 1. Bei großen Werten P_n kann daher die Verteilung über kontinuierliche mathematische Funktionen ausgedrückt werden. Allgemein beschreiben differentielle Verteilungsfunktionen die in einem bestimmten Molekulargewichtsbereich (Polymerisationsgrad) liegenden Anteile. Entsprechende integrale Funktionen summieren alle Anteile bis zu einem bestimmten Wert auf.

Zur Bestimmung von Molmassenverteilungen wird bei löslichen Polymeren zumeist die Größenausschluss-Chromatographie (Gelpermeationschromatographie) eingesetzt, bei der die Polymermoleküle in einer mit gequollenem und vernetztem Polymer gefüllten Säule nach Größe (besser hydrodynamischem Volumen) getrennt und anschließend z. B. mittels Brechungsindex oder UV detektiert werden.

Ebenfalls verwendbar für Oligomere (Polymere niedriger Molmasse) sind schonende MS-Methoden, die das Polymer z. B. per Laser aus einer verdampfbaren Matrix freisetzen (MALDI-MS: Matrix Assisted Laser Desorption Ionisation Massenspektroskopie).

3 Technische Herstellung von Polymeren

Prinzipiell kann fast jede in der niedermolekularen Chemie übliche Reaktion, die Moleküle miteinander kovalent verknüpft, zum Aufbau von Polymeren eingesetzt werden. Durch die Verwendung unterschiedlicher Monomere, die wiederum eine Vielzahl unterschiedlicher funktioneller Gruppen enthalten und somit polymeranalog weiterreagieren können, ergibt sich eine fast unüberschaubare Anzahl prinzipiell herstellbarer Polymerverbindungen. Molmasse, Molmassenverteilung und Taktizität beeinflussen zusätzlich in starkem Maße die Eigenschaften des Polymers und tragen zu weiteren Variationen bei.

Insgesamt erreichte die Weltproduktion im Jahre 2002 ein Niveau von ca. $194 \cdot 10^6$ t an Kunststoffprodukten [18]. Aus dieser großen Zahl an Möglichkeiten zur Herstellung unterschiedlicher Polymere werden in diesem Abschnitt nur die von großtechnischer Relevanz vorgestellt. Massenkunststoffe werden einzeln diskutiert; im Teil 3.8 Reaktivsysteme wird auf Verbindungen und Vorprodukte mit speziellen reaktiven Gruppen eingegangen.

3.1 Kohlenwasserstoffe

3.1.1 Poly(ethylen) PE

Polyethylen wurde 1933 mehr oder weniger zufällig bei der Fa. ICI entdeckt. Die Monomersynthese des zugrunde liegenden Ethylens (Ethens) erfolgte ursprünglich durch partielle Hydrierung von Carbidacetylen, durch Dehydratisierung von Ethanol oder durch Isolierung aus Koksofengas. Heute wird Ethen durch thermische Spaltung (Cracken) gesättigter Kohlenwasserstoffe, wie z. B. Erdöl, Erdgas hergestellt. Hieraus wird Polyethylen im Wesentlichen nach zwei grundsätzlich verschiedenen Verfahren erzeugt:

1. Hochdruckpolymerisationsverfahren, das bei Drücken von 1400 bis 3500 bar arbeitet und sogenanntes Weichpolyethylen (Low Density Polyethylen, LD-PE) liefert (Welt-Jahresverbrauch 2003: $18{,}0 \cdot 10^6$ t [20]) und

2. Niederdruckpolymerisationsverfahren, das bei Drücken von < 75 bar arbeitet und Hartpolyethylen (High Density Polyethylen, HD-PE) sowie andere lineare Typen bildet (Jahresverbrauch HD-PE und LLD-PE 2003: $42{,}2 \cdot 10^6$ t [20]).

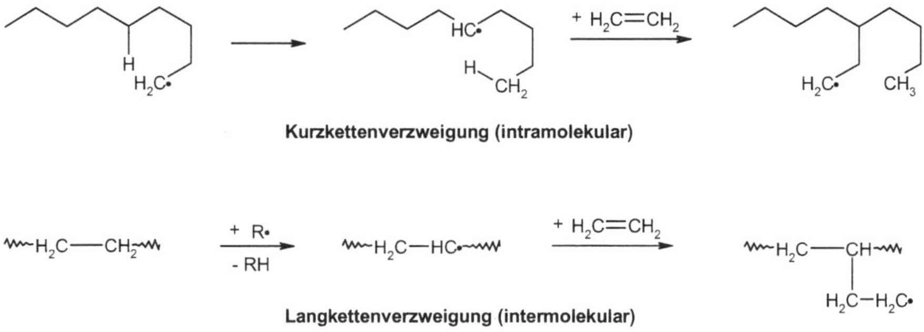

Kurzkettenverzweigung (intramolekular)

Langkettenverzweigung (intermolekular)

Abbildung 62: Entstehung von Verzweigungen des Poly(ethylen)s

Art und Anzahl von Verzweigungen führen verfahrensbedingt zu unterschiedlicher Dichte und unterschiedlichem Eigenschaftsprofil (Tab. 16). Langkettenverzweigungen entstehen durch intermolekulare Übertragung, Kurzkettenverzweigung durch intramolekulare Übertragungsreaktion (Abb. 62).

Tabelle 16: Kenngrößenvergleich verschiedener PE-Typen (nach [13])

Eigenschaften	**LD-PE**	**LLD-PE**	**HD-PE**
Molekulargewicht g/mol	30000–50000	Bis > 1000000	Bis > 1000000
Dichte in g/cm^3	0,91–0,924	0,925–0,94	0,94–0,96
Erweichungspunkt in °C	105–115	123	127–135
Gebrauchstemperatur in °C	70	70–90	80
Härte	Weich	Weich	Hart
Molekularer Aufbau	Verzweigt	Linear	Linear
Verzweigungsart	Kurz- u. Langketten	Kurzketten	Wenig Kurz- u. Langketten
Kristallinität	Wenig kristallin (> 50 % amorph')	Wenig kristallin	Stark kristallin

3.1.1.1 Hochdruckpolyethylen LD-PE

Dic radikalisch verlaufende Hochdruckpolymerisation wird sowohl diskontinuierlich in Rührkesseln (ca. 3 m^3-Autoklaven mit bis 22 % Umsatz/Umlauf) als auch kontinuierlich in Rohrreaktoren (Länge ca. 1500 m; bis 36 % Umsatz/Umlauf) ausgeführt. Bei Temperaturen von 275 °C und Drücken von 280 MPa wird durch Initiatoren wie Sauerstoff oder Peroxide, vermutlich über die Ethylenhydroperoxid-Bildung und dessen Zerfall zu Hydroxylradikalen (OH·), die Polymerisation gestartet. Druck, Temperatur, Art des Initiators und Verweilzeit bestimmen das Ausmaß und Art an Verzweigungen und damit das Eigenschaftsprofil. LD-PE ist mit 40–150 kurzen Alkylseitenketten/1000 Einheiten durch viele Verzweigungen charakterisiert.

3.1.1.2 Niederdruckpolyethylen HD-PE und Copolymerisate

Die Polymerisation von Ethen an Übergangsmetallkatalysatoren bei niedrigen Drücken erzeugt Poly(ethylen)e hoher Dichte und breiter Molmassenverteilung. Die mittlere Kettenlänge liegt bei ca. 2000 Einheiten wobei nur 1–6 kurze Alkylseitenketten/1000 Einheiten entstehen. Spezial-Poly(ethylen)e wie das UHMW-PE (ultra high molecular weight PE) weisen über 100.000 Einheiten auf, während UL-PE (ultra linear PE) kaum noch Seitenketten besitzt und eine niedrige Molekulargewichtsverteilung hat.

Beim Ziegler-Verfahren wird bei niedrigem Druck mit den Katalysatorbestandteilen (z. B. $TiCl_4$ + $(C_2H_5)_2AlCl$, aus dem sich in situ γ-$TiCl_3$ bildet) in Suspension polymerisiert (Fällungspolymerisation) und anschließend mit Ethanol und Wasser das entstandene Polymer von Katalysatorresten befreit.

Das Phillips-Verfahren arbeitet bei 200 °C ebenfalls in Suspension bei etwas höherem Druck (70 bar) mit Chromkatalysatoren (0,06 % CrO_3 auf SiO_2). Durch Zusatz von Wasserstoff kann die mittlere Molmasse eingestellt werden. Das erhaltene Polymer wird im Anschluss filtriert und steht nach Trocknung zur Verfügung (Kapazität von Produktionsanlagen: 400.000 t/a).

Werden bei der Polymerisation von Ethen z. B. in der Gasphase oder im Wirbelbett (Unipol-Verfahren) noch geringe Anteile an 1-Olefinen (Buten, Hexen, Octen) mit copolymerisiert, erhält man lineare Polyethylene (LLD-PE) niedriger Dichte. Die Copolymerisation von Ethen mit Propen liefert EPR-Kautschuke, die keine Doppelbindungen enthalten und daher eine besondere Licht- und Oxidationsstabilität aufweisen. Die Vulkanisation muss jedoch durch Übertragungsreaktionen mit speziellen Peroxiden vorgenommen werden.

Bei zusätzlichem Einsatz von Dienen entstehen EPDM-Kautschuke (z. B. Ethen, Propen, Butadien; s. a. Kap. 3.2.2.4 Kautschuke). Durch die unterschiedlichen Copolymerisationsparameter (r_{Ethen} = 10 r_{Propen} = 0,025) muss hierbei die Copolymerisation immer in einem Überschuss Propen ausgeführt werden.

Metallocen-Katalysatoren liefern ebenfalls Poly(ethylen)e niedriger Dichte, sogenannte lineare Metallocen-Poly(ethylen)e (mLLD-PE).

Durch Verschaltung von 2 Schleifenreaktoren oder Schleifenreaktor und Gasphasenreaktoren hintereinander können bei Einsatz von Ziegler-Katalysatoren Poly(ethylen)e mit sehr breiter bimodaler Molmassenverteilung mit erhöhter mechanischer Festigkeit erzeugt werden (Handelsnamen: Hostalen, Basell).

Die Verarbeitung als thermoplastischer Werkstoff erfolgt durch Spritzguss, Extrusion, Extrusionsblasen und bei Beschichtungen durch Flammspritzen,

Wirbelsintern oder elektrostatisches Spritzen von Pulvern. Zur Erhöhung der Wärmeformbeständigkeit kann Poly(ethylen) durch γ-Strahlen vernetzt (vernetztes PE, X-PE) werden.

Standard-Poly(ethylen) ist bei Raumtemperatur in praktisch allen Lösemitteln unlöslich und weist eine sehr gute Chemikalienbeständigkeit, sehr geringe Wasserdampfdurchlässigkeit, jedoch eine relativ hohe Durchlässigkeit für Gase und Aromastoffe auf. Bei höheren Temperaturen wird es von Aromaten und bestimmten Chlorkohlenwasserstoffen angegriffen bzw. gequollen. Hochmolekulare Poly(ethylen)e ($M > 10^6$ g/mol) zeigen bei hohem Orientierungsgrad z. B. nach Verstreckung extrem hohe Reißfestigkeiten.

Durch den teilkristallinen Polymeraufbau sind die Produkte nicht transparent, jedoch schlagzäh und weisen daher keinen Splitterbruch auf.

LD-PE findet als preiswerter Alltagskunststoff in vielen Bereichen Anwendung, so z. B. für Folien, Leitungen und Behälter aller Art (Eimer bis Öltanks). Die gute Chemikalienbeständigkeit und geringe Wasserdampfdurchlässigkeit macht PE (besonders HD-PE) als Material für Lager- und Transportbehälter – sei es für Wasser oder auch für flüssige organische und anorganische Chemikalien – besonders interessant (z. B. Flaschen, 1 m^3-Container mit Stahlrohrrahmen, Tanks). LLD-PE findet ebenfalls Anwendung für Kabelummantelungen, Filme, Flaschen und Rohre. Niedrigmolekulares HD-PE wird in Form von Beschichtungssprays oder Druckfarben vermarktet. Allgemein begrenzt der geringe Schmelzpunkt von PE (je nach PE-Typ < 135 °C) den Einsatz als Behälter für Warmlagerungen.

3.1.2 Poly(propylen) PP

Propen als Monomer wird gemeinsam mit Ethen durch thermisches Spalten gesättigter Kohlenwasserstoffe erhalten. Die Weltproduktion an Poly(propylen) belief sich 2003 auf $38{,}5 \cdot 10^6$ t [20]. Hierbei wurden ca. 30 % durch Gasphasenverfahren, 20 % im Slurryprozess und 50 % in Substanz hergestellt. Je nach eingesetztem Katalysator und Herstellungsbedingungen unterscheidet man eine Vielzahl von Poly(propylen)typen. Die radikalische Polymerisation von Propylen ist aufgrund der hohen Stabilität entstehender Allylradikale nur bis zu sehr niedrigen Molmassen möglich.

Die Polymerisation mit Ziegler-Katalysatoren (auf $MgCl_2$-Träger fixiertes $TiCl_4$ in Kombination mit Trialkylaluminium), die zusätzlich Komplexierungsmittel wie Ether, Ester oder Amine enthalten, liefert isotaktisches PP mit nur geringen Anteilen an ataktischem Material. Die Ausbeute ist so hoch, dass der geringe Anteil an Katalysator nach der Reaktion nicht abgetrennt werden muss. Katalysatoren neuerer Generationen werden aus $TiCl_4$ und Elektronendonatoren auf speziell vorbehandelten Kieselsäurepartikeln erzeugt. Durch Auswahl spezieller

Metallocenkatalysatoren auf Zirkoniumbasis sind sowohl it-Poly(propylen)e als auch st-Poly(propylen)e herstellbar (Abb. 63).

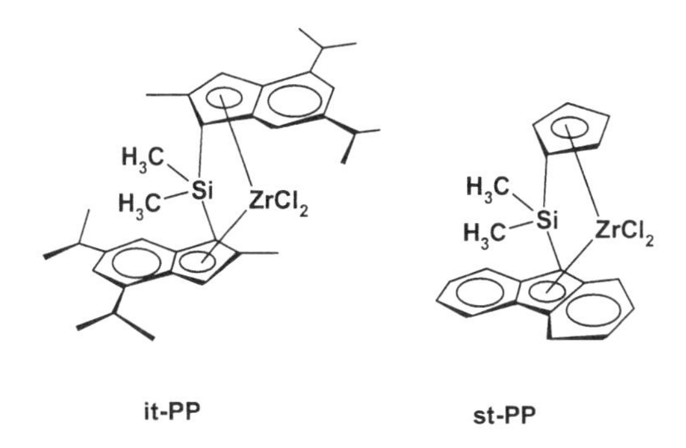

Abbildung 63: Metallocenkatalysatoren zur Herstellung von Poly(propylen) mit isotaktischer- bzw. syndiotaktischer Konfiguration

Isotaktisches PP (it-PP) – als wichtigster Poly(propylen)typ – kristallisiert als 3_1-Helix (Kristallisationsgrad: 70–80 %), weist einen Schmelzpunkt von 176 °C und eine größere Zugfestigkeit auf, als das in Zickzackform kristallisierende Poly(ethylen).

Ataktisches PP (at-PP) ist hochverzweigt mit vielen Kopf-Kopf-Verküpfungen und damit nicht kristallisierend. Einsatz findet dieses Material als Bitumenzusatz und als Kleber.

Syndiotaktisches PP (st-PP) entsteht bei tiefen Temperaturen mit Katalysatoren auf Vanadiumbasis (VCl_4/Et_2AlCl) oder Metallocenverbindungen (Ausbeute: bis 60 t PP/kg Metallocen). Die Produkte sind hochtransparent, elastischer als it-PP und zeigen eine gute Wärmebeständigkeit mit einer Schmelztemperatur von ca. 160 °C.

Thermoplastische Elastomere sind durch Erzeugung blockartiger Strukturen aus ataktischem und isotaktischem Poly(propylen) mit Hilfe von Metallocenkatalysatoren herstellbar.

Die Glastemperatur aller Poly(propylen)e liegt bei ca. – 8 °C. Durch die tertiären Kohlenstoffatome der Kette weist Poly(propylen) gegenüber Poly(ethylen) eine erhöhte Oxidationsempfindlichkeit auf.

Anwendungsgebiete von PP entsprechen denen von HD-PE. Die Glastemperatur begrenzt jedoch die Anwendungen zu tieferen Temperaturen hin. Durch den etwas höheren Schmelzpunkt zeigen die Produkte eine verbesserte Wärmebeständigkeit. Der hydrophobe Charakter und die schlechte Benetzbarkeit machen PP (wie auch PE) für spezielle Anwendungen interessant, so z. B. für die Sportbekleidung mit Baumwolle (trockene Haut) oder Küchenartikel (Schüsseln, Becher, Tupperware®). Die Hauptanwendungsgebiete liegen jedoch im Bereich Verpackungen, Automobilbau, Haushaltsgeräte und Faserproduktion (Teppiche).

3.1.3 Poly(1-buten), Poly(isobutylen) und höhere Poly(1-olefin)e

1-Buten fällt beim Cracken von Erdöl als Nebenprodukt an und gibt bei der Polymerisation mit Ziegler-Katalysatoren neben ataktischem Material isotaktisches Poly(butylen). Wegen seiner hohen Reißfestigkeit findet es Verwendung als Rohre und Folienmaterial. Höhere Poly(1-olefine) sind wegen ungenügendem Eigenschaftsprofil technisch weniger interessant.

Isobuten ($CH_2{=}C(CH_3)_2$) wird überwiegend aus Crackgasen gewonnen, daneben kann es auch durch Dehydratisierung von t-Butanol erzeugt werden. Polymere werden durch kationische Polymerisation mit Bortrifluorid (BF_3/H_2O) bei Temperaturen von – 80 °C oder mit $HCl/AlCl_3$ ($H^+AlCl_4^-$) als Katalysator hergestellt. Poly(isobutylen) (PIB) kristallisiert erst unter Zugspannung in 3_1-Helix. Niedrige zwischenmolekulare Kräfte und eine niedrige Glastemperatur von – 70 °C führen bei vernetztem Poly(isobutylen) zu einem Kautschuk-artigen elastomeren Verhalten. Butylkautschuke (IIR) sind Copolymere mit geringen Anteilen an Isopren, die aufgrund vorhandener Doppelbindungen mit Schwefel vulkanisiert werden können. Einsatzgebiete der Poly(isobutylen)e sind Folien, Kitte, Motoröl, Klebstoffe und Kaugummi.

3.1.4 Poly(acetylen)

Durch Polymerisation von Ethin (Acetylen) entsteht je nach Temperatur Poly(acetylen) mit an der verbleibenden Doppelbindung unterschiedlichen Gehalten an cis- bzw. trans-ständiger Kette. Bei hohen Temperaturen ist die Bildung von trans-Polymeren bevorzugt. Alle Polyacetylen-Typen sind hochkristallin, unlöslich und unschmelzbar und können spontan intermolekular quervernetzen. Trans-Polymere liefern schwarz-metallisch glänzende Filme, bei denen durch Dotierung mit J_2, BF_3 oder AsF_5 die Leitfähigkeit von 10^{-9} auf > 10^3 S/cm gesteigert werden kann. Aufgrund der unzureichenden Stabilität gegen Luft ist Poly(acetylen) nicht ohne weiteres als elektrischer Leiter/Halbleiter einsetzbar. Auf metallische Substrate aufgebrachte dünne Primärschichten bewirken eine gute Haftung für nachfolgende Beschichtungsmaterialien.

3.2 Polyvinylverbindungen

3.2.1 Poly(styrol) (PS)

Styrol wird zum größten Teil durch katalytische Dehydrierung von Ethylbenzol gewonnen. Der Weltverbrauch 2003 betrug ca. 16 · 10^6 t [20]. Styrol kann radikalisch, ionisch, sowie mit Ziegler- oder Metallocenkatalysatoren polymerisiert werden. Ca. 40 % des Styrols werden zu Homopolymerisaten und 60 % zu Co polymeren mit Vinylverbindungen wie Acrylnitril (SAN), Butadien (SBR) oder Acrylnitril/Butadien (ABS) verarbeitet.

Bei der Homopolymerisation spielt die radikalische Polymerisation zu ataktischem Poly(styrol) die größte Rolle, wobei hier zwischen der thermisch induzierten Substanzpolymerisation und der Suspensionspolymerisation unterschieden wird.

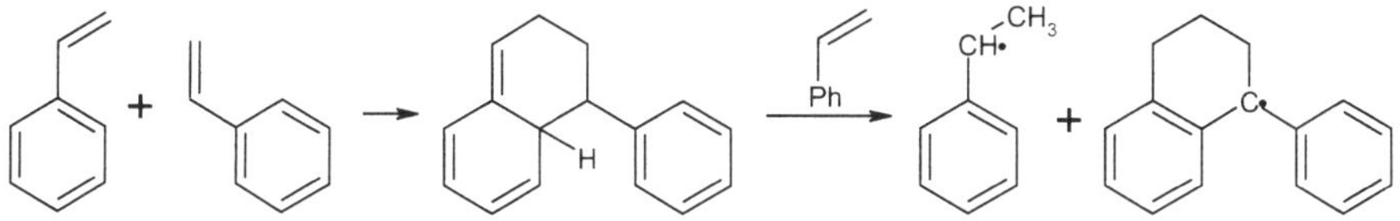

Abbildung 64: Thermisch induzierte radikalische Polymerisation von Styrol

Die thermisch induzierte Substanzpolymerisation wird kontinuierlich in Türmen durchgeführt, in denen die Temperatur von oben nach unten von ca. 100 °C auf 220 °C zunimmt. Die Verweilzeit beträgt ca. 24 Stunden. Hierbei bilden sich durch Diels-Alder-Addition geringe Anteile an 1-Phenyltetralin, dessen dibenzylischer Wasserstoff leicht Radikale bilden kann und durch Addition an Styrol eine Kettenpolymerisation auslöst (Abb. 64). Bis zu hohen Umsätzen lässt sich die thermische Polymerisation durch eine Reaktion 1. Ordnung beschreiben. Die Reaktionsenthalpie beträgt hierbei 700 kJ/kg.

Neben Turmreaktoren haben sich zur Polymerisation auch Rohreaktoren und kontinuierlich durchflossene Rührkessel durchgesetzt. Die Suspensionspolymerisation erfolgt diskontinuierlich, z. B. mit Initiator-Systemen aus Dibenzoylperoxid und t-Butylperbenzoat.

Isotaktisches PS kann durch Insertionspolymerisation mit Ziegler-Katalysatoren hergestellt werden und besitzt einen hohen Schmelzpunkt von 230 °C. Syndiotaktisches PS erhält man mit stereospezifischen Metallocenkatalysatoren aus Cyclopentadienyltitan (Ti(III)), aktiviert mit Methylaluminoxan (vgl. Kap. 1.4.3). Es zeigt bei sehr geringer Wasseraufnahme ähnliche Eigenschaften wie Polyamid 6.6, ist teilkristallin, hat einen Kristallitschmelzpunkt von ca. 270 °C und wurde erst 1998 auf den Markt gebracht. Die anionische Polymerisation von Styrol wird bei der Herstellung von Blockcopolymeren eingesetzt.

Poly(styrol) aus radikalischer Polymerisation ist durch den ungeordneten taktischen Einbau nicht kristallisierbar und daher glasklar; es hat eine Glastemperatur von 100 °C und wird als Massenkunststoff z. B. zur Herstellung von Einwegverpackungen, Einweggeschirr, CD-Hüllen und Spielzeug eingesetzt.

Industriell nutzt man expandiertes Poly(styrol) (EPS) als Verpackungs- und Isoliermaterial, wobei die niedrige Erweichungstemperatur den Einsatz bei höherer Temperatur verhindert (keine Dämmung von Sonnenkollektoren). Die Herstellung erfolgt durch Suspensionspolymerisation mit Pentan als Treibmittel. Hierbei erhält man feine Granulate, die bei 105 °C über ein Vorschäumverfahren und anschließenden Pentan/Luftaustausch zu Platten verarbeitet werden. Die zugrunde liegende Kugelstruktur ist in den Platten nach wie vor sichtbar. Im Gegensatz hierzu liefert das Styroform-Verfahren mit Spezialextrudern und Treibmittelzusatz ($FCCl_3$) bei Verarbeitungstemperaturen von 120 °C homogene Styroporplatten mit Rohdichten von 20–30 kg/m^3. Endsprechend hergestellte Platten sind einheitlich ohne Kugelstruktur.

3.2.2 Dienpolymerisate aus Butadien, Isopren und Chloropren

3.2.2.1 Poly(butadien)

Butadien wird technisch durch Cracken von Naphtha/Erdöl/Gasöl bzw. durch oxidatives Dehydrieren von Butan/Buten bei Temperaturen von 620 °C an Magnesium/Eisenoxid-Katalysatoren gewonnen. Die Produktionskapazität liegt weltweit bei ca. 8,5 · 10^6 t/a [3]. Poly(butadien) lässt sich anionisch, radikalisch, durch Ziegler-Natta-Polymerisation in Substanz er in Emulsion herstellen. Je nach Verfahrensbedingungen verläuft die Polymerisation über beide Doppelbindungen zu 1,4-Polydienen oder über nur eine Doppelbindung zu 1,2-Polydienen mit unterschiedlicher Taktizität (Tab. 17). Die Glasübergangstemperatur des Butadienkautschuks variiert mit dem Gehalt an 1,2- bzw. 1,4-Strukturen. Je höher der 1,2-Gehalt, desto höher ist die T_G (Abb. 65). Dieser Zusammenhang ist weitgehend linear ($T_G = -106 + 71 \cdot \mathit{Molenbruch\ Vinylseitenketten}$).

Tabelle 17: Einfluss der Herstellbedingungen auf die Konstitution von Poly(butadien)

Initiator	**1,4-Verknüpfung**	**1,2-Verknüpfung**	**Anwendung / Besonderheiten**
Natrium in KW (anionisch)	30 % 1,4-cis	70 %	Buna, bis 1939
Cobalt/Neodym (anionisch)	96 % 1,4-cis	Gering	BR-Kautschuke
Na-isopropylat/Allylnatrium (anionisch)	65-85 % 1,4-trans	< 1 %	Alfin (von Alkohol und Olefin-Initiator)
$K_2S_2O_8$ / Fettsäuren / Mercaptan	62 % 1,4-trans	19 %	Emulsions-polymcrisation
p-Menthanhydroperoxid + $FeSO_4$ + Natriumformaldehydsulfoxylat	70 % 1,4-trans	16 %	Emulsion bei 5 °C mit Styrol als Comonomer
$VCl_3/(C_2H_5)_2AlCl$ Ziegler-Natta-Polymerisation	> 95 % 1,4-trans	< 1 %	Hochwertige Produkte, Reifen
Cobaltverbindungen/R_2AlCl	99 % 1,4-cis	< 1 %	Vernetzen mit Luft-O_2 wie Alkydharze

1,4-cis-Verknüpfung 1,4-trans-Verknüpfung 1,2-it, st-Verknüpfung

Abbildung 65: Konstitution von Poly(butadien)

Entscheidenden Einfluss auf die Konstitution hat neben dem Katalysatorsystem auch die Polymerisationstemperatur. Bei höheren Temperaturen werden z. B. bei der radikalischen Emulsionspolymerisation auf Kosten der trans-1,4- vermehrt cis-1,4-Strukturen gebildet (ca. 21 % bei 70 °C gegenüber 5 % bei – 33 °C).

Neben Homopolymeren wird Butadien zumeist mit 20 bis 40 % Styrol copolymerisiert. Entsprechende Butadien-Styrol-Copolymere (SBR) werden in großen Mengen als Elastomere eingesetzt. Polymerisationsgrade werden mit Kettenüberträgern wie Dodecylmercaptan auf ca. 10^5 g/mol eingestellt.

Wird die Copolymerisation in Emulsion durchgeführt (r_S = 0,78, r_B = 1,39), entstehen Copolymere mit fast statistischem Einbau. Das erhaltene Copolymer weist nur eine Glastemperatur T_G von ca. – 30 bis 50 °C auf. Erfolgt die Copolymerisation in Lösung (r_S = 0,004, r_B = 12,5), werden zunächst nur Butadienhomopolymerketten gebildet, die zum Schluss der Reaktion nach einer Mischphase in fast reine Styrolblöcke übergehen. Derartige Blockstrukturen weisen 2 Glastemperaturen von T_G: – 90 °C und T_G: 90 °C auf.

Die entstandenen Polymere werden für die Endproduktanwendung noch durch Vulkanisation mit Schwefel bei Temperaturen von > 150 °C vernetzt.

Eine typische Rezeptur zur Produktion von Laufflächen von Autoreifen sieht wie folgt aus (Tabelle 18):

Tabelle 18: Typische Rezeptur für die Vulkanisation eines Autoreifen

100 Teile	SBR (Elastomer)
3 Teile	Schwefel (Vernetzer)
0,3 Teile	Diphenylguanidin $HN{=}C(NH\text{-}Ph)_2$ (Beschleuniger)
40 Teile	Ruß (Füllmaterial billig, hebt die Eigenschaften an)
10 Teile	Mineralöl (Weichmacher)
10 Teile	Zinkoxid (Aktivator)
1 Teil	Phenylnaphthylamin (Sauerstoffabfänger)

Chemisch erfolgt die Vernetzung durch ionische Reaktion von Schwefel an allylständigen Methylengruppen (Heißvulkanisation). Daneben kann auch mit

Schwefeldichlorid ohne Temperaturzufuhr über die Doppelbindungen vernetzt werden (Kaltvulkanisation) (Abb. 66).

Heißvulkanisation

Kaltvulkanisation

Abbildung 66: Heiß- und Kaltvulkanisation

Auch Copolymere mit Acrylnitril, sogenannte Nitrilkautschuke (NBR), haben großtechnische Bedeutung. Hierbei lässt sich eine Mischung von 37 % Acrylnitril und 63 % Butadien azeotrop polymerisieren, d. h. dass die Zusammensetzung der Monomere sich während der Polymerisation nicht ändert, also nicht an einer Monomersorte verarmt. Allgemein gilt: je höher der Gehalt an Acrylnitril im NBR, desto bessere Ölbeständigkeit, jedoch verschlechterte Kälteelastizität weisen die Copolymere auf.

3.2.2.2 Poly(isopren)

Rohstoff zur Herstellung synthetischer Poly(isopren)e ist das aus der Naphtha-Crackung oder durch Dehydrierung von C_5-Isoalkanen/Isoalkenen erhältliche Isopren ($CH_2=CCH_3-CH=CH_2$). Entsprechend der Polymerisation von Butadien ist die Struktur der Poly(isopren)e durch das eingesetzte Polymerisationsverfahren bestimmt. So ist das Verhältnis an 1,4-trans- zu 1,4-cis-Anteilen stark temperaturabhängig und nimmt bei der radikalischen Polymerisation mit fallender Temperatur stark zu.

Natürlich vorkommendes 1,4-cis-Poly(isopren) (T_G: – 73 °C) ist als Naturkautschuk bekannt, das 1,4-trans-Polymer (T_G: – 58 °C) als Guttapercha. Fast der gesamte Naturkautschuk wird aus Latexsaft des Hevea-brasiliensis-Baums gewonnen (mittleres Molekulargewicht: $3 \cdot 10^5$), Guttapercha kommt aus dem Latex von Palaquium gutta oder Mimusops balata (deutlich niedrigere Molekulargewichte). Die Weltjahresproduktion 1999 betrug ca. 10^7 t [3]. Wie synthetisches Poly(isopren) wird auch Naturkautschuk zur Reifenproduktion eingesetzt und in der Regel klassisch mit Schwefel vulkanisiert.

Durch Erhitzen von Naturkautschuk auf Temperaturen über 250 °C erfolgt bei Protonenzusatz Molekulargewichtsabbau auf 2.000–10.000 g/mol und gleichzeitige Cyclisierung. Anwendungen findet derartiger Cyclokautschuk als Bindemittel für Lacke und Klebstoffe.

3.2.2.3 Poly(chloropren)

Chloropren (CH_2=CCl-CH=CH_2) wird beispielsweise durch Chlorierung von Butadien und anschließende Abspaltung von Chlorwasserstoff erhalten. Die Redox-Polymerisation beispielsweise mit $Na_2S_2O_4$ erfolgt in Emulsion und ist im Vergleich zur Isoprenpolymerisation um Größenordnungen schneller. Der 1,4-trans-Anteil liegt bei 70–90 %, wobei bis 15 % Kopf-Kopf-Verknüpfungen auftreten. Beim Abkühlen oder Verstrecken tritt Kristallisation auf, wodurch sich hohe Zugfestigkeiten einstellen.

3.2.2.4 Kautschuke

Kautschuke sind hochmolekulare plastische Stoffe, die durch Vernetzung (Vulkanisation) in den elastischen Zustand übergehen, ihre Löslichkeit in Lösemittel verloren haben, jedoch immer noch deutlich angequollen werden können. Im Allgemeinen versteht man unter Kautschuk das unvulkanisierte Rohprodukt, während Gummi das ausvulkanisierte Produkt bezeichnet.

Tabelle 19: Kautschuke im Überblick

Kautschuk	Symbol	Handelsnamen	Einsatzgebiete
Acrylkautschuk	ACM	Hytemp®	Öl- und oxidationsbeständige Dichtungen, Membranen
Acrylnitril-Butadien-Kautschuk (Nitrilkautschuk)	NBR	Perbunan NT®, Baymod N®	O-Ringdichtung, Kraftstoffschläuche, Menbranen, Puffer
Brombutylkautschuk	BIIR	Bayer Brombutyl®	Auskleidungen, Schläuche
Butadienkautschuk	BR	Buna CB®, Takenate®	Reifen (Seitenflächen), Keilriemen, dickwandige Artikel
Butylkautschuk	IIR	Bayer Butyl®	Reifenschläuche, Schutzkleidung.
Chloroprenkautschuk	CR	Baypren®	Scheibenwischer, Elek.-Kabel
Chlorbutylkautschuk	CIIR	Bayer Chlorbutyl®	Schläuche für Klimaanlagen
Ethylen-Propylen-Kautschuk	EPDM	Buna EP®	Autoscheibenprofile, Moosgummi, Fensterdichtungen
Ethylen-Vinylacetat-Kautschuk	EVM	Levapren®, Levamelt®	Wetter- und ozonbeständige Dichtungen, Kabelisolierung
Fluorkautschuk	FKM	Kalrez®, Viton®	Spezialdichtungen
Hydrierter Nitrilkautschuk	HNBR	Therban®	Zahnriemen, O-Ringe
Naturkautschuk	NR	SMR®	Reifen
Styrol-Butadien-Kautschuk	SBR	Buna BL®, Krylene®	Autoreifen (Lauffläche), Förderbänder, Sohlen, Riemen
Silikonkautschuk	MVO	Silopren®	Für hohe Kältebeständigkeit, Spielzeug: „bouncing putty“

Man unterscheidet zwischen Naturkautschuken (Verbrauch 2002: ca. 5,4 · 10^6 t) und Synthesekautschuken (Verbrauch 2002: 12,6 · 10^6 t) bzw. zwischen Allzweckkautschuken (Anteil: 85 %) wie NB, SBR, BR, Spezialkautschuken (Anteil: 13 %) wie NBR, EPDM, IIR, CR und Spezialitäten (Anteil: 2 %) wie ACM, HNBR, FKM. Eine Übersicht wichtiger Kautschuktypen und Anwendungen gibt Tabelle 19.

Kautschuke wie SBR, NBR, CR und NR werden bei Temperaturen von 5 °C über 8–10 Stunden bei Latexgehalten von 25 % in Emulsion hergestellt. BR, IIR und EPDM werden aus Substanz bez. Lösung erhalten.

3.2.3 Poly(vinylacetat) und Folgeprodukte (Poly(vinylalkohol), Polyvinylacetale)

3.2.3.1 Poly(vinylacetat)

Vinylacetat, als Ausgangsstoff zur Herstellung von Poly(vinylacetat), wird heute ausschließlich durch oxidative Kondensation von Ethen an Essigsäure hergestellt. Frühere Verfahren verwendeten Acetaldehyd und Acetanhydrid bzw. Ethin und Essigsäure als Rohstoffe. 1996 wurden ca. 2,5 · 10^6 t Poly(vinylacetat) hergestellt [3]. Vinylacetat kann sowohl in Substanz als auch in Emulsion polymerisiert werden. Die Massepolymerisation erfolgt radikalisch bei Siedetemperatur des Monomers (72,5 °C) und liefert wegen der Kettenübertragung zu den Estergruppen stark verzweigte Polymere mit Molmassen zwischen 35.000 und 200.000 g/mol.

Emulsions- und Suspensionspolymerisate liefern Poly(vinylacetat)e mit Molmassen über 300.000 g/mol und einer niedrigen Glastemperatur von ca. 28 °C. So erhaltene Dispersionen dienen als Kleb- und Lackrohstoffe, Holzleime sowie in sprühgetrockneter Form als Betonzusatz. Copolymere mit Ethen dienen zur Kabelisolierung und als Verpackungsmittel für Tiefkühlkost.

3.2.3.2 Poly(vinylalkohol)

Vinylalkohol liegt als Enol in kleinen Mengen im Tautomeren-Gleichgewicht mit Acetaldehyd vor und kann so im Labor unter stetiger Verschiebung des Gleichgewichts durch Alkalialkoholat-Katalyse zu Polyvinylalkohol polymerisiert werden.

$$\sim\!\sim H_2C{-}CH(O{-}C(=O){-}CH_3)\sim\!\sim \; + \; ROH \longrightarrow \; \sim\!\sim H_2C{-}CH(OH)\sim\!\sim \; + \; CH_3COOR$$

Abbildung 67: Umesterungsreaktion von Polyvinylacetat zu Poly(vinylalkohol)

Technisch erfolgt die Herstellung jedoch polymeranalog durch Umesterung von Poly(vinylacetat) mit Methanol oder Butanol (Abb. 67). Als Nebenprodukt fällt bei Einsatz von Butanol das wertvolle Butylacetat als Lösemittel an. Verwendet wird das gut wasserlösliche Polymer als Schlichte, Binder, Emulgator für die Papierindustrie, in Druckfarben, Zahnpasta und Kosmetika.

3.2.3.3 Polyvinylacetale

Polyvinylacetale entstehen durch polymeranaloge Reaktion von Aldehyden mit Poly(vinylalkohol). Die Reaktion ist jedoch nicht vollständig und es verbleiben statistisch einige OH-Gruppen im Polymer. Kopf-Kopf- bzw. Schwanz-Schwanz-Gruppierungen erzeugen ebenfalls nicht abreagierte OH-Gruppen (Abb. 68).

OH OH OH OH OH $\xrightarrow[- H_2O]{+ RCHO}$ O O (H, R) OH O O (H, R)

Abbildung 68: Herstellung von Polyvinylacetalen durch polymeranaloge Reaktion

Poly(vinylformal) kann auch direkt aus Poly(vinylacetat) erhalten werden. Verwendung findet vor allem Poly(vinylbutyral) als Klebefolie für Sicherheitsgläser und als Grundierung für Lacke.

3.2.4 Polyvinylether und Poly(N-vinylpyrrolidon)

3.2.4.1 Polyvinylether

Vinylether CH_2=CH-OR erhält man aus Ethylen und entsprechenden Alkoholen in Gegenwart von Sauerstoff (früher Acetylen und Alkohol). Die technische Polymerisation wird bei ca. 100 °C kationisch mit Bortrifluorid-dihydrat ($BF_3 \cdot 2\ H_2O$) durchgeführt. Alle Polyvinylether sind schwer verseifbare, lichtechte Weichharze und werden als Weichmacher für Cellulosenitrat, Klebrigmacher, Klebstoffe und Textilhilfsmittel eingesetzt. Für Haarsprays werden radikalisch erzeugbare Copolymere aus Methylvinylether und Maleinsäureanhydrid verwendet.

3.2.4.2 Poly(N-vinylpyrrolidon) PVP

Vinylpyrrolidon erhält man durch Vinylierung von 2-Pyrrolidinon mit Acetylen. Es wird radikalisch in Substanz oder in wässriger Lösung mit Hydrogenperoxid polymerisiert. Die entstandenen Polymere sind sowohl in Wasser als auch in organischen Lösemitteln löslich. Verwendung findet Poly(N-vinylpyrrolidon) als Zusatz zu Pharmazeutika, als Filmbildner in der Kosmetik, Haarfestiger,

Stabilisator für Getränke und als Klebstoff. Im 2. Weltkrieg diente Poly(N-vinylpyrrolidon) in isotonischer Lösung als Ersatzstoff für Blutserum.

3.2.5 Poly(vinylchlorid) (PVC)

$$\sim\!\sim H_2C{-}\dot{C}H(Cl) \; + \; H_2C{=}CHCl \longrightarrow \sim\!\sim H_2C{-}CHCl_2 \; + \; H_2C{=}CH\cdot$$

Abbildung 69: Radikalübertragung zum Monomeren Vinylchlorid

Vinylchlorid (CH_2=CH-Cl, Kp: – 13,9 °C), das für die PVC-Herstellung zugrundeliegende Monomer, wird durch ein integriertes Verfahren hergestellt. Unter Eisenchlorid-Katalyse wird an Ethen Chlor addiert und das entstandene 1,2-Dichlorethan nachfolgend in der Gasphase zum Vinylchlorid unter HCl-Abspaltung dehydrochloriert. Gebildeter Chlorwasserstoff wird zusammen mit Sauerstoff zum Oxychlorieren von Ethen wiederverwertet. Die Weltjahresproduktion an PVC belief sich 2003 auf ca. $27 \cdot 10^6$ t [20].

Vinylchlorid wird radikalisch in Masse durch zweistufige Fällungspolymerisation (PVC ist unlöslich in VC) oder in Emulsion bzw. Suspension polymerisiert.

Eine typische Suspensionspolymerisation wird in Reaktoren bis 200 m^3 bei 40–80 °C durchgeführt (ΔH_P: 1500 kJ/kg VC). Ausgangsmaterialien sind hierbei:
200 Teile Wasser,
100 Teile VC,
0,05 Teile Methylcellulose,
0,006 Teile Betacumolperoxyneodecanoat,
0,003 Teile Di(2-ethylhexyl)peroxidicarbonat.

Durch die starke Kettenübertragung zum Monomer ist die Übertragungsgeschwindigkeit größer als die Abbruchreaktionen (Rekombination, Disproportionierung) und somit der Polymerisationsgrad praktisch unabhängig von der Initiatorkonzentration (Abb. 69). Zur Steuerung des Polymerisationsgrads (typisch 400–1000 VC-Einheiten) wird daher im technischen Maßstab die Polymerisationstemperatur variiert. Das erhaltene Homopolymerisat teilt sich zu 2/3 in Hart-PVC und 1/3 in Weich-PVC auf.

Aufgrund leichter Dehydrochlorierung unter Licht- und/oder Wärmeeinfluss – es entstehen konjugierte, zum Teil farbintensive Polymerketten – muss PVC daher durch spezielle Additive wie Cadmiumverbindungen stabilisiert werden.

Hart-PVC wird für Rohre (80 % der Kunststoffrohre sind PVC-basierend), Profile, Fensterrahmen, Schallplatten und Folien eingesetzt. Große Mengen an PVC werden jedoch auch mit niedermolekularen Weichmachern wie Di-(2-ethylhexyl)phthalat oder Trikresylphosphat zu Pasten vermischt und als Weich-PVC für Folien, Bodenbeläge und Kabelisolierungen verwendet. Plastisole sind Aufschlämmungen von PVC-Körnern in Weichmachern (Gehalt: 60–30 %), die bei 180 °C gelieren und zum Weich-PVC aushärten.

Der hohe Chlorgehalt im PVC sorgt für eine für Polymere relativ hohe Dichte von ca. 1,4 g/cm^3 sowie für die äußerst schlechte Entflammbarkeit. Durch Nachchlorierung von PVC kann der Chlorgehalt bis ca. 68 % weiter gesteigert werden, was die Löslichkeit in organischen Lösemitteln und die Dichte des Materials weiter erhöht. Aufgrund der hohen Giftigkeit von VC müssen in der EU die Restgehalte im PVC auf unter 1 ppm abgesenkt werden (Lebensmittelanwendungen < 10 ppb).

3.2.6 Fluorpolymere

Tetrafluorethylen ($CF_2{=}CF_2$, ein explosives Gas) wird aus Chloroform und Fluorwasserstoff über einen mehrstufigen Prozess erhalten (Abb. 70). Das gasförmige Monomer lässt sich unter Druck in wässriger Emulsion oder Suspension mit Kaliumperoxidisulfat polymerisieren. Das entstandene Polymer (Weltjahresbedarf 2004: ca. 110 kt [20]) wird im Anschluss als rieselförmige unlösliche Körner gewonnen und getrocknet. Die Molekulargewichte betragen einige Millionen, die Dichte liegt mit 2,2 g/cm^3 für Polymere ungewöhnlich hoch.

$$CHCl_3 + 2\,HF \xrightarrow[-2\,HCl]{} HF_2CCl \xrightarrow[600-800\,°C]{\text{Pt-Rohr}} F_2C{=}CF_2 + 2\,HCl$$

Abbildung 70: Herstellung von Tetrafluorethylen

Im Gegensatz zu Poly(ethylen) kristallisiert Poly(tetrafluorethylen) durch den größeren Van-der-Waals-Radius des Fluors (0,13 nm gegenüber 0,12 nm beim Wasserstoff) als 13_1-Helix. Der hohe Schmelzpunkt von 342 °C und die dabei vorherrschende außerordentlich hohe Viskosität machen die Verarbeitung schwierig. Daher wird durch Copolymerisation mit Monomeren wie Ethylen oder Propylen versucht die Kristallisation zu stören. Die ausgezeichneten Eigenschaften von Poly(tetrafluorethylen), wie hohe Gebrauchstemperatur von 250 °C, Chemikalienbeständigkeit, schlechte Brennbarkeit und geringe Benetzbarkeit mit Wasser und Ölen, können hierbei mehr oder weniger erhalten werden.

Einsatzgebiete von Poly(terafluorethylen) sind Dichtungen, wartungsfreie Lager, Beschichtungen von Oberflächen, Tiegelmaterial und Rohrleitungen.

Copolymere mit Sulfonylfluoridvinylether (Verseifung nach der Polymerisation zu SO_2H-Gruppen) werden als Membranen eingesetzt.

Polymere wie Poly(vinylfluorid), Poly(vinylidenfluorid) und Poly(chlortrifluorethylen) weisen Eigenschaften zwischen Poly(ethylen) und Poly(tetrafluorethylen) auf, sind jedoch leichter als Schmelze verarbeitbar.

3.3 Polyacrylate

3.3.1 Poly(acrylsäure) und Poly(acrolein)

Acrylsäure (CH_2=CH-COOH) wird technisch durch Direktoxidation von Propen hergestellt. Frühere Verfahren verliefen beispielsweise über die Oxidation von Acrolein oder die Anlagerung von Kohlenmonoxid und Wasser an Acetylen. Aus Acrylsäure kann in wässriger Lösung mit Kaliumperoxidisulfat als Initiator Poly(acrylsäure) hergestellt werden. Prinzipiell ist die Synthese auch polymeranalog durch Verseifung von Polyacrylsäureestern möglich.

Poly(acrylsäure) und die Alkalisalze sind durch die ionische Seitenkette gut in Wasser löslich und werden als Flockungsmittel zur Klärung von Abwässern eingesetzt. Poly(acrylsäure) dient aber auch als Verdicker bzw. als Hilfsmittel zur Erdölgewinnung und wirkt teilvernetzt und teilneutralisiert zusammen mit Stärke als Superabsorber (nimmt bis zum 30-fachen an Wasser auf), z. B. für Windeln.

Acrolein (CH_2=CH-CHO), erhältlich durch Oxidation von Propen, wird radikalisch zu Poly(acrolein) umgesetzt, wobei z. T. die Aldehydgruppe in die Polymerisation einbezogen ist, was im Polymer zu unterschiedlichsten z. T. ringförmigen Strukturen führt. Copolymere mit Acrylsäure werden als Rostentferner verwendet.

3.3.2 Poly(acrylnitril), Poly(α-cyanacrylat) und Poly(acrylamid)

Acrylnitril (CH_2=CH-CN) wird heute durch Ammonoxidation von Propen oder Propan mit Ammoniak und Sauerstoff gewonnen. Ältere Verfahren gingen von Ethylenoxid und Cyanwasserstoff aus. Die Weltkapazität betrug 1996 ca. $4{,}3 \cdot 10^6$ t [3]. Ca. 60 % des Acrylnitrils gehen in die Acrylfaserproduktion, kleinere Mengen dienen zur Herstellung von Nitrilkautschuken und Acrylamid.

Das wasserlösliche Acrylnitril wird radikalisch mittels Fällungs- oder Lösungspolymerisation in saurem Milieu polymerisiert. Alkalisch oder thermisch werden vermehrt auch die Nitrilgruppen polymerisiert; dies führt zu leiterartigen Sequenzen (Leiterpolymere).

Handelsübliches Poly(acrylnitril) ist ataktisch aufgebaut, teilkristallin mit ca. 47 % syndiotaktischen Diaden. Die Löslichkeit beschränkt sich auf sehr polare Lösemittel wie N,N-Dimethylformamid oder Salpetersäure. Aus derartigen Lösungen werden trocken oder nass Fasern gesponnen, die eine gute Licht- und Wetterbeständigkeit aufweisen. Bei hohen Temperaturbelastungen (bügeln über 150 °C) tritt teilweise Cyclisierung (Bildung von Leiterpolymeren und Nitronen) mit Verfärbung ein (Abb. 71). Bei sehr hohen Temperaturen (bis 3000 °C) lässt sich Poly(acrylnitril) unter Schutzgas zu Kohlenstofffaser abbauen.

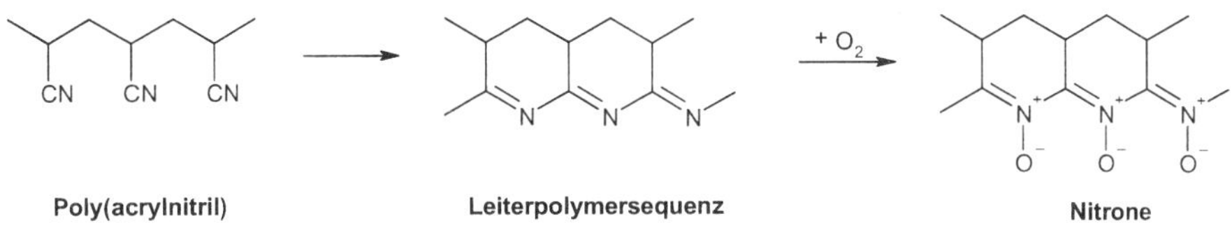

Poly(acrylnitril) → Leiterpolymersequenz → ($+ O_2$) Nitrone

Abbildung 71: Bildung von Leiterpolymeren und gefärbten Nitronen

Durch die Aktivierung der Cyanogruppen polymerisieren α-Cyanacrylsäureester bereits mit schwachen Basen wie Wasser. Daher werden diese Monomere mit Verdickern, Weichmachern und Stabilisatoren als Einkomponentenkleber (Sekundenkleber) eingesetzt.

Poly(α-cyanacrylsäureester) finden aufgrund guter Blutbenetzung in der Chirurgie und als Wundauflage Verwendung.

Acrylamid ist durch katalytische Hydratisierung von Acrylnitril erhältlich und wird nach Polymerisation zu Poly(arylamid) z. B. als Gerbstoff eingesetzt.

3.3.3 Polyacrylsäureester und Polymethacrylsäureester

3.3.3.1 Poly(methylmethacrylat) (PMMA)

Methylmethacrylat (CH_2=CCH_3-$COOCH_3$), als Monomerbasis zur Herstellung von Poly(methylmethacrylat), ist technisch über einen mehrstufigen Prozess erhältlich, indem zunächst Aceton mit Blausäure zu Acetocyanhydrin umgesetzt wird. Mit Schwefelsäure und Wasser entsteht in der Folge nach Isomerisierung Hydrogensulfat, welches schließlich mit Methanol zum Methylmethacrylat verestert wird (Abb. 72). Eine andere Route verläuft ausgehend von Isobuten und Sauerstoff über die Methacrolein-Zwischenstufe.

Methylmethacrylat wird radikalisch in Masse, Lösung, Emulsion und Suspension polymerisiert. Optisch reine Formteile (Platten) werden als Massepolymerisation in Spiegelformen in mehreren Arbeitsschritten hergestellt, wobei die bei der Polymerisation auftretende Volumenkontraktion ausgeglichen werden muss. Die Polymerisation ist langsam und erfordert bei 50 °C und Plattendicken über 5 cm mehrere Wochen (Verbrauch in Deutschland 2006: 95 kt [23]).

$$(H_3C)_2C{=}O \xrightarrow{+\,HCN} (H_3C)_2C(OH)CN \xrightarrow{+\,H_2SO_4} (H_3C)_2C(OSO_3H)C({=}O){-}NH_2 \longrightarrow H_2C{=}C(CH_3){-}C({=}O)NH_3^+\;{}^-HSO_4 \xrightarrow[-\,NH_4HSO_4]{+\,MeOH} H_2C{=}C(CH_3){-}C({=}O)OCH_3$$

Abbildung 72: Herstellung von Methylmethacrylat

PMMA weist eine gute Verseifungs- und Witterungsstabilität auf und besitzt mit 92 % eine hohe Lichtdurchlässigkeit, was es für optische Anwendungen von Scheiben, Linsen bis hin zu Lichtleitern interessant macht. Hochgefüllte Massen werden für Dentalzwecke (Kunststoffplomben) eingesetzt.

3.3.3.2 Copolymerisate auf Acrylat/Methacrylatbasis

Copolymerisate auf Basis von Acrylsäure- und Methacrylsäureestern, ggf. mit Styrol, die noch funktionelle Gruppen tragen, werden häufig als Reaktivkomponente zur Vernetzung von Epoxiden oder Polyisocyanaten verwendet. Die Vernetzungsstellen lassen sich durch Einbau spezieller Monomere wie Hydroxyethylacrylat, Hydroxyethylmethacrylat oder Glycidylmethacrylat in das Polymer einbringen.

Die Polymerherstellung vollzieht sich in Lösung nach dem Zulaufverfahren, indem gleichzeitig die Monomermischung und eine Initiatorlösung in das auf Reaktionstemperatur gehaltene Lösungsmittel einfließt und somit kontrolliert abreagieren kann. Derartig hergestellte funktionelle Polymere werden für hochwertige Lackbeschichtungen (z. B. Autolacke) eingesetzt. Oligomere Urethane oder Ester mit Hydoxyethylacrylat-Endgruppen können als Makromonomere durch UV-Strahlen vernetzt werden und bilden somit die Grundlage von strahlenhärtenden Beschichtungssystemen.

3.4 Kohlenstoff-Sauerstoff-Ketten

3.4.1 Polyacetale

In der Kette der Polyacetale (-O-CHR-) alternieren Sauerstoffatome mit einfach substituierten Kohlenstoffatomen. Erhalten werden derartige Strukturelemente durch Polymerisation der C=O-Doppelbindung von Aldehyden oder durch ringöffnende Polymerisation entsprechender cyclischer Trimere bzw. Tetramere.

3.4.1.1 Poly(oxymethylen)

Poly(oxymethylen) entsteht durch Polymerisation von Formaldehyd oder s-Trioxan. Technisch hergestellt wird Formaldehyd aus Methanol durch Oxidation mit Luftsauerstoff bei 300 °C und anschließender Absorption des mit Nebenprodukten verunreinigten Prozessgases in Cyclohexanol. Das hierbei entstehende Hemiformal lässt sich nach destillativer Reinigung bei 150 °C in Formaldehyd und Cyclohexanol zurückspalten. Daneben ist zur Herstellung auch die radikalische Oxidation von Propan beschrieben. Formaldehyd kommt als wässrige Lösung (35–55%ig) bzw. als Paraformaldehyd (höhere Oligomere des Formaldehyds) oder Trioxan in den Handel. Der Verbrauch an Poly(oxymethylen) in Deutschland lag 2006 bei 85 kt [23] (Weltjahresbedarf 2001: 560 kt. [20]).

$$H^+ + O{=}CH_2 \longrightarrow H{-}O{-}CH_2^+ \xrightarrow{+\,HCOH} HO{-}CH_2{-}O{-}CH_2^+$$

$$BF_3 + H_2O \longrightarrow BF_3HO^-\ H^+ \xrightarrow{\text{Trioxan}} H{-}O^+(\text{Trioxan}) \longrightarrow HO{-}CH_2{-}O{-}CH_2{-}O{-}H_2C^+$$

Kationische Polymerisation

$$HO^- + O{=}CH_2 \longrightarrow HO{-}CH_2{-}O^- \xrightarrow{+\,HCOH} HO{-}CH_2{-}O{-}CH_2{-}O^-$$

Anionische Polymerisation

Abbildung 73: Ionisch initiierte Polymerisation von Formaldehyd und Trioxan

Formaldehyd (großtechnisch wird Trioxan eingesetzt) kann kationisch mit Protonensäuren über die Bildung eines Carbeniumions polymerisiert werden. Anionisch erfolgt die Polymerisation von Formaldehyd mit schwachen Basen wie Aminen oder auch mit Spuren von Wasser über die Bildung eines Alkoxyanions (Abb. 73). Während der Polymerisation kann durch Übertragung des Makroanions zu Wasser die Polymerkette abgebrochen werden. Da im Anschluss das Hydroxylanion wieder eine neue Kette startet, bleibt die kinetische Kette erhalten. Die halbacetalischen Kettenenden werden z. B. mit Acetanhydrid in Acetatendgruppen überführt und somit gegen thermische Depolymerisation stabilisiert. Die Ceilingtemperatur des kristallinen Polymers liegt bei 127 °C. Durch Einbau von Comonomeren wie Ethylenoxyd oder 1,3-Dioxolan lässt sich bei Kettenbruch ein reißverschlussartiger Abbau des Poly(oxymethylen)gerüsts verhindern.

Trioxan ist kationisch mit Bortrifluorid in Gegenwart von Spuren von Wasser polymerisierbar.

Aus Poly(oxymethylen) bzw. entsprechenden Copolymeren lassen sich hochwertige Kunststoffe herstellen, die eine gute Beständigkeit gegen Chemikalien, eine gute Maßhaltigkeit und ein geringes Wasseraufnahmevermögen aufweisen. Daher kommen sie als Ingenieurkunststoffe zunehmend anstelle von Metallen (Al, Cu) zum Einsatz.

3.4.2 Polyether

3.4.2.1 Poly(ethylenoxid)

Ethylenoxid wird durch direkte Oxidation von Ethen mit Sauerstoff hergestellt und mit Initiatoren wie Alkalimetall- oder Erdalkalimetallalkoholate anionisch polymerisiert. Werden polyfunktionelle Startalkohole wie Glycerin oder Pentaerythrit eingesetzt, entstehen entsprechende polyfunktionelle Polyethylenglykole. Bei Einsatz von Alkalimetall- oder Erdalkalimetallalkoholaten erschweren Eliminierungsreaktionen (Bildung endständiger Doppelbindungen) die Herstellung von Polymerketten über 4000 g/mol. Höhermolekulare Polyglykole werden daher mit speziellen Katalysatoren (Zirkoniumverbindungen) hergestellt.

Niedermolekulare Polyethylenoxide sind flüssige oder wachsartige Produkte mit guter Wasserlöslichkeit. Sie werden als Verdicker, Weichsegmente oder als Hydrophilierungsmittel (als CH_3-$(OCH_2CH_2)_n$-OH) für ansonsten hydrophobe OH-reaktive Polymere eingesetzt.

3.4.2.2 Poly(propylenoxid)

Propylenoxid wird aus Chlorhydrin durch Eliminierung von HCl erhalten und liegt in zwei unterschiedlichen Enantiomerenformen vor. Die Polymerisation des racemischen Gemischs liefert ein ataktisches amorphes Produkt mit vielen Kopf-Kopf-Verknüpfungen. Wird hingegen nur ein Enantiomer eingesetzt, erhält man stereoreguläre Produkte.

Bei der anionischen Polymerisation wird bevorzugt die Bindung des Oxiranrings zwischen Sauerstoff und CH_2-Gruppe gespalten, während der kationischen Polymerisation findet hingegen vorwiegend Spaltung der Sauerstoff-$CH(CH_3)$-Bindung statt.

Technisch werden bevorzugt Copolymere mit Ethylenoxid hergestellt und je nach eingesetztem Starteralkohol als hydroxyfunktionelle Bindemittel zur Vernetzung z. B. mit Polyisocyanaten verwendet.

3.4.2.3 Poly(tetramethylenoxid) (Poly(tetrahydrofuran))

Tetrahydrofuran (THF) wird durch Oxidation von Butan oder durch Hydrierung von Maleinsäureanhydrid hergestellt und kationisch (z. B. mit $HClO_4$, HCl, SbF_5) via wachsende tertiäre Oxoniumionen polymerisiert (Abb. 74).

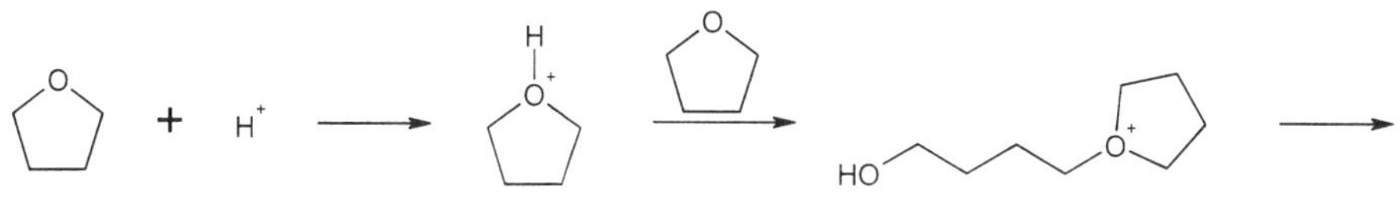

Abbildung 74: Kettenstart zur kationische Polymerisation von THF

Niedermolekulare Produkte sind viskose Öle, hochmolekulare dagegen kristallin mit Glasübergangstemperaturen von – 84 °C und einer Schmelztemperatur von ca. 60 °C. Poly(tetrahydrofuran)e können über die endständigen OH-Gruppen vielfältig polymeranalog weiterreagieren und dienen als Weichsegmente für e-lastische Polyurethanfasern und Polyetheresterelastomere.

3.4.2.4 Polyphenylenoxide

Poly(oxy-1,4-phenylen) erhält man durch oxidative Kupplung von 4-Chlorphenol in Gegenwart von Kupfer-I-chlorid. 2,6-disubstituierte Phenole (2,6-Dimethylphenol oder 2,6-Diphenylphenol) werden durch Polyelimination (vermutlich über einen Chinon-Mechanismus) polymerisiert und beispielsweise zur Kabelisolation von Leitungen mit hoher Spannungsbelastung eingesetzt (Abb. 75).

In der Reproduktionstechnik macht man sich die lichtinduzierte Polymerisation von Chinonaziden nutzbar. Nach lichtinduzierter Abstraktion von Stickstoff erfolgt hierbei Polymerisation des Diradikals zu Poly(phenylenoxid).

Poly(oxy-2,6-diphenyl-1,4-phenylen) mit einem Schmelzpunkt von ca. 480 °C (bis 175 °C in Luft stabil) ist beim Verstrecken hochkristallin und wird als Faser und Kabelisolation bei sehr hohen Spannungen eingesetzt.

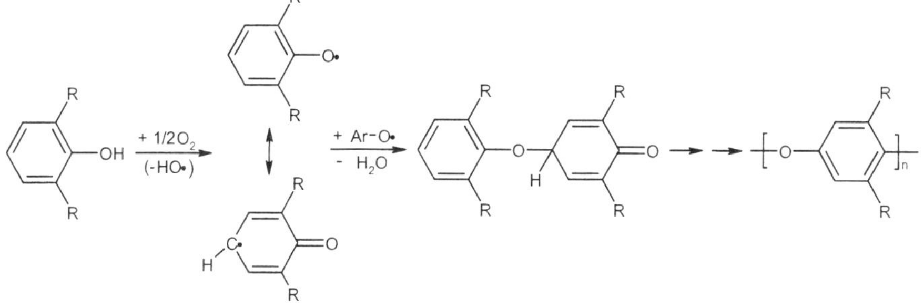

Abbildung 75: Oxidative Kopplung zu Poly(oxy-1,4-phenylen)-Typen

3.5 Polyester und Polycarbonate

3.5.1 AB- bzw. AABB-Polyester auf Basis aliphatischer oder aromatischer Carbonsäuren

Bei linearen Polyestern können zwei Typen unterschieden werden. Polyester des AB-Typs entstehen durch Selbstkondensation von α,ω-Hydroxycarbonsäuren sowie durch ringöffnende Polymerisation von Lactonen. Polyester des AABB-Typs werden hingegen durch Kondensation von mehrwertigen Alkoholen mit polyfunktionellen Carbonsäuren, Carbonsäurechloriden oder Anhydriden hergestellt.

3.5.1.1 AB-Polyester

Poly(α-hydroxyessigsäure) ist durch anionische ringöffnende Polymerisation des cyclischen Dimeren der α-Hydroxyessigsäure zugänglich und wird als resorbierbarer chirurgischer Nähfaden eingesetzt. Ebenso einsetzbar in der Chirurgie und als biologisch abbaubare Kunststoffe sind Polylactide ($-(O-CH(CH_3)-CO)_n-$, Basis: Milchsäure) bzw. Copolymere aus L-Milchsäure und ε-Caprolacton, die mit Hilfe von Umesterungskatalysatoren hergestellt werden.

Ein AB-Polyester mit längeren CH_2-Sequenzen, beispielsweise Poly(ε-caprolacton), ist durch ringöffnende Polymerisation von ε-Caprolacton zugänglich. Das Polymere ist semikristallin (Schmelzpunkt ca. 60 °C) und kommt als polymerer Weichmacher zum Einsatz. Werden zur Ringöffnung von ε-Caprolacton Diole verwendet, entstehen lineare Polyesterdiole, die als Weichsegmente zur Herstellung spezieller Polyurethane eingesetzt werden.

3.5.1.2 AABB-Polyester

Zur Herstellung von AABB-Polyestertypen sind prinzipiell sowohl aliphatische als auch aromatische Dicarbonsäuren einsetzbar. Bei der Verwendung von aliphatischen Carbonsäuren wie Adipinsäure oder Sebacinsäure mit Überschüssen an Diolen (Butandiol, Ethandiol, Diethylenglykol) entstehen flüssige bzw. leicht schmelzbare OH-funktionelle Polyester mit mittleren Molekulargewichten von 1000–4000 g/mol. Entstehendes Wasser wird während der Herstellung bei 180 °C entfernt oder zusammen mit organischen Lösemitteln (Xylol, Toluol) azeotrop abdestilliert.

Bei Einsatz aromatischer Dicarbonsäuren – hier vor allem Terephthalsäure bzw. der entsprechende Dimethylester – werden feste Granulate erhalten. Poly(ethylenterephthalat), hergestellt aus Terephthalsäure und Ethylenglykol, hat einen Schmelzpunkt von 255 °C und wird aus der Schmelze zu Fasern oder mittels Extrusionsblasen zu transparenten Flaschen für kohlensäurehaltige Getränke verarbeitet. Poly(butylenterephthalat) (aus Terephthalsäuredimethylester und Butandiol-1,4) ist aufgrund des niedrigeren Schmelzpunktes von 227 °C bei tieferen Temperaturen verarbeitbar, weist jedoch im Gegensatz zu Poly(ethylenterephthalat) auch etwas schlechtere mechanische Eigenschaften auf.

3.5.2 Polycarbonate

Polycarbonate sind Polyester aus Kohlensäure und Diolen. Technisch werden fast ausschließlich aromatische Polyester auf der Basis von Bisphenol A bzw. strukturverwandten Bisphenol-Typen z. B. durch Grenzflächenpolymerisation hergestellt. Der Weltjahresverbrauch betrug im Jahr 2003 ca. $2 \cdot 10^6$ t [20].

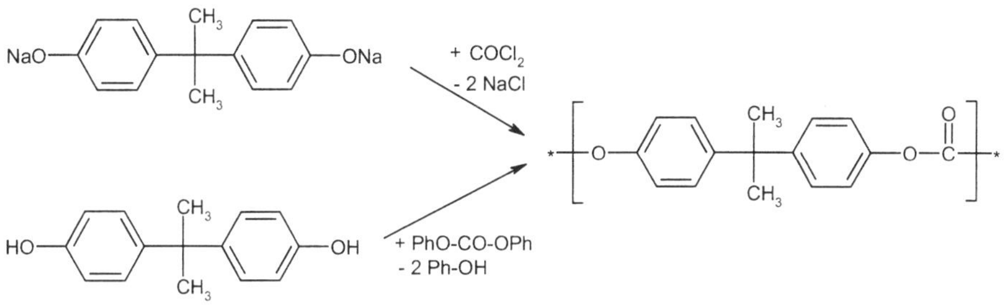

NaO–C6H4–C(CH3)2–C6H4–ONa + $COCl_2$ − 2 NaCl

HO–C6H4–C(CH3)2–C6H4–OH + PhO-CO-OPh − 2 Ph-OH

→ *–[O–C6H4–C(CH3)2–C6H4–O–C(=O)]–*

Abbildung 76: Herstellung aromatischer Polycarbonate

Bei der bei Raumtemperatur ausgeführten Grenzflächenkondensation zwischen in wässriger Natronlauge und Chlorkohlenwasserstoffen emulgiertem Natriumsalz des Bisphenol A und eingeleitetem Phosgen wird über die Stufe des Chlorkohlensäureesters das Polymer aufgebaut. Entstehendes Natriumchlorid sowie geringe Anteile an Natriumcarbonat als Nebenprodukt müssen aufwendig entfernt werden, um klare Produkte zu erhalten (Abb. 76). Beim nur noch selten verwendeten Umesterungsverfahren wird in Schmelze mit Hilfe von basischen Umesterungskatalysatoren wie Natriumphenolat bei Temperaturen bis 300 °C Bisphenol A mit Diphenylcarbonat umgesetzt und entstehendes Phenol abdestilliert (Macrolon®-Herstellung). Durch Grenzflächenkondensation sind Molmassen über 30.000 g/mol erhältlich; das Umesterungsverfahren liefert geringere Molmassen.

Polycarbonate besitzen eine mäßig gute Wärmeformbeständigkeit, gute elektrische Isolierfähigkeit, hohe Transparenz und hervorragende Dimensionsstabilität. Die gute Bewitterungsstabilität wird durch Einsatz von UV-Absorbern weiter verbessert. Einsatzgebiete sind optische Speichermedien, Fenster (z.B. Smart-Dach) und Isolierfolien.

3.5.3 Ungesättigte Polyesterharze

Als ungesättigte Polyesterharze bezeichnet man reaktive Mischsysteme aus Polyestern, die aktivierte Doppelbindungen enthalten, mit Styrol bzw. anderen zur radikalischen Polymerisation fähigen Vernetzermolekülen. Der Verbrauch derartiger Reaktivharze lag im Jahre 2000 weltweit bei $2{,}5 \cdot 10^6$ t.

Technisch werden die ungesättigten Polyester durch Kondensation von Maleinsäureanhydrid, Phthalsäureanhydrid, Isophthalsäure, Terephthalsäure oder Adipinsäure mit Ethylenglykol, 1,2-Propylenglykol, 1,4-Butandiol, Diethylenglykol, Neopentylglykol oder ethoxylierten Bisphenolen hergestellt. Bei der Reaktion der OH-Komponente mit Maleinsäureanhydrid tritt größtenteils Isomerisierung zum technisch erwünschten Fumarsäureester auf (Abb. 77). Außerdem lagern sich Glykole an die Doppelbindung der Maleinsäure, weshalb keine stöchiometische Polykondensation durchgeführt werden kann.

Abbildung 77: Isomerisierung von Maleinsäureanhydrid zum Fumarsäureester

Den so hergestellten ungesättigten Polyestern wird im Anschluss monomeres Styrol zugesetzt. Durch Zugabe von Peroxiden als Initiatoren (Peroxidpasten mit Cobaltsalzen als Beschleuniger) härten derartige Mischungen – zumeist noch mechanisch verstärkt durch Glasfaser – zu duroplastischen Formkörpern aus. Durch Variation der Zusammensetzung und Zumischung spezieller niedermolekularer Vernetzer wie beispielsweise Methylstyrol oder Diallylphthalate können die erhaltenen Harze zur Herstellung von transparenten Bauelementen bis hin zur Herstellung ganzer Bootsrümpfe verwendet werden.

3.6 Polyamide

Polyamide enthalten in der Hauptkette Amidgruppen und werden je nach Wahl der zugrunde liegenden Monomeren (wie die Polyester) in AB- und AABB-Typen unterteilt.

Poly(hexamethylenadipamid), ein AABB-Polyamid aus Hexamethylendiamin und Adipinsäure, wurde 1936 bei der Fa. DuPont entwickelt und als Nylon auf den Markt gebracht. Nur ein Jahr später entwickelte die IG Farbenindustrie den

AB-Polyamid-Gegentyp Poly(1-aminocaprolactonsäure), das sogenannte Perlon, welches durch ringöffnende Polymerisation von ε-Caprolactam herstellbar ist.

Als häufig industriell verwendete Nomenklatur hat sich für derartige AB-Polyamide ein Code aus den Buchstaben PA mit der Zahl der Kohlenstoffatome etabliert; so z. B. für Poly(1-aminocaprolactonsäure) PA6. Im Gegensatz hierzu werden AABB-Polyamide wie Poly(hexamethylenadipamid) mit zwei Ziffern entsprechend als PA6.6 bezeichnet. Die erste Zahl gibt hierbei die Kohlenstoffkette des Aminteils an.

Die Weltjahresproduktion aller Polyamide liegt bei ca. $4 \cdot 10^6$ t, wobei 95 % auf die beiden Typen PA6.6 und PA6 entfallen. Hauptabnahmemarkt hieraus hergestellter Fasern ist die Bekleidungsindustrie und die Fallschirmherstellung, daneben werden Polyamide auch zur Herstellung von Rohren, Zahnrädern und Wälzlager verwendet.

Polyamide zeichnen sich durch gute Reißfestigkeit und Scheuerfestigkeit aus. Durch die polaren Amidgruppen werden je nach Luftfeuchtigkeit im %-Bereich unterschiedliche Mengen an Wasser absorbiert, die die Eigenschaften wie Zugfestigkeit, Reißdehnung usw. negativ beeinflussen. Handelsübliche Polyamide sind zu ca. 40–60 % röntgenkristallin. Die Schmelztemperaturen sind wegen Packungsseffekten umso höher, je größer der Anteil an Amidgruppen ist. H-Brückenbildung zu anderen Polymerketten spielen bei der sich einstellenden Schmelztemperatur nur eine untergeordnete Rolle. So liegt die Schmelztemperatur von PA4.6 bei 295 °C, PA6.6 schmilzt bei 262 °C und PA6.12 schon bei 218 °C.

3.6.1 AABB-Polyamide (PAx.y)

Die zur Herstellung von PA6.6, aber auch PA4.6 notwendige Adipinsäure wird durch Oxidation von Cyclohexan hergestellt. Aus Luftsauerstoff entsteht hierbei über Cyclohexylperoxid ein Gemisch aus Cyclohexanol und Cyclohexanon, das sogenannte KA-Öl. In einem zweiten Prozess wird dann das KA-Öl bzw. auch Cyclohexanol (aus der Hydrierung von Phenol) katalytisch zu Adipinsäure weiter oxidiert. Sebacinsäure (für PA6.10) ist durch thermische Spaltung von Ricinolsäure (aus Ricinusöl erhältlich) zugänglich. Dodecandisäure (für PA6.12) entsteht durch Oxidation von Cyclododecatrien, dem Trimeren des Butadiens.

Die α,ω-Alkylendiamine werden technisch durch Hydrierung entsprechender α,ω-Dinitrile hergestellt. Adipodinitril, das technisch wichtigste Dinitril, ist auf unterschiedlichen Wegen zugänglich. Ausgehend von Adipinsäure gelangt man über dessen Diammoniumsalz durch Dehydratisierung zum Diamid und weiter zum Dinitril. Ebenso kann Blausäure an Butadien angelagert werden und nach Isomerisierung über eine Anti-Markownikow-Reaktion mit weiterem HCN zum

Adipodinitril abreagieren. Auch aus Acrylnitril kann durch reduktive (kationische) Dimerisierung Adipodinitril erzeugt werden (Abb. 78).

$$2\ H_2C{=}CHCN + 2\ e^- + 2\ H^+ \longrightarrow NC(CH_2)_4CN \xrightarrow{H_2} H_2N(CH_2)_6NH_2$$

Abbildung 78: Herstellung von Hexamethylendiamin durch reduktive Dimerisierung

Die technische Herstellung höhermolekularer Polyamide (MW: 10.000 - 40.000) bedingt während der Polykondensationsreaktion eine genaue Einhaltung der Stöchiometrie des Diamins und der Dicarbonsäure. Ein Überschuss von nur einem Prozent halbiert die mittlere Molmasse des Polymers. Die erforderliche Stöchiometrie wird erreicht, indem man aus Diamin und Dicarbonsäure zunächst ein Salz ($[H_3N\text{-}A\text{-}NH_3]^{2+}[OOC\text{-}B\text{-}COO]^{2-}$) herstellt.

Aus Adipinsäure und Hexamethylendiamin entsteht so das AH-Salz, das durch Umkristallisation gereinigt werden kann. Da das Kondensationsgleichgewicht weitgehend auf der Polyamidseite liegt, kann bei der Herstellung die Wasserabspaltung bei 280 °C unter Druck in einer 60–80 %igen wässrigen Aufschlämmung erfolgen. Erst gegen Ende wird das Wasser durch Entspannen abdestilliert und die Kondensation oberhalb des Schmelzpunktes von 262 °C im flüssigen Zustand weitergeführt. Die Polykondensation verläuft hierbei nach einem Carbonyladdition-Eliminations-Mechanismus (Abb. 79).

$$\sim C(=O)OH \underset{-H^+}{\overset{+H^+}{\rightleftharpoons}} \sim C^+(OH)OH \underset{-H_2N-}{\overset{+H_2N-}{\rightleftharpoons}} \sim C(OH)_2\text{-}N^+H_2\text{-} \underset{+H^+}{\overset{-H^+}{\rightleftharpoons}} \sim C(OH)_2\text{-}NH\text{-} \underset{+H_2O}{\overset{-H_2O}{\rightleftharpoons}} \sim C(=O)NH\text{-}$$

Abbildung 79: Mechanismus der Kondensation zu Polyamiden

Das so erzeugte Polyamid weist weiterhin reaktive Endgruppen auf, die durch weitere Kondensation die Viskosität der Schmelze erhöhen und daher die Verarbeitung, z. B. den Verspinnvorgang erschweren. Daher werden dem Polymeren vor Ende der Selbstkondensation zur Stabilisierung Abbrecher wie Essigsäure oder Keten zugesetzt.

3.6.2 AB-Polyamide (PAx)

AB-Polyamide sind technisch durch eine Vielzahl von Verfahren herstellbar (Abb. 80):

- direkte Kondensation von α,ω-Aminosäuren,
- Polykondensation von Estern der α,ω-Aminosäuren (z. B. unter Abspaltung von Methanol),

- Polykondensation entsprechender Säurechloride der α,ω-Aminosäuren (Abspaltung von HCl),
- hydrolytische oder anionische Polymerisation von Lactamen (z.B. Lactamschnellpolymerisation),
- anionische Wasserstoffübertragungspolymerisation von Acrylamid mit starken Basen,
- Polyelimination von N-Carboxyanhydriden (Leuchs-Anhydride) der α-Aminosäuren (Abspaltung von CO_2).

Abbildung 80: Methoden zur Herstellung von AB-Polyamiden

3.6.2.1 Poly(ε-caprolactam)

ε-Caprolactam, das technisch wichtigste Monomer zur Herstellung von AB-Polyamiden, ist über verschiedene Verfahren zugänglich. Reaktionssequenzen verlaufen hierbei über:

- Phenol → Cyclohexanol → Cyclohexanon → Cyclohexanonoxim → ε-Caprolactam
- Cyclohexan → Cyclohexanol → Cyclohexanon → Caprolacton → ε-Caprolactam
- Cyclohexan → Cyclohexanonoxim (photolytisch mit NOCl) → ε-Caprolactam
- Cyclohexan → Nitrocyclohexan → Cyclohexanonoxim → ε-Caprolactam
- Toluol → Benzoesäure → Cyclohexancarbonsäure → ε-Caprolactam
- Butadien → 1,4-Dicyanobutan → 5-Cyanopentylamin → ε-Caprolactam

Das wichtigste Verfahren zur Herstellung von PA6-Fasern ist die chargenweise hydrolytische Polymerisation einer ca. 85 %igen ε-Caprolactam-Lösung in Wasser bei Temperaturen von ca. 260 °C. Geringe Mengen an hydrolytisch gebildeter Aminosäure lösen die Polymerisation des ε-Caprolactams aus. Diese Ringöffnungsreaktion ist um eine Größenordnung schneller als die ebenfalls stattfindende Kondensation von Amino- und Carboxylgruppen.

Die großtechnisch genutzte Kontiherstellung erfolgt in drei Phasen:
1. Schritt: Ringöffnung von Caprolactam mit Wasser unter Druck bei 270 °C und Vorpolymerisation,
2. Schritt: Addition der Vorpolymerisate an Caprolactam,
3. Schritt: Polykondensation und Abtrennung des Wassers.

Da die Reaktion nicht vollständig verläuft und des Weiteren bis zu 2 % cyclischer Di- und Oligomere gebildet werden, müssen diese durch kontinuierliche Gegenstromextraktion mit Wasser abgetrennt und in die Reaktion zurückgeführt werden. Während der sich dann anschließenden Gegenstromtrocknung mit Stickstoff erfolgt ein weiterer Molekulargewichtsaufbau durch Nachkondensation (Durethan®).

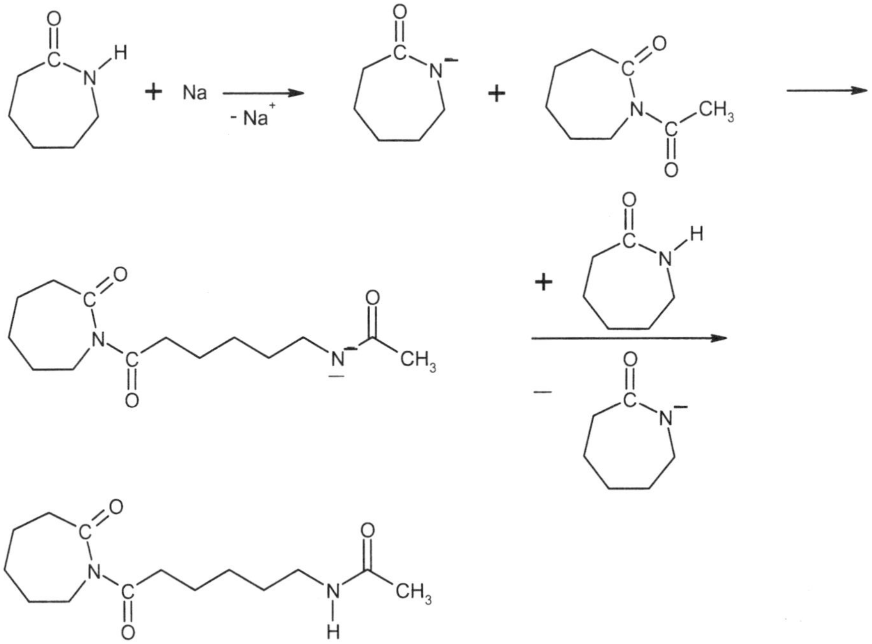

Abbildung 81: Startreaktion einer anionischen ε-Caprolactam-Schnellpolymerisation

Neben der hydrolytischen Polymerisation können 4- bis 7-gliedrige Lactame auch anionisch mit starken Basen wie Alkalimetalle polymerisiert werden. So werden beispielsweise mit Natrium in situ Lactam-Anionen gebildet (Abb. 81).

In einer langsam stattfindenden Reaktion bei Temperaturen von 170 °C muss dann allerdings das erzeugte Anion durch Lactam acyliert werden und eine Polymerkette starten.

Wesentlich beschleunigt verläuft dieser Startschritt durch Zugabe von sogenannten Co-Initiatoren, wie beispielsweise Acetanhydrid, Isocyanat oder Keten, die in situ elektronenziehende Substituenten am N-Atom (Acylierung) erzeugen. Derartig aktivierte Lactame reagieren schon bei Temperaturen von 130 °C rasch mit einem Lactammolekül zum Polylactam mit Acetyl- und Lactamendgruppen sowie einem neuen Lactam-Anion ab. Das entstandene Anion steht wiederum zur Reaktion zur Verfügung.

Die Molmasse des Polymers (Kettenlänge) ist in erster Linie abhängig von der Konzentration der Co-Initiatoren, die Konzentration an Lactam-Anionen beeinflusst hingegen nur die Polymerisationsgeschwindigkeit. Derartige Schnellpolymerisationsverfahren werden beispielsweise zum Gießen großer Formteile aus PA6 benutzt.

Die anionische Lactam-Schnellpolymerisation weist die Charakteristik einer lebenden Polymerisation auf und erzeugt zunächst Polymere mit enger Molmassenverteilung. Durch thermische Belastung z. B. in Spritzgußmaschinen findet eine Umamidierung statt, die nachfolgend zu einer Verbreiterung der Molmassenverteilung (Schulz-Flory-Verteilung) führt.

Polyamid 6 weist eine hohe mechanische Festigkeit, gute elektrische Isolierwirkung, Hitze-, Chemikalien- und Abriebsfestigkeit auf. Es findet daher Anwendung in der Automobilindustrie (Sitzschalen, Fensterrahmen, Turboladergehäuse), Elektroindustrie (Bohrmaschinen, Industriestecker) und Packmittelindustrie (transparente Coextrusionsfolien mit PE).

3.6.3 Polyaramide (aromatische Polyamide)

Der bekannteste Typ dieser Klasse von Hochleistungsfasern ist das aus p-Phenylendiamin und Terephthalsäuredichlorid erhältliche Poly(p-phenylenterephthalamid) PPTA (Abb. 82).

Hergestellt wird das Polymer in sehr polaren Lösemitteln wie z. B. in N-Methylpyrrolidon/$CaCl_2$-Mischungen. Das Verspinnen zu Fasern wird im Anschluss in Schwefelsäure bei 80 °C vorgenommen. Die in Lösung vorliegenden PPTA/H_2SO_4-Komplexe weisen einen anisotropen (lyotrope Flüssigkristalle) Charakter auf, wodurch die Polymere in der Faser auch ohne Streckung hoch geordnet sind. Hieraus resultieren hohe Zugfestigkeiten, Zugdehnung sowie gute Chemikalienbeständigkeit und ein gutes Wärmestandvermögen der erzeugten Produkte, die beispielsweise unter den Produktnamen Kevlar® oder Arenka® in den Handel kommen.

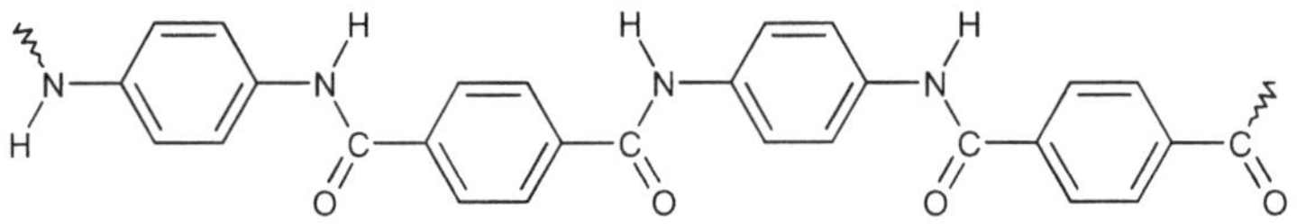

Abbildung 82: Poly(p-phenylenterephthalamid) PPTA

Auch aus den entsprechenden Rohstoffen mit metaständigen Carboxyl- und Aminogruppen (Isophthalsäure, m-Phenylendiamin) werden im technischen Maßstab Polyaramide (Nomex®) hergestellt (leichtere Verarbeitbarkeit). Ersetzt man das aromatische Diamin gegen Hexamethylendiamin, erhält man Nylon 6,T, das eine Glasübergangstemperatur von 180 °C und einen Schmelzpunkt von ca. 370 °C aufweist.

Wird als Aminkomponente Tetraaminobiphenyl und als Dicarbonsäureester Isophthalsäurediphenylester eingesetzt, erhält man als Zwischenstufe zunächst das Polyamid, welches bei Temperaturen um 350–400 °C in einer Festphasenkondensation unter Wasserabspaltung zum Poly(benzimidazol) kondensiert. Das entstandene Polymer ist unbrennbar, unlöslich und wird beispielsweise für feuerfeste Schutzanzüge und Weltraumanzüge verwendet.

3.7 Kohlenstoff-Schwefel-Ketten

3.7.1 Poly(phenylensulfid) (PPS)

Poly(phenylensulfid) oder besser Poly(1,4-thiophenylen) wird technisch aus 1,4-Dichlorbenzol durch Umsetzung mit Natriumsulfid unter Abspaltung von Natriumchlorid polymerisiert (Abb. 83). So hergestellte, nicht nachgehärtete Polymere weisen Molmassen zwischen 18.000 und 35.000 auf und lösen sich bei Temperaturen von 200 °C in Lösemitteln wie Chlornaphthalin. Der Schmelzpunkt liegt bei ca. 300 °C. PPS ist in reinem Zustand weiß; werden anstelle von Tantalreaktoren Eisenreaktoren eingesetzt, wird das Produkt durch Kontamination mit Eisenchlorid gelblich. Durch Erhitzen in der Luft (Härtung) wird das Polymer unlöslich und verfärbt sich braun (Verbrauch 2000 ca. $50 \cdot 10^3$ t [18]).

Derart gehärtetes Poly(phenylensulfid) ist in Luft bis ca. 500 °C stabil und nicht entflammbar. Einsatzgebiete von Poly(phenylensulfid) sind korrosionsfeste Überzüge von Pumpen und Ventilatoren, aber auch Gegenstände für den Alltag wie beispielsweise Kochtopfbeschichtungen. Größter Verbraucher ist die Elektroindustrie zur Herstellung von Schaltern, Reglern sowie Dichtungen. Durch mineralische Füllstoffe wird die Verarbeitbarkeit verbessert und das Problem des starken Schrumpfens beim Verarbeiten des reinen Polymers reduziert.

n Na_2S + n Cl–C_6H_4–Cl ⟶ *–[S–C_6H_4]$_n$–* + 2n NaCl

Abbildung 83: Herstellung von Poly(phenylensulfid)

3.7.2 Polyethersulfone und strukturverwandte Polymere (Polyetherketone)

Alle handelsüblichen Polyethersulfone weisen in der Kette die charakteristische Gruppe -C_6H_4-SO_2-C_6H_4-O- auf. Sie lassen sich durch Polysulfonierung oder durch Polyetherbildung herstellen (Weltjahresverbrauch im Jahr 2000 23 · 10^3 t [18]).

Bei der Polysulfonierung wird der Wasserstoff des Aromaten durch Sulfoniumionen elektrophil bei Temperaturen von 100–250 °C mit katalytischen Mengen von Lewis-Säuren wie $FeCl_3$ in Lösung substituiert. Im Gegensatz hierzu werden bei der Polyethersynthese aromatisch gebundene Chloratome durch Phenoxyionen unter Abspaltung von Metallchloriden nucleophil im Temperaturbereich von 130–250 °C ebenfalls in Lösung ersetzt (Abb. 84).

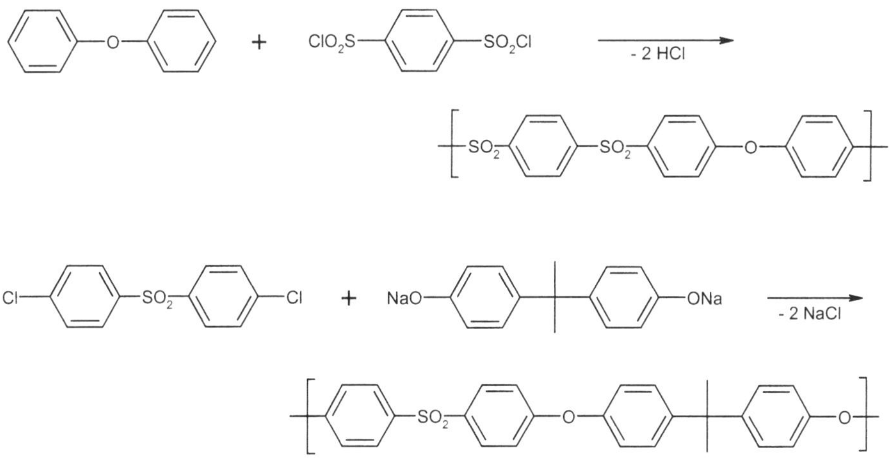

C_6H_5–O–C_6H_5 + ClO_2S–C_6H_4–SO_2Cl ⟶ (- 2 HCl)

[–SO_2–C_6H_4–SO_2–C_6H_4–O–C_6H_4–]

Cl–C_6H_4–SO_2–C_6H_4–Cl + NaO–C_6H_4–C(CH_3)$_2$–C_6H_4–ONa ⟶ (- 2 NaCl)

[–C_6H_4–SO_2–C_6H_4–O–C_6H_4–C(CH_3)$_2$–C_6H_4–O–]

Abbildung 84: Herstellung von AABB-Polyethersulfonen

Polyethersulfone sind transparent, amorph, besitzen hohe Glastemperaturen von ca. 200 °C und weisen eine hohe Thermostabilität und Hydrolysestabilität auf.

Verwendet werden die Polymere für Tageslichtfolien, mikrowellenfeste Behälter, Leiterplatten und zur Beschichtung von Pfannen und Töpfen.

Ersetzt man gedanklich die SO_2-Gruppe durch eine CO-Funktion, erhält man Polyetherketone ($-(Ar\text{-}O\text{-}Ar\text{-}CO)_n$- bzw. $-(O\text{-}Ar\text{-}O\text{-}Ar\text{-}CO\text{-}Ar)_n$-), die industriell als Hochleistungskunststoffe eingesetzt werden und neben hohen Schmelzpunkten sehr hohe Festigkeiten und Schlagzähigkeiten aufweisen (Verbrauch 2000 ca. 1300 t im Automobil-, Flugzeugbau und Implantatbereich).

3.8 Reaktivsysteme

3.8.1 Alkydharze

Unter Alkydharzen versteht man Polykondensate aus mehrbasischen Carbonsäuren und Fettsäuren mit mehrwertigen Alkoholen. Sie werden fast ausschließlich als Lackrohstoffe eingesetzt. Der geschätzte Jahresverbrauch lag Mitte der 1990er Jahre bei ca. $2{,}4 \cdot 10^6$ Tonnen.

Je nach Härtungspotential unterscheidet man zwischen lufttrocknenden, ofentrocknenden (halbtrocknenden) und nichttrocknenden Alkydharzen. Lufttrocknende Alkydharze enthalten mehrfach ungesättigte Fettsäuren wie beispielsweise Linolensäure (9,12,15-Octadecatriensäure) oder Linolsäure (9,12-Octadecadiensäure). Sie können bei Raumtemperatur durch Luftsauerstoff zu harten Filmüberzügen vernetzt werden. Ofentrocknende Alkydharze werden mit Vernetzerharzen wie Melaminformaldehydharzen kombiniert und bei Temperaturen von 120–180 °C durch Reaktion freier Hydroxylgruppen eingebrannt. Nichttrocknende Alkydharze werden meist als plastifizierende Komponenten, z. B. in rein physikalisch trocknenden Lacken (Cellulosenitratlacken) eingesetzt.

3.8.1.1 Rohstoffe

Als mehrbasische Carbonsäuren kommen zur Alkydharzproduktion vor allem die isomeren Phthalsäuren in Betracht, wobei der größte Anteil wiederum auf o-Phthalsäure fällt. Im Gegensatz zu Isophthal- und Terephthalsäure (Fp.: 345 °C bzw. 436 °C) kann o-Phthalsäure als Anhydrid mit einem Schmelzpunkt von nur 131 °C in verfahrenstechnisch bevorzugter flüssiger Form eingesetzt werden. Die Mitverwendung von Terephthalsäure wird bevorzugt durch den Dimethylester über eine Umesterung vorgenommen. Als weitere Polycarbonsäuren werden mitunter auch Hexahydrophthalsäure (für Decklacke, da wenig vergilbend) und Trimellithsäure (wasserverdünnbare Systeme) bzw. Maleinsäureanhydrid und Fumarsäure (zur Copolymerisation mit Styrol) eingesetzt (Abb. 85).

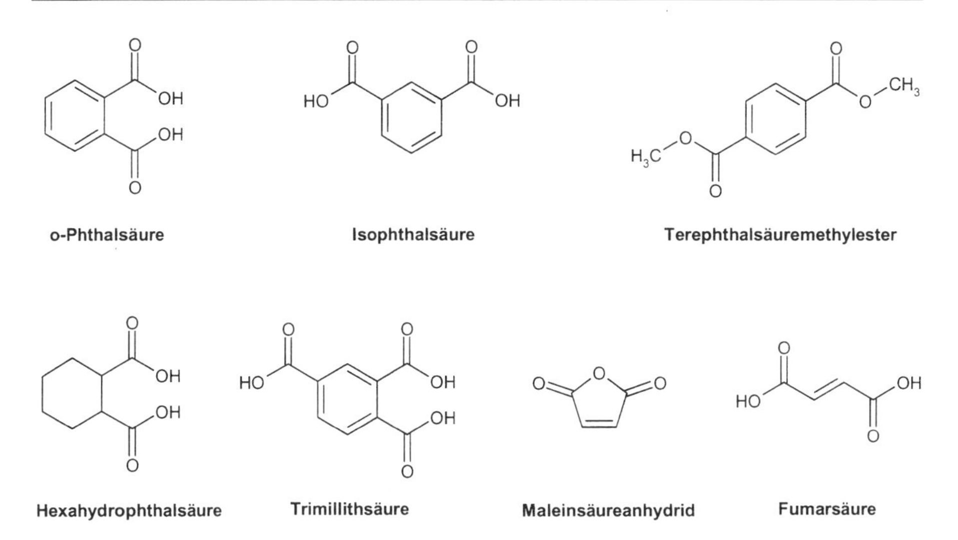

Abbildung 85: Polycarbonsäuren als Ausgangsstoffe zur Alkydherstellung

Als Alkoholkomponente wurde früher fast ausschließlich Glycerin verwendet, heute ist Pentaerythrit der wichtigste Polyolbaustein. Daneben finden Trimethylolpropan bzw. -ethan und Sorbit sowie preisgünstige Diole wie Ethylenglykol, Diethylenglykol und Propylenglykol Anwendung (Abb. 86).

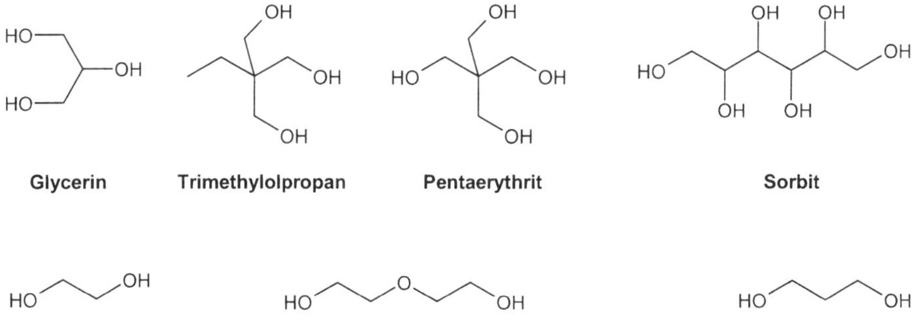

Glycerin Trimethylolpropan Pentaerythrit Sorbit

Abbildung 86: Polyalkohole zur Alkydharzproduktion

Hauptbestandteil der Alkydharze sind natürliche Fettsäuren, die immer als Mischungen aus Fettsäuren verschiedenster Kettenlänge und Anzahl Doppelbindungen vorliegen. Als natürlich nachwachsende Rohstoffe werden bevorzugt Fettsäuren auf Basis Leinöl, Sonnenblumenöl, Sojaöl, Saffloröl, Tallöl, Fischöl, Kokosöl und Rizinusöl eingesetzt. Die wechselnden Gehalte an Ölsäure (eine Doppelbindung), Linolsäure (zwei isolierte allylische Doppelbindungen) und Linolensäure (drei isolierte allylische Doppelbindungen) sorgen für eine unterschiedliche Anzahl an oxidativen Vernetzungsstellen und somit Trocknungseigenschaft, verbunden mit entsprechendem Härteaufbau. Hohe Linolensäuregehalte tragen zur schnellen Vernetzung bei, jedoch auch zu starker Vergilbung hieraus hergestellter Beschichtungen. Auch Fettsäuren, die einen hohen Anteil an konjugierten Doppelbindungen enthalten, werden als Rohstoffe zur Alkydharzproduktion eingesetzt. Beispielsweise lässt sich aus Rizinusölfettsäure durch Dehydratisierung der Hydroxylgruppe an C^{12}-Position ein Gemisch aus 9,11- und 9,12-Linolsäure gewinnen. Auch Holzöl enthält hohe Anteile an Eläostearinsäure (9,11,13-Octadecatriensäure), die in Beschichtungen eine besonders gute Durchtrocknung bewirkt.

3.8.1.2 Herstellung von Alkydharzen

Je nach eingesetzten Rohstoffen unterscheidet man zwischen zwei Herstellungsvarianten. Beim Fettsäureverfahren werden die Fettsäuren, Polycarbonsäuren und Polyalkohole in einer einstufigen Reaktion auf Temperaturen von 170–270 °C erhitzt und das entstandene Reaktionswasser teilweise im Vakuum entfernt.

Bei Verwendung von Ölen ist dies nicht ohne weiteres möglich, da infolge der Unverträglichkeiten kein homogenes Harz entstehen würde. In einer vorgeschalteten Reaktion wird daher das Öl entweder durch Alkoholyse mit einem Teil der Polyolkomponente zu Fettsäurepartialester umgeestert oder durch Zugabe von Dicarbonsäuren einer Acidolyse unterzogen, die entsprechende Mengen an Fettsäuren freisetzt. Nachfolgend werden dann die restlichen Harzkomponenten zugesetzt.

3.8.1.3 Trocknungsverhalten von Alkydharzen

Verantwortlich für die Aushärtung von trocknenden Alkydharzen sind die ungesättigten Kohlenwasserstoffketten der eingebauten Fettsäuren. Unter Sikkativierung mit Metallsalzen wie Kobalt, Blei, Mangan (Primärtrockner) und Magnesium, Zink, Calcium, Strontium (Hilfstrockner) vernetzen diese Produkte mit Luftsauerstoff. Je nach Harzaufbau und äußeren Bedingungen laufen hierbei unterschiedlichste Reaktionen ab.

Der Vernetzungsreaktion von Alkydharzen mit isolierten Doppelbindungen liegt zumeist ein radikalisch verlaufender Mechanismus zugrunde, indem sich allylständige Methylengruppen mit Sauerstoff über die Stufe der Peroxydradikale (teilweise auch oligomere Peroxide) zu Hydroperoxiden umsetzen. Die Vernetzung vollzieht sich im Anschluss durch Abspaltung von Hydroperoxyd-, Hydroxydradikalen oder Wasser über Sauerstoffbrücken oder durch direkte Kupplung entstandener Kohlenstoffradikale. Sekundärreaktionen führen zu Ketonen, Aldehyden und anderen Oxidationsprodukten. Die Reaktionsgeschwindigkeit hängt wesentlich von der Anzahl der Doppelbindungen pro Fettsäuremolekül ab. Die an Methylestern gemessene Sauerstoffaufnahme von Olein-, Linol- und Linolensäure verhält sich wie 1 : 12 : 25. Die Trocknung verhält sich nicht proportional zur Doppelbindungsdichte. Vielmehr sind Methylengruppen mit 2 benachbarten Doppelbindungen besonders aktiviert. Sikkative beschleunigen durch Wechsel der Oxidationsstufe den Zerfall gebildeter Peroxide und tragen somit zur beschleunigten Aushärtung bei.

Bei Alkydharzen mit konjugierten Doppelbindungen greift der Sauerstoff unter 1,4-Addition direkt an den Doppelbindungen an und bildet cyclische Peroxide, die dann analog der Butadienpolymerisation beim Zerfall eine echte Polymerisation auslösen. Daher ist beispielsweise bei Einsatz von Holzöl als Fettsäurekomponente während der Trocknung die Sauerstoffaufnahme wesentlich geringer als bei Alkydharzen mit isolierten Doppelbindungen.

Mit der Filmbildung ist die Autoxidation jedoch nicht beendet. Sie läuft stark verlangsamt unter Versprödung und Abbau des Films weiter. UV-Licht und Wettereinflüsse begünstigen im Freien den Verwitterungsprozess. Alkydharze werden daher vorwiegend im Innenbereich und für preiswerte Beschichtungen eingesetzt.

3.8.2 Phenolharze

Phenolharze werden seit 1902 hergestellt und zählen somit zu den ältesten synthetischen Harzen. Chemisch (laut DIN ISO 10 082) handelt es sich um Kondensationsprodukte aus Phenolen und Aldehyden. Hauptrohstoffe zu ihrer Herstellung sind neben Phenol und Formaldehyd substituierte Phenole wie Kresol, Xylenole, Bisphenole, Resorcin sowie Alkylphenole (Abb. 87).

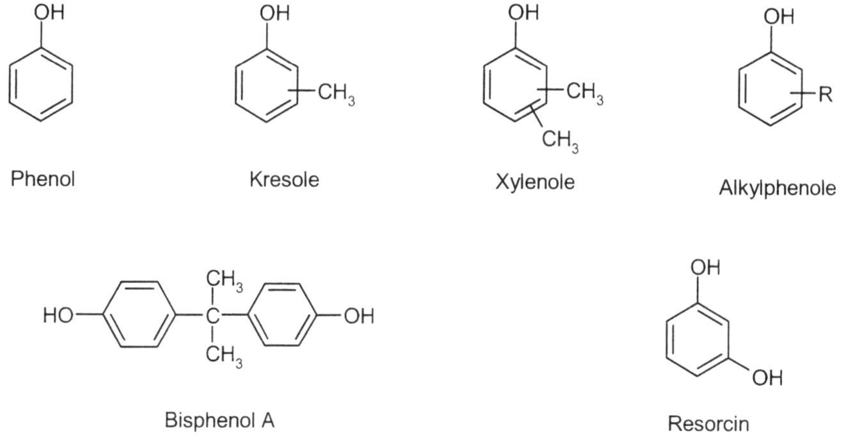

Abbildung 87: Phenolische Rohstoffe

Phenolharze werden herstellungsbedingt in zwei unterschiedliche Klassen (Resole und Novolake) aufgeteilt.

3.8.2.1 Resole und Novolake

Je nach Wahl der Reaktionsbedingungen unterscheidet man zwischen nicht selbstreaktiven Harzen, sog. Novolaken, und selbstreaktiven (thermisch aktiven oder säurereaktive) Harzen, sog. Resolen.

Novolake werden unter saurer Katalyse mit einem Überschuss Phenol hergestellt. Die Phenolkerne sind über Methylenbrücken ortho- und paraständig miteinander verknüpft. Je nach Überschuss weisen Novolake eine Molmasse von 300 bis 1000 auf und sind thermoplastisch mit einem Erweichungspunkt von 50 bis 110 °C verarbeitbar (Abb. 88).

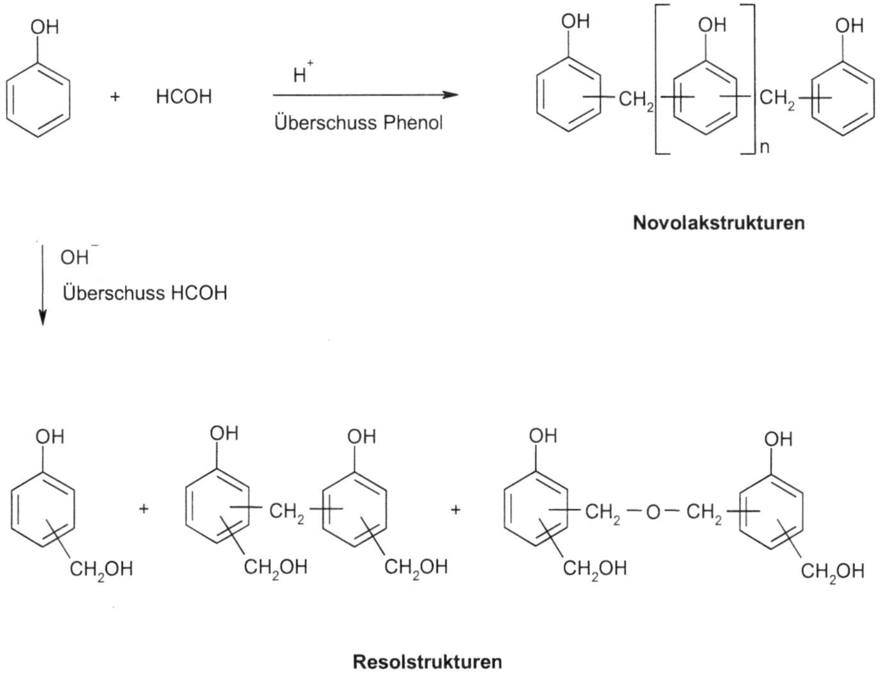

OH + HCOH —(H^+, Überschuss Phenol)→ Novolakstrukturen

OH⁻, Überschuss HCOH ↓ Resolstrukturen

Abbildung 88: Novolak- und Resolherstellung

Resole werden basenkatalysiert mit einem Überschuss Formaldehyd hergestellt, wobei sich zunächst gebildete Methylolphenole durch Kondensation über Methylen- und Dimethylenetherbrücken zu höhermolekularen Verbindungen umsetzen. Da die Reaktionsgeschwindigkeit bei para-Substitution sowie Di- und Trisubstitution höher ist als bei ortho-Angriff, werden vorzugsweise entspre-

chende para-Verknüpfungen und höhersubstituierte Resole gebildet, wobei auch nicht reagiertes Phenol zurückbleibt (Abb. 88).
Die mittleren Molmassen liegen bei 200–600. Resole auf Basis höherwertiger Hydroxymethylphenole (beispielsweise 2,4,6-Trihydroxymethylphenol) bilden ein engmaschiges dreidimensionales Netzwerk (Resitgitter).

3.8.2.2 Härtung selbstreaktiver Phenolharze (Resole)

Resole werden in wässriger, lösemittelhaltiger und fester Form angeboten. Je nach Kondensationsbedingungen (es entstehen Ether- oder Methylenbrücken), eingesetzten Rohstoffen und Katalysatoren bzw. Modifizierungsmitteln wie Ammoniak (N-haltige Brücken) weisen Resole differierende Oligomerenverteilungen und Reaktivitäten auf und lassen sich zu Produkten mit unterschiedlicher Härte und chemischer Beständigkeit aushärten (Abb. 89).

Allgemein eignen sich Phenolharze wegen der Bildung farbgebender Strukturen wie o-/p-Chinon-methiden nur bedingt zur Herstellung hellfarbener Kunststoffe oder Lacke. Die trifunktionellen Bausteine führen zu hohen Vernetzungsgraden und einem Optimum an Säurebeständigkeit. Die Alkalibeständigkeit ist jedoch mäßig.

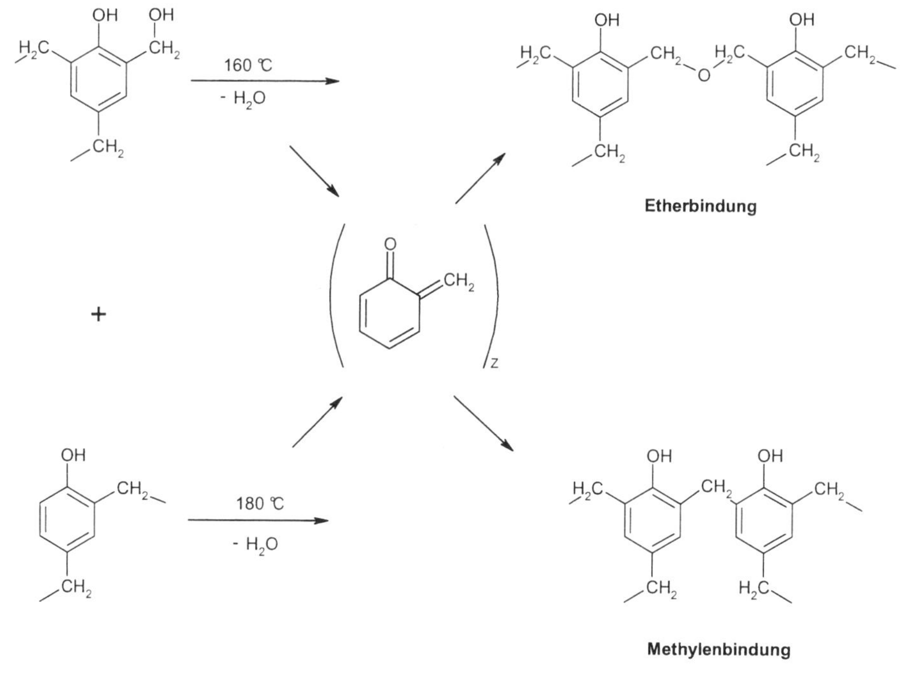

160 °C
- H_2O

Etherbindung

180 °C
- H_2O

Methylenbindung

Abbildung 89: Resolhärtung

Da Resole selbstreaktiv sind, findet bei Lagerung eine langsame Reaktion zu höhermolekularen Produkten statt, die die Lagerfähigkeit einschränkt.

Resole sind durch die reaktiven Methylolgruppen hitze- (120–200 °C) und säurereaktiv und werden unter Ausbildung von Methylen- und Dimethylenetherbrücken vernetzt, wobei Wasser, bei ammoniakkondensierten Harzen zusätzlich Ammoniak und bei alkoholveretherten Harzen zusätzlich Alkohole abgespalten werden.

Die auch bei Raumtemperatur stattfindende Säurehärtung z. B. mit Phosphorsäure oder p-Toluolsulfonsäure spielt heute, bedingt durch das relativ schlechte Eigenschaftsniveau (nicht genügende Beständigkeit), nur noch eine untergeordnete Rolle.

3.8.2.3 Härtung nicht selbstreaktiver Phenolharze (Novolake)

Für Novolake steht eine Vielzahl von Vernetzern zur Verfügung, die je nach Reaktionsbedingungen zu unterschiedlichen Strukturen aushärten:

- Die Härtung mit Hexamethylentetramin liefert bei Temperaturen von 130 °C Dibenzylaminstrukturen, bei Temperaturerhöhung auf > 160 °C unter Ammoniakentwicklung Diphenylmethanstrukturen.
- Die Isocyanathärtung wird mit Di- und Polyisocyanaten durchgeführt, wobei phenolische und benzylische OH-Gruppen unter Urethanisierung vernetzt werden.
- Schließlich können epoxidierte Novolake entsprechend Epoxidverbindungen mit Aminen usw. gehärtet werden.

Verwendung finden Phenolharze als bzw. in Klebstoffen, Lacken, Laminaten, Spanplatten und als Gießereiharze.

3.8.3 Epoxidharze (EP)

3.8.3.1 Aromatische Polyepoxide

Ausgangsstoffe zur Herstellung der Epoxidgruppen enthaltenden Reaktivharze sind Di- und Polyphenole wie Bisphenol A (2-(Bis-4-hydroxyphenyl)propan) sowie Phenol-Novolake, die mit Epichlorhydrin zu Bis- und Polyglycidethern umgesetzt werden (Abb. 90).

Unter katalytischem Einfluss von Basen wie Natriumhydroxid greift das entsprechende Phenolat den Oxiranring nucleophil an der C^1-Position des Ringes an. Die weitere stöchiometrische Umsetzung mit NaOH führt dann zum Ringschluss unter erneuter Oxiranbildung an C^3-Position und Bildung von Natriumchlorid und Wasser. Werden pro OH-Äquivalent weniger als 1,5 mol Epichlorhydrin eingesetzt, kommt es vermehrt zu Oligomerisierung durch Reaktion von Restphenolen mit schon gebildetem Glycidether. Dies geht mit einem starken Viskositätsanstieg bis hin zur Feststoffbildung einher (Abb. 91).

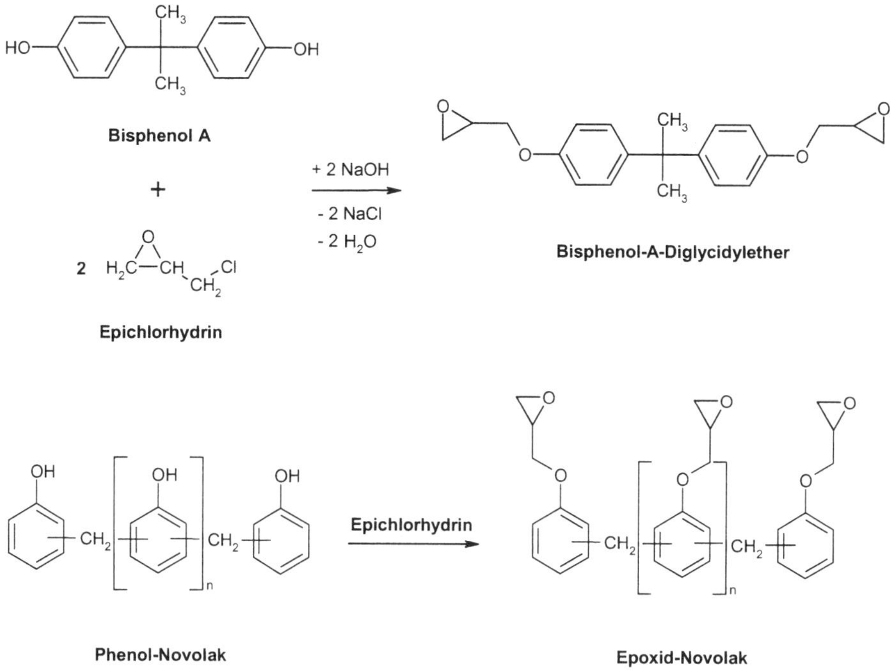

Bisphenol A + 2 **Epichlorhydrin** $\xrightarrow[- 2\ NaCl,\ - 2\ H_2O]{+ 2\ NaOH}$ **Bisphenol-A-Diglycidylether**

Phenol-Novolak $\xrightarrow{\text{Epichlorhydrin}}$ **Epoxid-Novolak**

Abbildung 90: Bis- und Polyglycidether

Je nach eingesetzten Rohstoffen werden unterschiedliche, meist hart und spröde aushärtende Reaktivsysteme erzeugt. Durch Einsatz von Tetrabrombisphenol-A können schwer entflammbare Beschichtungen und Formkörper hergestellt werden.

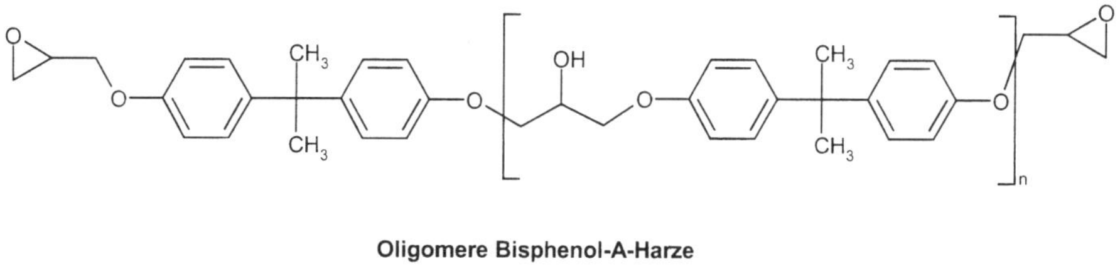

Oligomere Bisphenol-A-Harze

Abbildung 91: Oligomere Bisphenol-A-Harze

3.8.3.2 Aliphatische und cycloaliphatische Polyepoxide

Aliphatische Epoxidverbindungen werden durch Epoxidierung von cycloaliphatischen Olefinen, Polybutadienoligomeren oder ungesättigten Fetten und Fettalkoholen mit Persäuren hergestellt. Des Weiteren können aliphatische Dicarbonsäuren wie Hexahydrophthalsäure mit Epichlorhydrin zu entsprechenden Glycidylestern umgesetzt werden (Abb. 92).

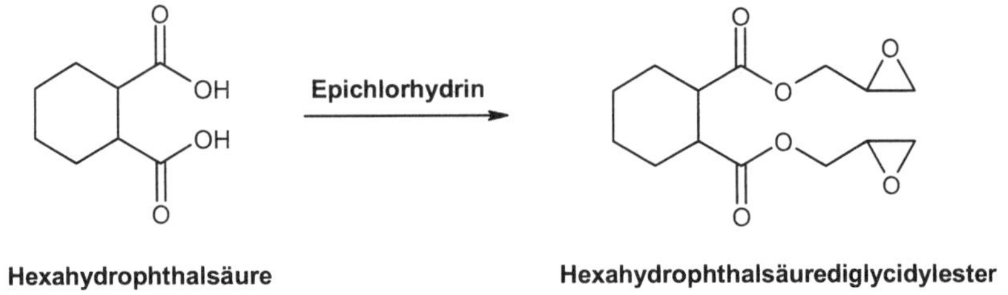

Epichlorhydrin

Hexahydrophthalsäure

Hexahydrophthalsäurediglycidylester

Abbildung 92: Glycidylesterbildung

Die auf Basis aliphatischer Epoxide hergestellten Beschichtungssysteme und Formkörper weisen gegenüber aromatischen Analoga eine verbesserte Witterungsstabilität und Thermostabilität auf.

3.8.3.3 Stickstoff enthaltende Polyepoxide

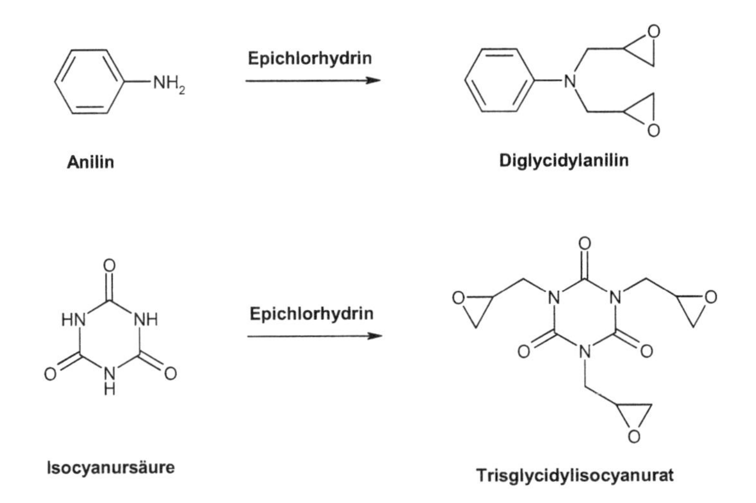

Abbildung 93: Epoxidharzbildung

Als Ausgangsstoffe zur Herstellung Stickstoff enthaltender Polyepoxide dienen entsprechende Amine und Polyamine. So werden aus Anilin durch Reaktion mit Epichlorhydrin difunktionelle Epoxide aufgebaut; prinzipiell sind auch difunktionelle aromatische Amine wie beispielsweise Diaminodiphenylmethan einsetzbar, die dann tetrafunktionelle Epoxide bilden. Die Herstellung erfolgt in einem Überschuss an Epichlorhydrin, um einen Oligomerenaufbau zu unterdrücken (Abb. 93).

Für Pulverlackanwendungen hat sich ein trifunktionelles Epoxidharz auf der Basis von Isocyanursäure bewährt. Das entsprechend hergestellte Trisglycidylisocyanurat wird als Härterkomponente unter Vernetzung mit höhermolekularen Aminen eingesetzt (Abb. 93).

3.8.3.4 Härtung von Epoxidharzen

Durch die hohe Ringspannung können Epoxide im Gegensatz zu offenkettigen Ethern leicht unter saurer oder basischer Katalyse geöffnet werden. Sterische Deformationen durch sperrige Gruppen destabilisieren zusätzlich den Ring und machen ihn reaktiver. Gruppen mit – I-Effekt erleichtern den nucleophilen (basischen) Angriff.

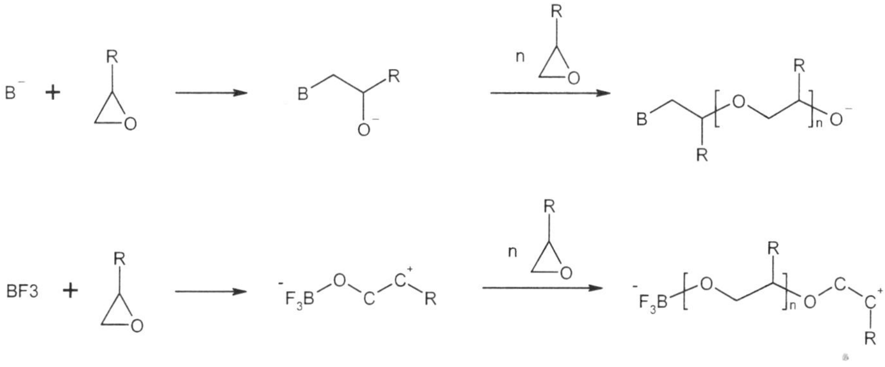

Abbildung 94: Ionische Polymerisation von Epoxidmonomeren

Unter dem Einfluss starker Basen findet in konzertierter Reaktion eine Bindungsöffnung und Neubildung statt, die zu einem Alkoholatanion führt. Der Basenangriff erfolgt hierbei am sterisch weniger gehinderten Kohlenstoffatom des Ringes. In aprotischer Umgebung verläuft so die Homopolymerisation der Epoxidringe zu substituierten Polyethylenethern. Prinzipiell ist auch eine kationische Polymerisation mit Levissäuren wie Bortrifluorid möglich. Die saure und basisch katalysierte Homopolymerisation von Epoxidverbindungen wird zur Herstellung von Beschichtungen meist nur ergänzend bei licht- und heißhärtenden Bindemitteln eingesetzt (Abb. 94).

Technisch bedeutsamer ist jedoch die Härtung durch nucleophilen Angriff von Aminen, Phenolen, Alkoholen oder Verbindungen wie Cyandiamid (Abb. 95).

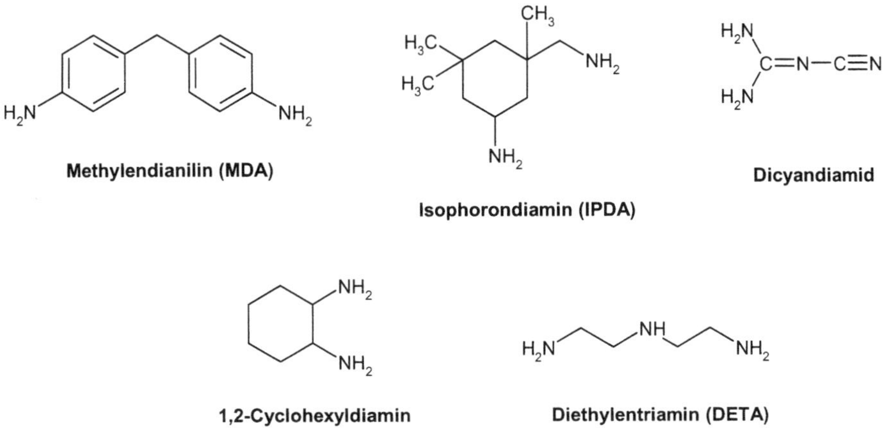

Methylendianilin (MDA)

Isophorondiamin (IPDA)

Dicyandiamid

1,2-Cyclohexyldiamin

Diethylentriamin (DETA)

Abbildung 95: Aminogruppen enthaltende Epoxidvernetzer

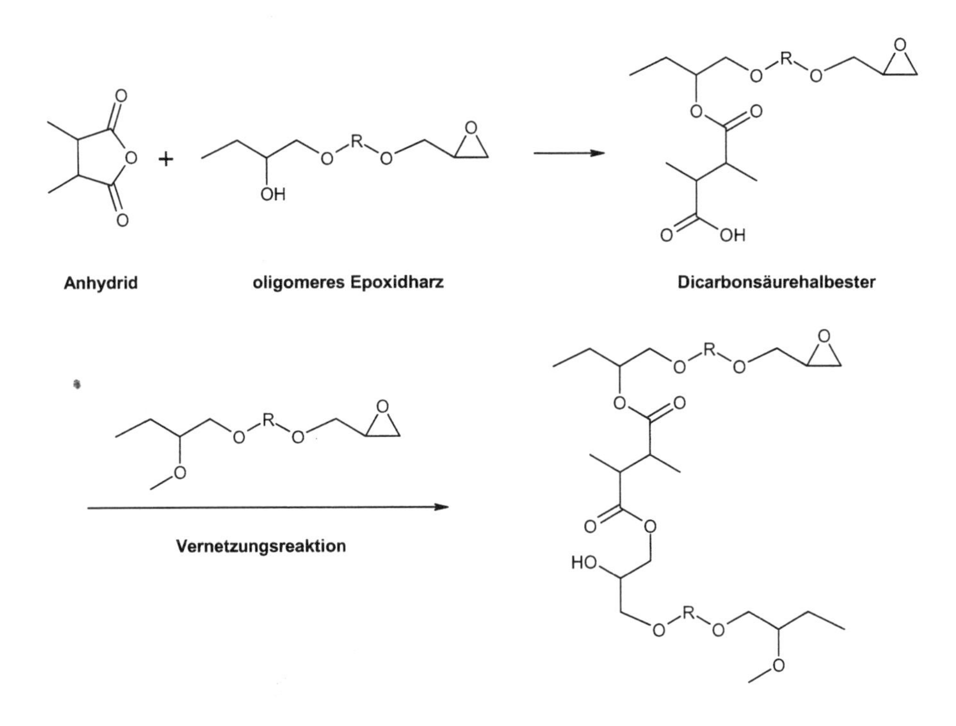

Abbildung 96: Vernetzung von Epoxidharzen mit cyclischen Anhydriden

Primäre Amine sind prinzipiell als bifunktionelle Härter einsetzbar, tertiäre Amine werden hingegen häufig als Katalysatoren eingesetzt. Die Stöchiometrie spielt bei der Aminhärtung eine wichtige Rolle und beeinflusst den Vernetzungsgrad, die mechanischen Eigenschaften sowie die Temperaturbeständigkeit hergestellter Produkte.

Neben Aminen stellen cyclische Anhydride wie beispielsweise Cyclohexandicarbonsäureanhydrid eine weitere große Gruppe von Härtern dar. Hierbei reagieren vorhandene Hydroxylgruppen aus den Epoxidharzen zunächst unter Öffnung des Anhydridrings und Freisetzung einer Säurefunktion, die dann erst mit dem Oxiranring zu den bekannten Hydroxyestern abreagieren. Durch die Veresterung einer Hydroxylgruppe aus der Kettenmitte des Epoxidharzes und eines endständigen Epoxidrings werden hohe Netzwerkdichten erreicht, die den Produkten eine hohe Säure- und Dauerwärmeformbeständigkeit verleihen (Abb.96).

Schließlich können auch Isocyanatverbindungen – speziell toxisch unbedenkliche Polyisocyanate – als latente Härter für Polyepoxide eingesetzt werden. Unter basischer Katalyse und erhöhter Reaktionstemperatur werden hierbei cyclische 5-Ringurethane (Oxazolidone) erhalten (Abb. 97).

R—N=C=O + R′ (Epoxid) —Base, △→ Oxazolidon (R—N, O, =O, R′)

Abbildung 97: Epoxidhärtung mit Isocyanaten

3.8.3.5 Einsatzgebiete von Epoxidharzen als Beschichtungssysteme

1985 betrug die geschätzte Jahresproduktion an Epoxidharzen ca. 850.000 Tonnen. Große Anwendungsgebiete erschließen sich hierbei im Bauten- und Korrosionsschutz, speziell im Schiffs-, Brücken- und Rohrleitungsbau. Typische Schutzlacke werden hierbei im Dreischichtsystem mit einer Schichtdicke von 100 bis 500 µm aufgetragen. Ihr gutes Eigenschaftsprofil – besonders die gute Alkalienbeständigkeit und Haftung auf mineralischen Untergründen wie Beton – ermöglicht den Einsatz für hochbelastbare Industriefußbodenbeschichtungen. Wässrige Dispersionen finden Verwendung als kationisch abscheidbare Lacke (Kataphoreselacke = KTL-Lacke).
Daneben dienen Epoxidharze als universelles Matrixmaterial für Verbundstoffe.

3.8.4 Polyimide (PI)

Von technischer Bedeutung sind fast ausnahmslos aromatische Polyimide mit zusätzlichen funktionellen Gruppen. Man unterscheidet zwischen:

- Polyesterimiden,
- Polyamidimiden,
- Polyetherimiden,
- heterocyclischen Polyimiden.

Polyimide zeichnen sich durch eine hervorragende Hochtemperaturbeständigkeit (Dauergebrauchstemperaturen z. T. > 250 °C) aus. Sie werden dem entsprechend beispielsweise für Drahtlacke und in der Elektroindustrie eingesetzt.

Synthetisiert werden die duroplastischen Werkstoffe:

1. durch In-situ-Bildung von Imidgruppen,
2. durch Verknüpfung Imidgruppen enthaltender Prepolymere (Oligomere).

3.8.4.1 Polymerbildung durch In-situ-Bildung von Imidgruppen

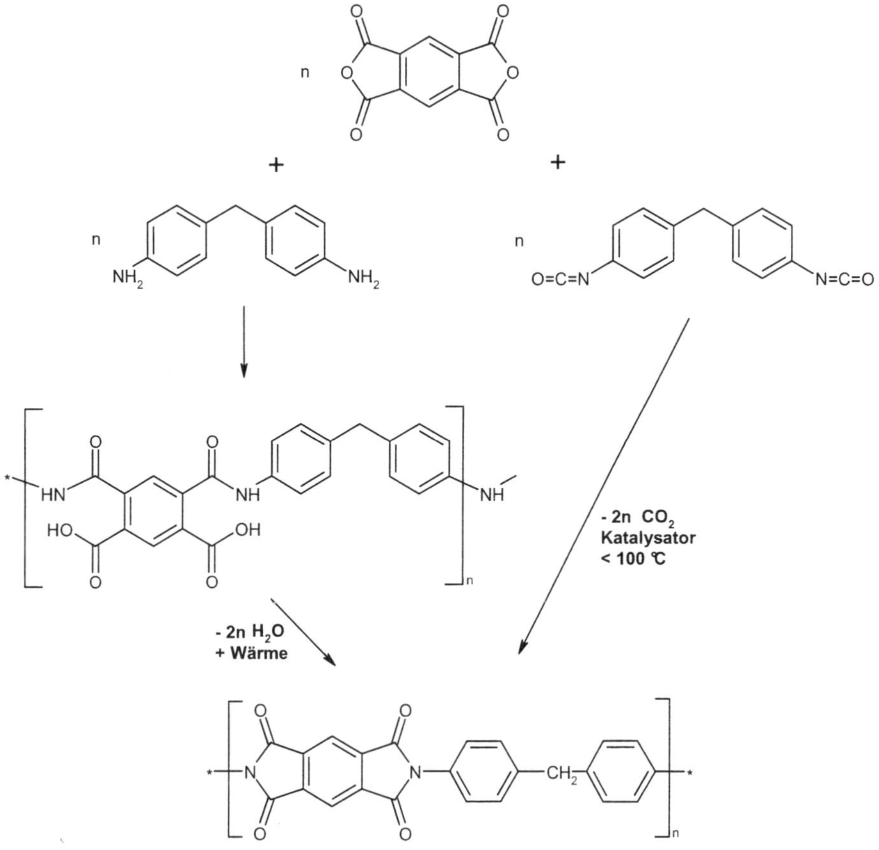

Abbildung 98: In-situ Polyimidbildung

Die Imidgruppenbildung verläuft als Polykondensationsreaktion ausgehend von Tetracarbonsäuredianhydriden wie Pyromelitsäuredianhydrid, Benzophenon-tetra-carbonsäuredianhydrid oder 2,2-Bis-(3,4)-dicarboxylhexafluormethan mit aromatischen Diaminen (z. B. Diaminodiphenylmethan bzw. -ether) oder aromatischen Diisocyanaten (Diisocyanatodiphenylmethan). Die Polymerbildung mit Aminen erfolgt über die Stufe der Polyamidsäuren, die in polaren Lösungsmitteln wie DMF löslich und weiterverarbeitbar sind. Die anschließende Imidbildung wird dann unter Wasserabspaltung bei höheren Temperaturen (300 °C) durchgeführt (Abb. 98).

3.8.4.2 Polymerbildung durch Verknüpfung Imidgruppen enthaltender Prepolymere

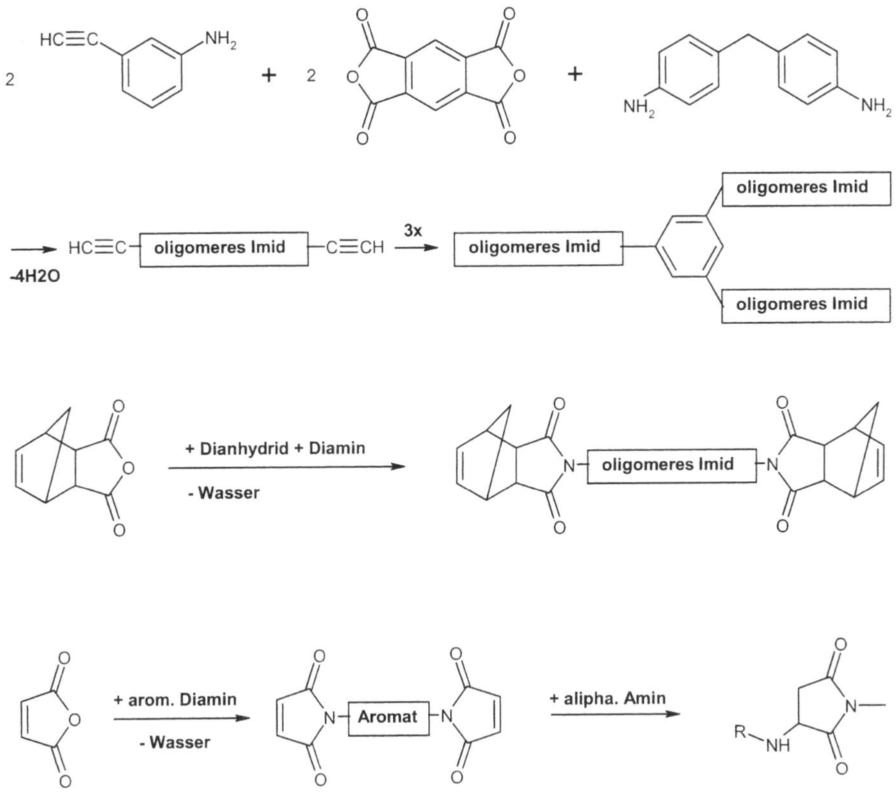

Abbildung 99: Polyimidbildung mit Imidgruppen enthaltenden Prepolymeren

In einer ersten Reaktionsstufe werden Imidgruppen enthaltende Prepolymere mit reaktiven Endgruppen hergestellt. So lassen sich beispielsweise durch Addition/Kondensation Tetracarbonsäureanhydride, Diamine und Ethinylanilin zu oligomeren Imiden mit Ethinylengruppen synthetisieren, die im Anschluss bei Temperaturen > 200 °C in einer Art Reppe-Synthese trimerisiert und aromatisiert werden. In ähnlicher Weise sind auch Prepolymere mit Norbonenendgruppen zugänglich, die über Retro-Diels-Alder vernetzt werden können. Bismaleimide, hergestellt aus Maleinsäureanhydrid und aromatischen Diaminen, können durch Polyaddition (Michaeladdition) mit Polyaminen vernetzt und gehärtet werden (Abb. 99).

3.8.5 Silikone

3.8.5.1 Eigenschaften von Silikonharzen

Als Silikone bezeichnet man die Klasse der meist hochpolymeren Verbindungen, die aus über Sauerstoff verknüpften und wechselnde Mengen an organischen Gruppen tragenden Siliziumatomen aufgebaut sind. Sie zeigen deutliche Verwandtschaft zu den ebenfalls auf Siloxanbindungen basierenden Silikaten. Silikone zeichnen sich durch ihre hervorragende Wärme-, Witterungs-, Coronabeständigkeit aus, zeigen ein ausgesprochenes hydrophobes Verhalten und eine überragende Trennwirkung (Benetzungswinkel α von Wasser liegt teilweise über 100°) sowie eine gute Haftung auf mineralischen Untergründen. Ihre Eigenschaften werden wesentlich geprägt durch die hohe Si-O-Bindungsenergie (373 kJ/mol, gegenüber 243 kJ/mol für eine Si-C-Bindung). Der organische Anteil liegt meist unter 35 %, wobei hier vornehmlich Methyl- und Phenylgruppen zum Einsatz gelangen. Methylgruppen verleihen den Harzen eine geringe Pigmentverträglichkeit und durch die leichte Oxydierbarkeit eine beschränkte Wärmebeständigkeit. Bei Temperaturen von 500 °C werden die Methylgruppen rasch zerstört; zurück bleibt ein Silikatgerüst. Die Wärmebeständigkeit wird durch Einsatz von Phenylgruppen gesteigert. Allein in Anstrichstoffen wurden 1991 weltweit ca. 12.000 to Silikonharze eingesetzt, insgesamt beläuft sich die Herstellung auf ca. 500.000 t/a.

3.8.5.2 Herstellung von Chlorsilanen und Polysiloxanen

Ausgangstoffe für die Herstellung polymerer Silikone sind Chlorsilane, die in einer Direktsynthese – kontinuierliche Rochow-Synthese – durch Reaktion von metallischem Silizium mit Alkyl- oder Arylhalogeniden (meist Chlor) unter dem Einfluss von Katalysatoren bei Temperaturen von 300 °C bis 500 °C hergestellt werden. Hierbei entstehen Chlorsilane mit 1 bis 4 Chloratomen (R_nSiCl_{4-n}). Eine weitere Möglichkeit besteht in der Reaktion von Siliziumtetrachlorid mit Alkyl- oder Arylmagnesiumchloriden entsprechend einer Grignard-Synthese (Abb. 100).

Nach destillativer Reinigung werden die Chlorsilane zu instabilen Silanolen hydrolisiert, die ihrerseits rasch unter H_2O-Abspaltung zu höhermolekularen

Polysiloxanen kondensieren. Bei Erreichung höherer Molekulargewichte und mit steigendem Vernetzungsgrad kommt aus sterischen Gründen die Kondensation zum Erliegen. Vorhandene silanolische OH-Gruppen können dann nur noch thermisch weiter kondensieren.

$2\ RCl + Si$

$2\ RMgCl + SiCl_4$

$\rightarrow R_2SiCl_2 \xrightarrow[-2\ HCl]{+2\ H_2O} R_2Si(OH)_2 \xrightarrow[-n\ H_2O]{n\ x} HO{-}SiR_2{-}[O{-}SiR_2]_n{-}O{-}SiR_2{-}OH$

Dichlorsilan Silandiol Polysiloxan D-Typ

$R_3Si{-}O{-}$ M (monofunktionell)

$-O{-}SiR_2{-}O-$ D (difunktionell)

$-O{-}SiR(O{-}){-}O-$ T (trifunktionell)

$-O{-}Si(O{-})_2{-}O-$ Q (terafuktinell)

Abbildung 100: Polysiloxanherstellung und Siloxantypen

Je nach eingesetztem Chlorsilan entstehen unterschiedlich funktionelle Polysiloxane, die sich in 4 Typen unterteilen lassen (Abb. 100). Nur die Typen D und T sind zum Aufbau hochmolekularer Verbindungen interessant, Typ M findet Verwendung als Kettenabbrecher. Werden ausschließlich difunktionelle Bausteine (Typ D = Silikonöle) eingesetzt, erhält man Siloxanketten mit endständigen Hydroxylgruppen oder auch ringförmige niedrigviskose Moleküle (z. B. Hexamethyltrisiloxan). Je höher die Kettenlänge, desto höher viskose Produkte (Silikonfette) werden erhalten. Der Einbau von trifunktionellen Gliedern führt zu Silikonkautschuken bzw. vernetzten Silikonharzen.

Anstelle einer Hydrolyse kann durch Einsatz von Alkoholen (z.B. Methanol) auch eine Alkoholyse durchgeführt werden, die dann zu stabileren Alkoxysilanen führt.

3.8.5.3 Härtung von Silikonharzen

Die in den Polysiloxanen vorhandenen Hydroxylgruppen können thermisch vernetzt werden. Zur Beschleunigung werden hierzu zumeist noch Katalysatoren wie Bleiverbindungen zugesetzt. Mit zunehmender Kondensation wird die Kettenbeweglichkeit immer weiter eingeschränkt und die Vernetzung kommt weitgehend zum Erliegen. In diesem Stadium tritt eine zweite, sehr langsam verlaufende Vernetzungsart durch Reaktion von Hydroxylgruppen mit benachbarten

Methyl- oder Phenylgruppen auf. Die Abspaltung von Methan oder Benzol führt hierbei ebenfalls zur Si-O-Si-Verknüpfung. Schließlich kann durch Oxidation bzw. Alterung eine Verknüpfung unter Wasserabspaltung die Netzwerkdichte erhöhen (Abb. 101).

$$-Si(CH_3)_2-OH + HO-Si(CH_3)_2- \xrightarrow{-\ H_2O} -Si(CH_3)_2-O-Si(CH_3)_2-$$

$$-Si(CH_3)_2-OH + H_3C-Si(CH_3)- \xrightarrow[-\ CH_4]{\text{sehr langsam}} -Si(CH_3)_2-O-Si(CH_3)_2-$$

$$-Si(CH_3)-CH_3 + H_3C-Si(CH_3)- \xrightarrow[-\ H_2O]{\text{Alterung mit } O_2} -Si(CH_3)-CH_2-CH_2-Si(CH_3)-$$

Abbildung 101: Siloxanvernetzung und Alterung

3.8.6 Aminoharze

Aminoharze, auch als Aminoplaste bezeichnet, sind Polykondensate aus Aminogruppen enthaltenden organischen Verbindungen und Aldehyden oder Ketonen. Als Aminogruppen enthaltende Verbindungen kommen unter anderem Harnstoff, Melamin (1,3,5-Triaminotriazin) Dicyandiamid, Anilin, Alkyl-Guanidine, Carbonamide, Sulfurylamid und Urethane in Betracht. Als Carbonylverbindungen werden entsprechend Formaldehyd, Acetaldehyd, Aceton und Butyraldehyde eingesetzt. Von einigen Ausnahmen abgesehen, basieren alle Aminoharze auf Harnstoff oder Melamin und Formaldehyd. Die Weltjahresproduktion liegt bei ca. $2 \cdot 10^6$ t.

Primär entstehende Addukte kondensieren unter Wasserabspaltung zu Oligomeren und schließlich polymeren Produkten mit zunehmend duroplastischen Eigenschaften. Problematisch bei Aminoplasten ist der Gehalt an Formaldehyd, der

- in freier gelöster Form vorliegt,
- sich über ein dynamisches Gleichgewicht aus Methylolgruppen bildet,
- während der Härtung abgespalten wird.

Formaldehydarme Harze sind durch einen niedrigen Gehalt an freien N-Methylolgruppen gekennzeichnet und können technisch durch weitere Absenkung des Amin/Formaldehyd-Verhältnisses und durch möglichst vollständige Veretherung mit Alkoholen hergestellt werden.

3.8.6.1 Harnstoffharze (Harnstoff-Formaldehydharze)

Erste Patente zur Herstellung von Harzen aus Harnstoff und Formaldehyd gehen auf das Jahr 1918 zurück. Harnstoffharze, oder kurz UF-Harze, sind Oligo- und Polykondensate auf der Basis von Harnstoff und Formaldehyd. Sie finden Anwendung in Leimen, Pressmassen, Lackkunstharzen, Schäumen, Isolierstoffen, Schichtstoffen und Hilfsmitteln für die Leder- und Papierindustrie.

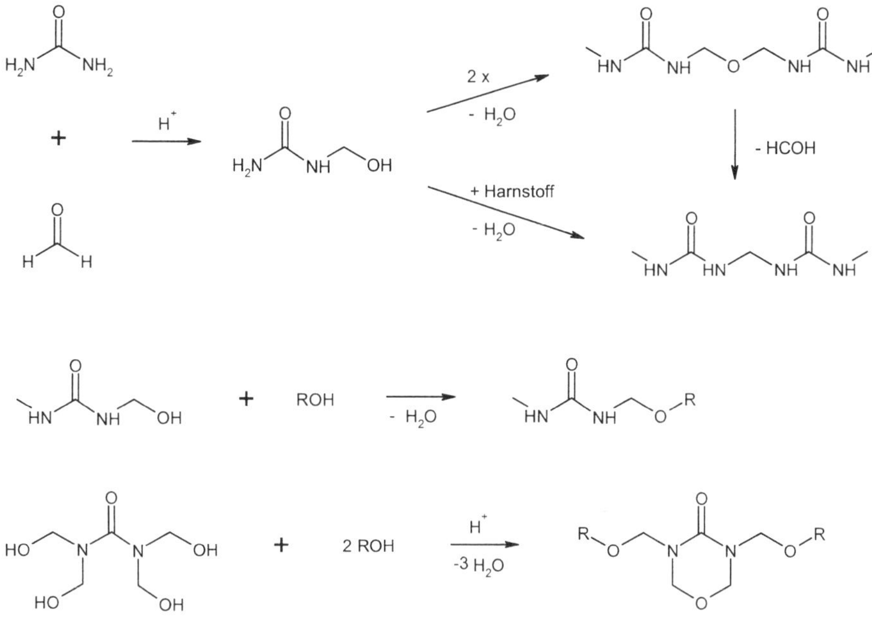

H_2N NH$_2$ + H H $\xrightarrow{H^+}$ H$_2$N NH OH; 2 x, - H$_2$O; + Harnstoff, - H$_2$O; - HCOH

HN NH OH + ROH $\xrightarrow{-H_2O}$ HN NH O R

HO N N OH, HO OH + 2 ROH $\xrightarrow[-3\,H_2O]{H^+}$ R O N N O R, O

Abbildung 102: Herstellung von Harnstoffharzen

Die Herstellung der Harze erfolgt in schwach saurem Medium in einem molaren Verhältnis von Harnstoff zu Formaldehyd von 1 : 1 bis 1 : 3,5. Im ersten Schritt werden Methylolharnstoffe gebildet. Nachfolgende katalysierte Wasserabspaltung führt dann zu polymeren Kondensaten. An die im ersten Schritt gebildeten Methylolharnstoffe können aber auch Alkohole wie Methanol oder Butanol zu entsprechenden Ethern angelagert werden. Nach Erreichen des gewünschten Oligomerenaufbaus wird die Kondensation durch Neutralisation und Abkühlung abgebrochen (Abb. 102). Neben der Veretherung findet jedoch teilweise auch eine intramolekulare Umsetzung und Cyclisierung zweier Methylolgruppen zu Methylenetherbrücken statt, wie im Beispiel von Tetramethylolharnstoff aufgezeigt (Abb. 102).

3.8.6.2 Melamin-Formaldehydharze

Die Herstellung von Melamin-Formaldehydharzen, kurz Melaminharzen, kann in saurem oder basischem Milieu erfolgen. Die Reaktion von Melamin (1,3,5-Triamino-s-triazin) und Formaldehyd führt nicht zu einheitlichen Produkten, sondern zu Gemischen unterschiedlicher Methylolmelamine (Abb. 103). Ebenso ist die Reaktivität der Aminogruppen des Melamins eher mit der einer Carbonsäureamidgruppe vergleichbar und folgt somit nicht den typischen Aminreaktionen. Mit steigendem Methylolgruppengehalt nimmt die Stabilität der Methylolmelamine zu. Die Vernetzung (Härtung) der Addukte (T: Grundkörper; siehe Abb. 103) verläuft in Gegenwart saurer Katalysatoren unter Abspaltung von Wasser oder Formaldehyd.

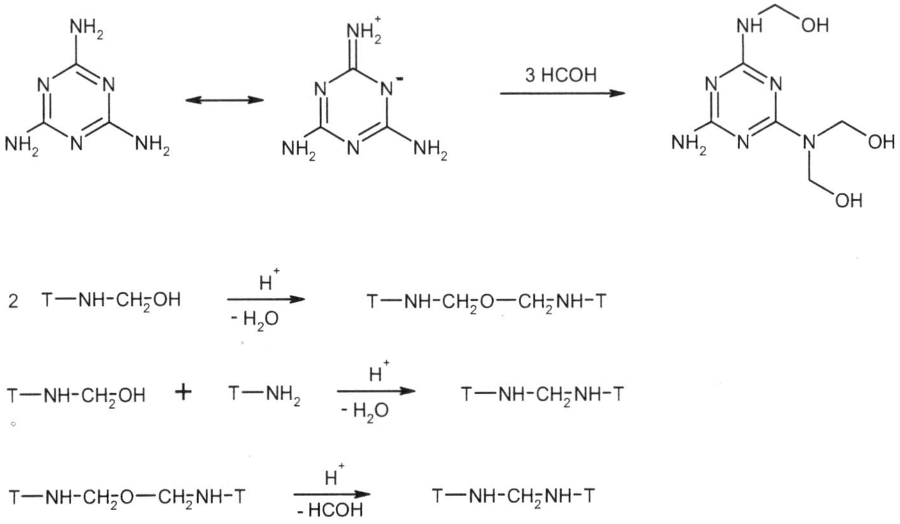

3 HCOH

$$2\ T\text{—}NH\text{-}CH_2\text{-}OH \xrightarrow[-\,H_2O]{H^+} T\text{—}NH\text{-}CH_2\text{-}O\text{—}CH_2\text{-}NH\text{-}T$$

$$T\text{—}NH\text{-}CH_2\text{-}OH + T\text{—}NH_2 \xrightarrow[-\,H_2O]{H^+} T\text{—}NH\text{-}CH_2\text{-}NH\text{-}T$$

$$T\text{—}NH\text{-}CH_2\text{-}O\text{—}CH_2\text{-}NH\text{-}T \xrightarrow[-\,HCOH]{H^+} T\text{—}NH\text{-}CH_2\text{-}NH\text{-}T$$

Abbildung 103: Herstellung und Vernetzung unveretherter Melaminharze (T: Triazingrundkörper)

Die industrielle Herstellung der veretherten Produkte wird zumeist zweistufig durchgeführt, indem die Formaldehydaddition in basischem Medium vollzogen und anschließend durch starke Mineralsäuren mit Alkohol kondensiert wird.

Die entstandenen Alkoxyalkylmelamine sind reaktionsträger als die entsprechenden Methylolmelamine. Die Aushärtung erfolgt im sauren Bereich in Gegenwart coreaktiver Bindemittel wie Alkydharze, Polyester, Phenol und Acrylharze und ist durch Cokondensation mit freien Hydroxyl-, Carboxyl- oder Amidgruppen, Selbstkondensation und Hydrolyse gekennzeichnet (Abb. 104).

$$T—NH\text{-}CH_2\text{-}O\text{-}Alkyl + Polymer\text{-}OH \xrightarrow[-\,R\text{-}OH]{} T—NH\text{-}CH_2\text{-}O\text{-}Polymer$$

$$T—NH\text{-}CH_2\text{-}O\text{-}Alkyl + T—NH_2 \xrightarrow[-\,R\text{-}OH]{} T—NH\text{-}CH_2\text{-}NH\text{-}T$$

$$T—NH\text{-}CH_2\text{-}O\text{-}Alkyl + T—NH\text{-}CH_2\text{-}OH \xrightarrow[-\,R\text{-}OH,\ -\,HCOH]{} T—NH\text{-}CH_2\text{-}NH\text{-}T$$

Abbildung 104: Härtung veretherter Melaminharze (T: Triazingrundkörper)

Bei den veretherten Melaminharzen unterscheidet man hauptsächlich zwischen Butylether, die mengenmäßig die wichtigsten Vertreter der Melaminharze darstellen und Methylether. Die höhere Veretherungsneigung von Methanol gegenüber Butanol bzw. iso-Butanol führt zu verminderter Selbstkondensation und damit zu kleineren Molekulargewichten. Entsprechende Methylether weisen niedrigere Viskositäten und eine höhere Hydrophilie auf. Der wichtigste Vertreter ist das vollalkylierte Hexamethoxymethylmelamin (HMMM).

Vollalkylierte Melaminharze zeigen eine niedrige Reaktivität und müssen beispielsweise bei Anwendungen im Lackbereich mit Hydroxylgruppen enthaltenden Reaktionspartnern bei Temperaturen oberhalb 130 °C eingebrannt werden. Demgegenüber sind teilveretherte Harze durch vermehrte Selbstkondensation deutlich reaktiver, weisen jedoch auch einen höheren Gehalt an freiem Formaldehyd auf. Als Katalysatoren werden sowohl Mineralsäuren als auch starke organische Säuren wie Methansulfonsäure oder Toluolsulfonsäure eingesetzt.

Melaminharze kommen meist in den zur Veretherung eingesetzten Alkoholen in den Handel. Daneben existieren lösemittelfreie und wässrige Systeme.

3.8.7 Polyurethane

Polyurethane im eigentlichen Sinne sind nach dem von O. Bayer 1937 entwickleten Diisocyanat-Polyadditionsverfahren hergestellte Polymeraddukte aus mehrwertigen Isocyanaten und Polyolen. Verallgemeinert werden als Polyurethane jedoch auch Isocyanatfolgeprodukte oder Oligomere aufgefasst, die als Strukturelemente Harnstoff-, Carbodiimid-, Uretdion- oder Isocyanuratgruppen enthalten. Der Aufbau der thermoplastischen oder duroplastischen Werkstoffe erfolgt zumeist aus Di- oder höherfunktionellen Isocyanaten, die mit sich selbst oder mit Verbindungen, die bewegliche Wasserstoffatome enthalten, abreagieren. Unter letztgenannte Gruppe fallen kurzkettige Di- und Polyole, hydroxyfunktionelle Polymere auf Basis Polyester, Polyether, Polyacrylat oder Polycarbonat sowie Polyamine. Weitere Reaktionspartner sind Carbonsäuren, Carbonsäureanhydride, Epoxide, Mercaptane und spezielle CH-acide Verbindungen wie beispielsweise Malonsäureester.

Produkte auf der Basis von Polyurethanen werden in praktisch allen Industriezweigen in Form von hochelastischen Schäumen (Basis TDI, langkettige Polyetherpolyole und Wasser), harten Schäumen (Basis polymere MDI-Typen, niedermolekulare Diole und leichtflüchtige Flüssigkeiten bzw. Gase als Expansionsmittel), Duromeren, Elastomeren, Haftvermittler, Alterungsschutzmittel, Lacken und Beschichtungen eingesetzt. Weltweit wurden 2000 $8,6 \cdot 10^6$ t Polyurethane verbraucht, die sich in 40 % Weichschaumstoffe (Möbel, Autositze, Verpackungen), etwa 30 % Hartschaumstoffe (Isolierungen) und der Rest für Elastomere, thermoplastische Polyurethane, Lacksysteme usw. aufteilen.

3.8.7.1 Großtechnische Herstellung von Isocyanaten

In der Polyurethanchemie kommen als Rohstoff, von wenigen Ausnahmen abgesehen, ausschließlich Diisocyanate zum Einsatz, die sich auf entsprechende Diamine zurückführen lassen. Das Herstellungsverfahren der Wahl ist die Phosgenierung, daneben werden aliphatische Diisocyanate auch über sogenannte Phosgen-freie Verfahren mit Harnstoff oder Dimethylcarbonat als Carbonylquelle und Alkoholen hergestellt. Die entstandenen Urethane werden beim phosgenfreien Verfahren anschließend thermisch, teilweise unter katalytischer Wirkung, in Diisocyanate gespalten.

Verfahrenstechnisch haben sich bei der Umsetzung von Phosgen verschiedenste diskontinuierlich und kontinuierlich ablaufende Flüssig- und vereinzelt auch Gasphasenverfahren etabliert. Das Flüssigphasenverfahren wird zweistufig durchgeführt, indem zunächst bei tiefer Temperatur (Kaltphosgenierung bei ca. 0 °C) das in Lösungsmitteln wie Chlorbenzol oder Dichlorbenzol gelöste Diamin in eine Phosgenlösung eingetragen wird. Es bildet sich spontan das Carbamidsäurechlorid. Der freiwerdende Chlorwasserstoff reagiert mit noch freiem Amin zum Hydrochlorid. Hierdurch werden die noch freien Aminogruppen vor dem Angriff von schon gebildetem Isocyanat geschützt. Nach dem langsamen Aufheizen und weiterer Phosgenzufuhr wird im Anschluss bei höherer Temperatur (Heißphosgenierung bis Siedetemperatur des Lösemittels) das gebildete Carbamidsäurechlorid zu Isocyanat und Chlorwasserstoff gespalten (Abb. 105). Vorhandene Aminhydrochloride werden hierbei ebenfalls phosgeniert und zu Isocyanat umgesetzt. Aus einer Suspension wird im Verlaufe der Reaktion eine klare Lösung, die schließlich entphosgeniert und destillativ vom Lösungsmittel befreit wird. Nach Feindestillation werden Produkte mit einem Gehalt an Diisocyanat von weit über 99 % erhalten. Die zur Herstellung benötigten Mengen an Phosgen (Kennzeichnung nach Gefahrstoffverordnung: sehr giftig, T+) werden unmittelbar zuvor aus Kohlenmonoxid (ebenfalls kurz zuvor erzeugt) und Chlor hergestellt und nicht in größeren Mengen gelagert.

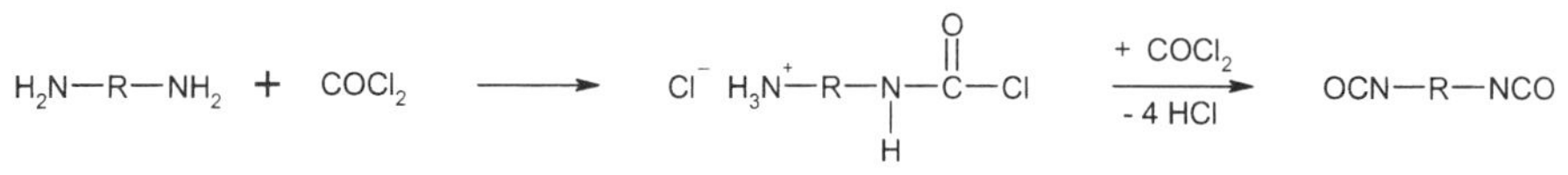

$$H_2N{-}R{-}NH_2 + COCl_2 \longrightarrow Cl^- \; H_3\overset{+}{N}{-}R{-}NH{-}C(=O){-}Cl \xrightarrow[-4\,HCl]{+\,COCl_2} OCN{-}R{-}NCO$$

Abbildung 105: Herstellung von Diisocyanaten durch Phosgenierung von Diaminen

Bei der Gasphasenphosgenierung wird das Diamin zunächst verdampft und dann mit überhitztem Phosgen zur Reaktion gebracht. Das direkt entstandene Isocyanat wird anschließend möglichst schnell abgekühlt und ebenfalls nach Entphosgenierung destillativ aufgearbeitet.

3.8.7.2 Technisch wichtige Diisocyanate

Über 90 % der derzeit hergestellten Isocyanate sind aromatischer Natur, d. h. an Aromaten verknüpfte und hierdurch aktivierte Diisocyanate.

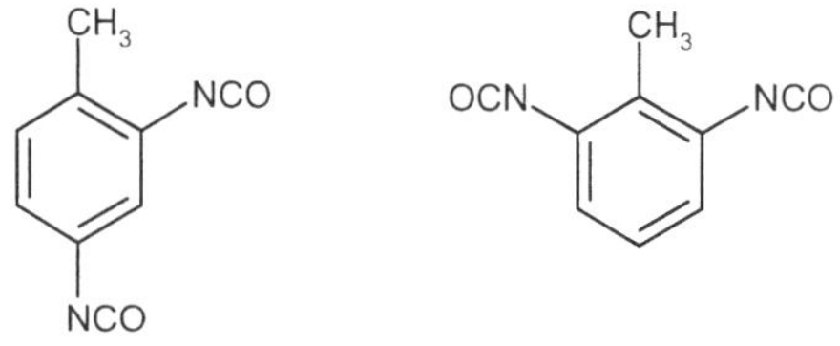

Abbildung 106: 2,4- und 2,6-Toluylendiisocyanat (TDI)

Toluylendiisocyanat (TDI), speziell 2,4- und 2,6-TDI, steht mit einer Weltkapazität von 10^6 Jahrestonnen zur Verfügung und wird zumeist als Gemisch aus 80 % 2,4- und 20 % 2,6-Anteil hergestellt (Abb. 106). Die Isocyanatgruppe in 4-Position ist um den Faktor 8 reaktiver als die 2-Position. Dies kann man sich bei Folgereaktionen (z. B. Herstellung monomerenarmer Prepolymere) nutzbar machen.

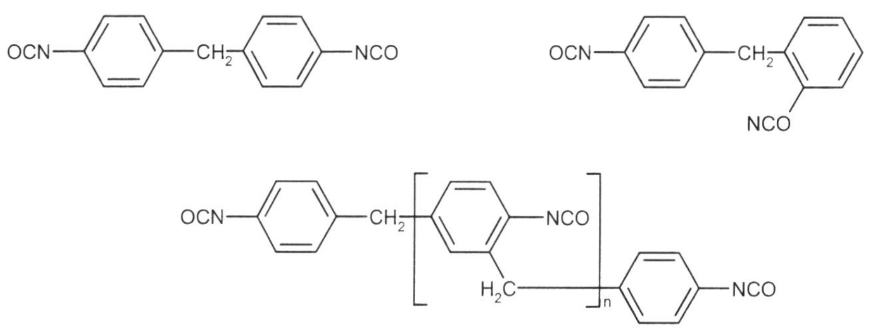

Abbildung 107: 4,4´- und 2,4´-Diisocyanatodiphenylmethan und höhere Homologe

4,4′- und 2,4′-Diisocyanatodiphenylmethan stellen eine weitere Gruppe aromatischer Diisocyanate dar. Sie werden durch Flüssigphosgenierung von Anilin/Formaldehydkondensaten hergestellt und fallen somit zunächst als Homologengemische mit höheroligomeren MDI-Typen an (Abb. 107).

Je nach Anwendung werden diese Roh-MDI-Typen direkt verwendet oder man trennt und reinigt die Diisocyanatodiphenylmethane destillativ. Durch die leichte Bildung chinoider Strukturen neigen MDI-basierte Lacksysteme unter Lichteinwirkung besonders leicht zur Verfärbung, was sie als dekorative Decklacke weniger geeignet macht.

Erwähnenswert ist noch 1,5-Naphthylendiisocyanat, das ebenfalls durch Flüssigphosgenierung für spezielle Elastomeranwendungen hergestellt wird (Abb. 108).

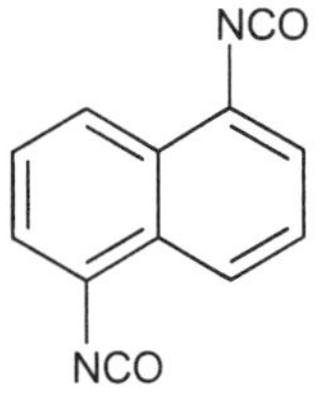

NCO

NCO

Abbildung 108: 1,5-Naphthylendiisocyanat

Als aliphatische Diisocyanate werden Hexamethylendiisocyanat (HDI), Isophorondiisoyanat (IPDI) und Diisocyanatodicyclohexylmethan (H_{12}-MDI) sowohl phosgenfrei als auch mittels Gas- und Flüssigphasenphosgenierung hergestellt (Abb. 109). Bei IPDI hat man durch die unterschiedliche Umgebung der Isocyanatgruppen (primär und sekundär) unterschiedliche Reaktivitäten, die je nach Katalysatoreinsatz für Folgemodifizierungen nutzbar gemacht werden können.

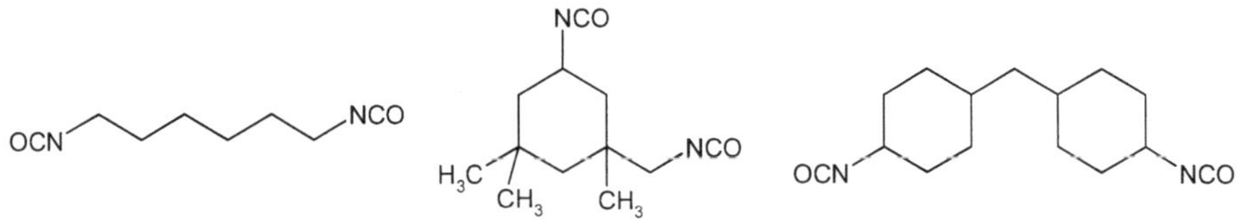

OCN NCO

NCO
H_3C NCO
CH_3 CH_3

OCN NCO

Abbildung 109: Beispiele aliphatischer Diisocyanate

Diisocyanate, wie m,p-Xylylendiisocyanat, 2,2,4-Trimethylhexamethylendiisocyant, Lysindiisocyanatomethylester, aber auch trifunktionelle Vertreter wie Triisocyanatononan spielen technisch eine untergeordnete Rolle. Einzig die aromatischen Triisocyanate 4,4′,4′′-Triisocyanatotriphenylmethan sowie Thiophosphorsäure-tris-(4-isocyanatophenylester) werden technisch eingesetzt und für die Verklebung von Schuhsolen, zur Direktverklebung von Autoscheiben aber auch zur Steinverfestigung im Bergbau verwendet.

3.8.7.3 Basisreaktionen von Isocyanaten

Die klassische Reaktion von Isocyanaten zu Polyurethanen ist die Addition von Alkoholen, die durch tertiäre Amine oder metallorganische Verbindungen (z. B. Zinnverbindungen) katalysiert werden kann. Aus Diisocyanaten und Diolen werden lineare thermoplastische Polyurethane aufgebaut, wobei das NCO/OH-Verhältnis die mittlere Kettenlänge mit einer mehr oder weniger engen Molekulargewichtsverteilung bestimmt (Abb. 110).

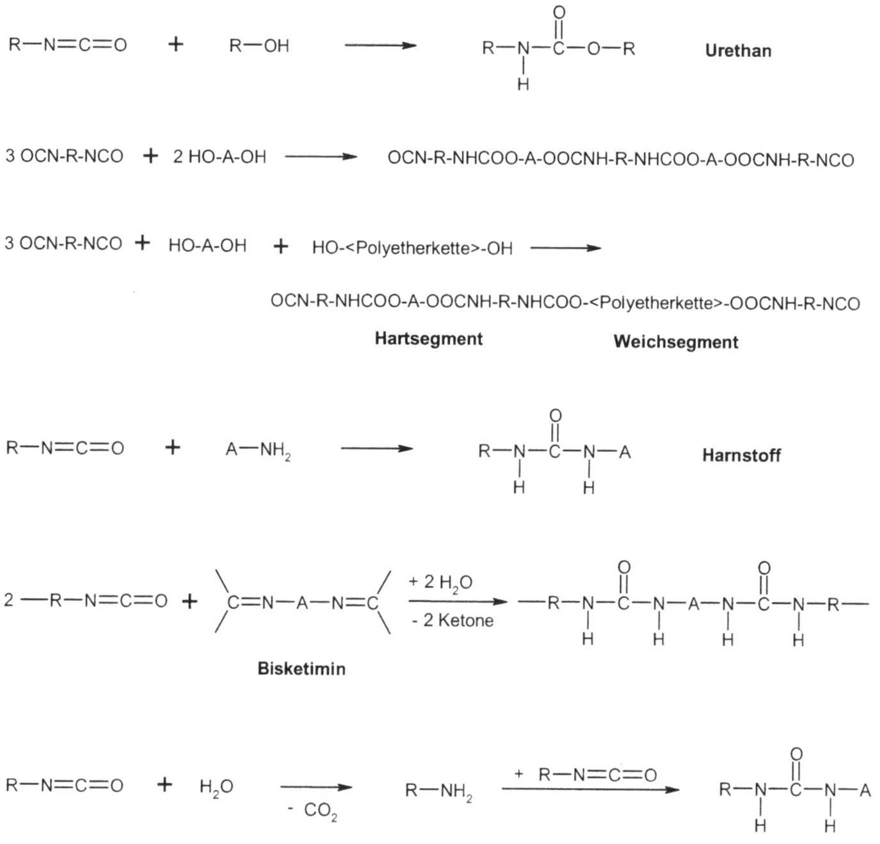

R—N=C=O + R—OH ⟶ R—N(H)—C(=O)—O—R **Urethan**

3 OCN-R-NCO + 2 HO-A-OH ⟶ OCN-R-NHCOO-A-OOCNH-R-NHCOO-A-OOCNH-R-NCO

3 OCN-R-NCO + HO-A-OH + HO-<Polyetherkette>-OH ⟶

OCN-R-NHCOO-A-OOCNH-R-NHCOO-<Polyetherkette>-OOCNH-R-NCO

Hartsegment **Weichsegment**

R—N=C=O + A—NH_2 ⟶ R—N(H)—C(=O)—N(H)—A **Harnstoff**

2 —R—N=C=O + >C=N—A—N=C< (**Bisketimin**) ⟶ (+ 2 H_2O, - 2 Ketone) —R—N(H)—C(=O)—N(H)—A—N(H)—C(=O)—N(H)—R—

R—N=C=O + H_2O ⟶ (- CO_2) R—NH_2 ⟶ (+ R—N=C=O) R—N(H)—C(=O)—N(H)—A

Abbildung 110: Basisreaktionen der Polyurethanchemie I

Bei Einsatz von höherfunktionellen Polyolen bzw. Isocyanaten werden zunehmend verzweigte oder vernetzte duroplastische Polyurethane erhalten. Urethane auf Basis aromatischer Isocyanate sind weniger stabil als ihre aliphatischen Analoga.

Werden sowohl kurzkettige Polyole als auch höhermolekulare Polyester- oder Polyetherpolyole (Molmasse: 1000–12.000 g/mol) verwendet, bilden sich sogenannte segmentierte Polyurethane mit besonderen Eigenschaften wie hoher Schlagzähigkeit, Festigkeit bzw. besonderem elastischem Verhalten. Die kurzkettigen Alkohole reagieren mit den Isocyanaten zu Urethanen, die mit benachbarten Gruppen unter Ausbildung von Wasserstoffbrücken zu Hartsegmenten (Größe im Nanometerbereich) aggregieren. Der mitverwendete Polyether oder Polyester bildet den elastischen Teil, das sogenannte Weichsegment (Abb. 110).

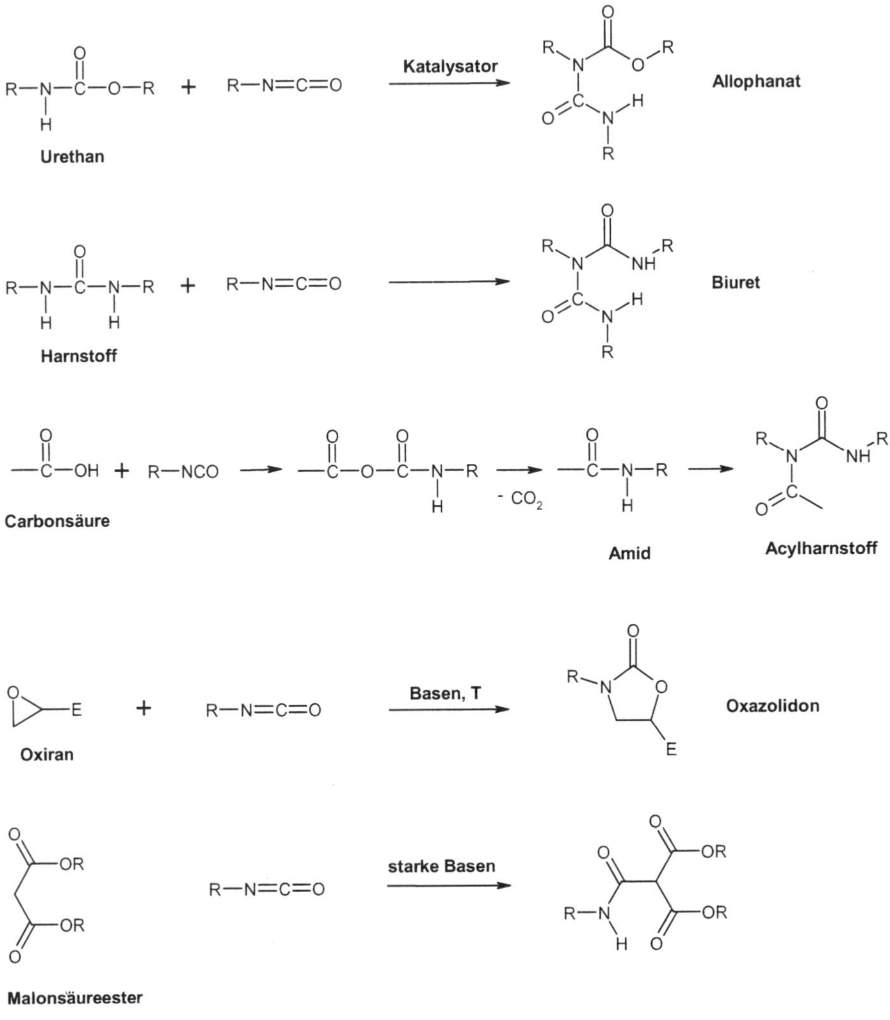

Abbildung 111: Basisreaktionen der Polyurethanchemie II

Entsprechende Polyurethane mit Harnstoffgruppen lassen sich durch Einsatz von Diaminen oder Polyaminen herstellen. Die Reaktionsgeschwindigkeit von aliphatischen Aminen mit Isocyanaten ist um Größenordnungen höher als die von Alkoholen und somit schwierig beherrschbar. Daher werden zumeist entsprechend weniger reaktive aromatische Amine oder blockierte Amine, wie Ketimine oder Ketazine, eingesetzt (Abb. 110).

Mit Wasser als Reaktionspartner für Isocyanate werden intermediär aus Isocyanat Carbaminsäuren gebildet, die wiederum unter CO_2-Abspaltung zu Aminen reagieren und dann mit vorhandenem Isocyanat zu Harnstoff weiter reagieren. Das entstehende Kohlendioxid dient bei der Verarbeitung der flüssigen Komponenten als Treibmittel zur Schaumstoffherstellung.

Zunächst gebildete Urethane und Harnstoffe können unter bestimmten Reaktionsbedingungen (Katalyse mit Metallsalzen oder Temperatur) selbst wieder mit vorhandenem Isocyanat zu Allophanaten und Biureten weiter reagieren. Entsprechend können mit Diisocyanaten und Diolen nicht nur lineare, sondern auch verzweigte und vernetzte Polyurethane erhalten werden. Eine ähnliche Reaktion zu Acylharnstoffen findet man bei Amiden, die sich wiederum aus Isocyanaten durch Reaktion mit Carbonsäuren ableiten. Hierbei reagiert das Isocyanat mit der Carbonsäurefunktion zunächst zu thermolabilen gemischten Anhydriden, die schon bei gelinder Erwärmung CO_2 abspalten und sich zu Amiden stabilisieren.

Schließlich können Isocyanate mit Oxirangruppen unter basischer Katalyse zu Oxazolidonen reagieren. Es sind noch eine Vielzahl von Spezialreaktionen bekannt, die jedoch bis auf wenige Ausnahmen, wie beispielsweise die Reaktion mit Malonsäureestern, keine technische Bedeutung erlangt haben (Abb. 111).

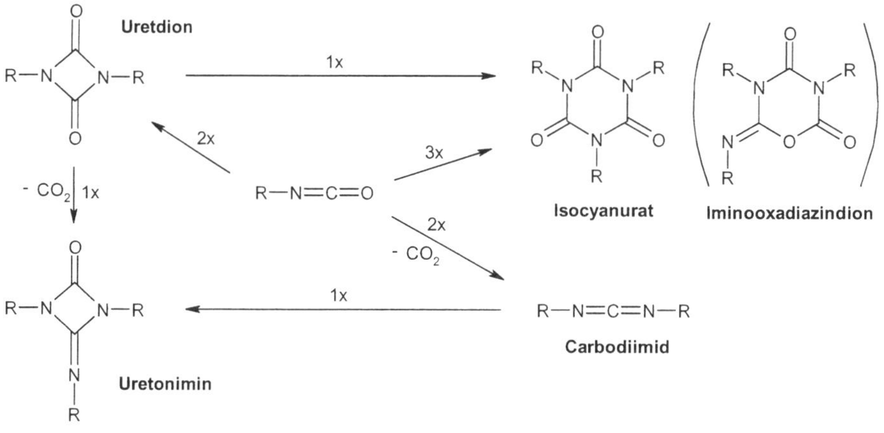

Abbildung 112: Reaktionen von Isocyanaten mit sich selbst (x: Anzahl R-NCO)

Isocyanate benötigen zur Reaktion keinen anderen Reaktionspartner, sondern sie können auch mit sich selbst zu einer Vielzahl von Verbindungen weiter reagieren (Abb. 112).

Geeignete Dimerisationskatalysatoren wie Phosphine führen zu Uretdionstrukturen, basische Katalysatoren wirken trimerisierend und erzeugen Isocyanurate oder Iminooxadiazindione, auch Verbindungen wie Phospholinoxide wirken katalytisch und erzeugen unter CO_2-Abspaltung Carbodiimide, die wiederum zu Uretoniminen weiter reagieren können.

3.8.7.4 Oligomerisierungsreaktionen und Prepolymerbildung

Von wenigen Ausnahmen mit relativ hohen Molgewichten (z. B. MDI, Thiophosphorsäure-tris-(4-isocyantophenylester)) abgesehen, handelt es sich bei den Diisocyanaten um giftige bzw. sehr giftige Stoffe, die

- einer besonderen Verarbeitungssorgfalt bedürfen,
- vor Gebrauch in physiologisch unbedenkliche Oligomere oder Polymere überführt werden müssen.

Bei diesen Oligomerisierungsreaktionen wird ein möglichst geringer Anteil an Isocyanatgruppen modifiziert, um die verbliebenen Gruppen bei der Endverarbeitung für eine Vernetzung noch nutzen zu können. Die Modifizierung dient somit der Molekulargewichtserhöhung und Überführung in physiologisch unbedenkliche Produkte. Es werden durch Modifizierung jedoch auch spezielle Eigenschaften wie Funktionalität, Viskosität, Mischbarkeit, Reaktivität usw. gezielt eingestellt.

Eine statistische Reaktion von Diisocyanaten, die gleichreaktive Isocyanatgruppen enthalten, mit Diolen oder Polyolen führt nur bei geringen Überschüssen an Isocyanatgruppen (Verhältnis NCO/OH fast 1) zu weitgehend monomerenarmen Polymeren. Je gößer der Überschuss, um so mehr Monomer verbleibt nicht abreagiert in der Reaktionsmischung. Bei Einsatz von Diisocyanaten mit unterschiedlich reaktiven Isocyanatgruppen reagieren diese hingegen bevorzugt nur einmal ab, wodurch das Einsatzverhältnis von Isocyanat zu Alkohol in die Nähe von 2 : 1 verschoben werden kann, ohne dass noch zu viel giftiges Monomer in der Reaktionsmischung verbleibt. Diese Verfahrensweise führt zu den bevorzugten niedrigviskosen (niedermolekularen) Prepolymeren mit relativ hohen NCO-Gehalten. Die Verwendung sehr hoher Überschüsse (10 : 1) von Isocyanat gegenüber Alkohol liefert sehr niedrigviskose oligomere Polyisocyanate mit hohem Gehalt an Isocyanatgruppen. Das überschüssige nicht abreagierte Diisocyanat muss aus toxikologischen Gründen dann allerdings z. B. durch Dünnschichtdestillation entfernt werden. Auf diese Weise werden beispielsweise hochwertige Bindemittel für Lacke und Beschichtungen erhalten, die sich unkritisch verarbeiten lassen und durch geeignete Polyolauswahl eine optimale Funktionalität sowie ein ausgezeichnetes Eigenschaftsbild mit sich bringen.

Bei der Prepolymerisation werden die Isocyanate vor Endanwendung in oligomere bzw. polymere Verbindungen überführt. Die noch verarbeitbaren Produkte können dann mit sich selbst oder Isocyanat-reaktiven Verbindungen ausgehärtet, d. h. vernetzt werden. Bei der Verarbeitung zu Lacken und Beschichtungen werden vor allem OH-funktionelle Polyester, Polyether und Polyacrylate eingesetzt. Die Verarbeitung verläuft hierbei zweikomponentig. Ebenso möglich ist jedoch auch die Aushärtung NCO-funktioneller Prepolymere mit Luftfeuchtigkeit, verwirklicht beispielsweise bei den sogenannten einkomponentig verarbeitbaren Lacksystemen. In blockierter Form sind Isocyanate mit ihren Reaktionspartnern mischbar und ebenfalls einkomponentig verarbeitbar. Die Vernetzungsreaktion wird hierbei thermisch induziert vorgenommen, indem das Blockierungsmittel bei erhöhter Temperatur zunächst abgespalten wird und somit die reaktive Isocyanatgruppen zur Reaktion erst frei gibt.

Flexible und starre Schäume stellen die mengenmäßig größte Gruppe an Polyurethanprodukten dar und werden in einem sogenannten One-shot-Prozess hergestellt. Hierbei werden die Isocyanat- und Polyol- bzw. Polyaminkomponente gegebenenfalls mit Katalysatoren, Additiven und Füllstoffen gemischt und ohne Zwischenschritt innerhalb von 30 Sekunden bis 30 Minuten in ihre endgültige Form überführt. Die Endeigenschaften sind nach 24 bis 48 Stunden erreicht.

3.9 Ausrüsten, Konfektionieren, Compoundieren von Kunststoffen

Die durch Polyreaktionen hergestellten Makromoleküle sind zumeist nicht für den direkten Gebrauch einsetzbar. Erst das Abmischen mit anderen Polymeren (d.h. Blendbildung), die Stabilisierung mit niedermolekularen Zusatzmitteln, das Additivieren mit anorganischen oder organischen Füllstoffen, Pigmenten und Weichmachern verleihen den Polymeren das geforderte Gesamteigenschaftsbild.

3.9.1 Stabilisatoren

Zur Gruppe der Stabilisatoren gehören z. B. Antioxidantien, Lichtschutzmittel, Wärmestabilisatoren, Flammschutzmittel und Biozide.

3.9.1.1 Antioxidantien

Antioxidantien verhindern den durch Sauerstoff hervorgerufenen Abbau des Polymeren. Besonders anfällig sind Kohlenwasserstoffe mit tertiär gebundenem Wasserstoff, der in einer Radikalreaktion mit Luftsauerstoff durch Hydroperoxidbildung bzw. Hydroxylradikalbildung aus dem Polymer entfernt werden kann. Die hierbei entstehenden Peroxiradikale bzw. Kohlenwasserstoffradikale führen zum Abbau und zu Eigenschaftsänderung des Polymergefüges (Abb. 113).

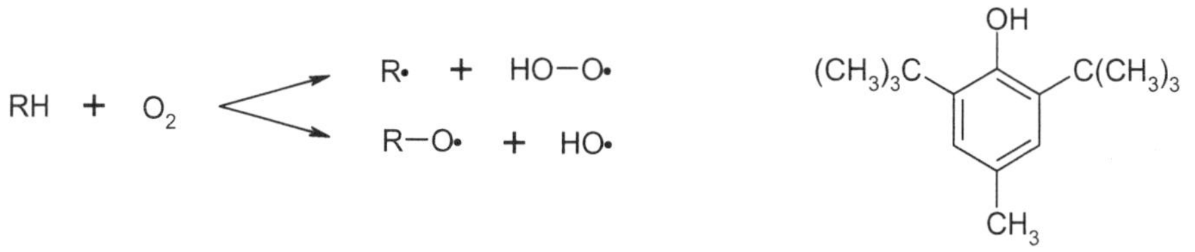

$$RH + O_2 \rightarrow R\cdot + HO{-}O\cdot \quad ; \quad RH + O_2 \rightarrow R{-}O\cdot + HO\cdot$$

Abbildung 113: Radikalabbaureaktionen von Polymeren; BHT als Antioxidans zu ihrer Verhinderung

Die ablaufenden Radikalreaktionen können durch Radikalfänger wie beispielsweise 2,5-Di(t-butyl)-hydroxytoluol (BHT, Abb. 113) abgebrochen werden, was die Lebenszeit des Polymerwerkstoffes verlängert. Fast 90 % aller Antioxidantien werden zur Stabilisierung von polymeren Kohlenwasserstoffen eingesetzt.

3.9.1.2 Lichtschutzmittel

Lichtschutzmittel schützen Polymere mit Mehrfachbindungen gegen den Abbau durch UV-Licht. Aber auch polymere Alkylketten sind beispielsweise durch absorbierende Katalysatorreste, durch Strukturfehler und Endgruppen empfindlich gegenüber UV-Strahlung. Durch UV-Strahlen wird beispielsweise Poly(isopren) an der Doppelbindung gespalten oder es bilden sich Radikale, die zu einer Disproportionierung und somit zum Polymerabbau führen. Bei aromatischen Polymersystemen werden durch Lichteinwirkung Chromophore gebildet, die zu einer Verfärbung des Werkstoffs führen.

Ruß als Füllstoff absorbiert UV-Licht und dient gleichzeitig als wirksamer Radikalfänger. Transparente Polymere werden durch Zusatz von UV-Absorbern geschützt. Hierzu zählen beispielsweise o-Hydroxybenzophenon, Salicylsäure, aber auch sogenannte HALS-Verbindungen (**H**indered **A**mine **L**ight **S**tabilizer) (Abb. 114).

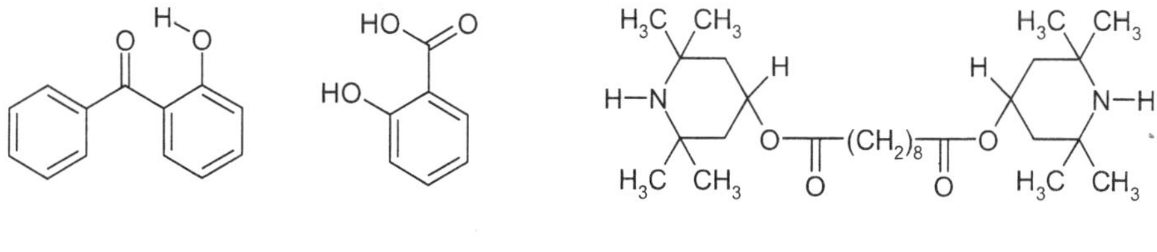

Abbildung 114: Hydroxybenzophenon, Salicylsäure sowie eine HALS-Verbindung als Lichtschutzmittel

3.9.1.3 Flammschutzmittel

Flammschutzmittel schützen das Polymer durch Selbstlöschung oder Schutzüberzugbildung vor leichter Entzündung. Z. B. spalten Zusätze von Aluminiumhydroxid bei thermischer Belastung Wasser ab und löschen so die Flamme. Phosphor-haltige Flammschutzmittel werden beim Brennen oxidiert und überziehen die Oberfläche des Polymerwerkstoffs mit einer glasartigen unbrennbaren Schicht.

Bromhaltige organische Verbindungen spalten Bromradikale ab, die bei der Verbrennung entstehende Radikale durch Rekombination abfangen und somit eine Weiterreaktion in Form einer Flamme verhindern (Flammenvergiftung).

Polymerverbindungen lassen sich in Bezug auf ihr Brandverhalten durch einen sogenannten Sauerstoffindex klassifizieren. Dieser gibt an, wie hoch die Konzentration an Sauerstoff in einer O_2/N_2-Mischung sein muss, um das Polymer zu verbrennen. Selbstverlöschende Polymere sind durch einen Index > 27 % gekennzeichnet. Poly(ethylen) weist einen Index von 17 %, Poly(oxymethylen) von 14 %, Poly(vinylchlorid) von 32 % und Poly(tetrafluoethylen) von 95 % auf.

3.9.1.4 Wärmestabilisatoren

Wärmestabilisatoren, wie beispielsweise organische Verbindungen von Blei (Blei-II-stearat), Zink, Zinn ($(CH_3)_2Sn(S\text{-}CH_2COO\text{-}C_8H_{17})_2$) und Barium, verhindern bei Polyvinylchlorid und Copolymeren mit Vinylchlorid die Dehydrochlorierung. Die an Kettenenden vorhandenen Doppelbindungen begünstigen durch Konjugationsbildung die Abspaltung von HCl ($\text{-CH=CH-CHCl-CH}_2\text{-} \rightarrow \text{-CH=CH-CH=CH-} + HCl$). Das Polymer würde sich ohne Zusatz von Wärmestabilisatoren zusehends verfärben und seine mechanischen Eigenschaften verschlechtern.

3.9.2 Füllstoffe, Weichmacher

Füllstoffe sind feste organische oder anorganische Materialien, die in die Polymeren eindispergiert werden. Inaktive Füllstoffe sind preiswert und verbilligen das Polymer. Aktive Füllstoffe verbessern die mechanischen Eigenschaften (z. B. Glasfasern) oder erhöhen die Stabilität des Polymers (z. B. Graphit) analog zu niedermolekularen Stabilisatoren.

Da sich reaktive Polymere bei der Härtungsreaktion zusammenziehen (z. B. Polyacrylatsysteme in der Dentaltechnik), wird z. B. Quarzsand zugesetzt, um das Schwinden zu minimieren. Andere Füllstoffe erhöhen die Schleifbarkeit (z. B. MgO) oder die elektrische Leitfähigkeit des Polymerwerkstoffs (z. B. Al, Cu, ZnO), um z. B. die statische Aufladung zu verhindern. Durch Zusätze von Talk, Glaskugeln und Glimmer werden die Schlagzähigkeit, Härte und Steifheit des

Materials erhöht. Schließlich dienen Stoffe wie Talk als Weißpigmente oder entsprechende organische und anorganische Stoffe als Farbpigmente.

Oft erfüllen Füllstoffe zugleich mehrere Funktionen. Bei Elastomeren ist Russ ein verstärkender Füllstoff und gleichzeitig ein Schwarzpigment. Zinkoxid dient zur Verstärkung, als Weißpigment und als Vulkanisationshilfsmittel.

Problematisch, besonders bei allen niedermolekularen Zusätzen, ist die Beweglichkeit bzw. das Entmischungsbestreben, wodurch die Zusatzstoffe an die Oberfläche des Werkstoffs gelangen und ein sogenanntes Ausschwitzen bzw. Ausblühen verursachen. Dieser Effekt ist besonders bei Weichmacher enthaltenden Polymerwerkstoffen bekannt (Produkte auf der Basis von PVC).

Als Weichmacher für Poly(vinylchlorid) werden bevorzugt Phthalate, Benzoate und Adipinsäure- bzw. Phosphorsäureester eingesetzt. Dibutylphthalat und Dioctyl-phthalat (Kennzeichnung: giftig im Sinne der Gefahrstoffverordnung, krebserzeugendes Potential) werden jedoch zunehmend durch toxikologisch unbedenkliche Weichmachertypen ersetzt.

Weichmacher wirken bei der Vermischung mit Polymeren als schlechte Lösemittel, die die attraktiven Wechselwirkungen unter den Polymerketten nicht vollständig aufheben können.

Bei PVC werden bis zu 60 % Weichmacher zugesetzt. Je höher ihr Anteil, desto niedriger sind Erweichungstemperatur, Zugfestigkeit und Bruchdehnung. Bei geringen Konzentrationen (z. B. Dioctylphthalat-Gehalt unter 8 %) ist PVC spröde. Zusätze an Phthalat-Weichmacher werden hier zunächst in die Knäuelstruktur eingelagert, was zunächst zu einer Versteifung des Polymergefüges führt. Erst höhere Konzentrationen bewirken ein Absinken von Nebenvalenzkräften zwischen den Knäueln und senken somit die Festigkeit des Polymers. Bei hohen Konzentrationen sinkt die Erweichungstemperatur unter die Raumtemperatur ab, was zu einem kautschukelastischen Verhalten von PVC führt.

3.9.3 Verbundwerkstoffe

Als Verbundwerkstoffe werden Werkstoffe bezeichnet, die aus Polymeren (30 - 80 %) bestehen, in denen faser- oder pulverförmige Materialien (20-70 %) eingebettet vorliegen. Die Eigenschaften der Werkstoffe übertreffen hierbei die der Einzelkomponenten. Die Polymermatrix kann aus Duromeren oder Thermoplasten aufgebaut sein. Die eingebetteten Materialien wirken verstärkend auf die Polymermatrix und bestehen häufig aus Glas, Kohlenstoff oder Aramid, wobei der Verstärkung mit Fasern die größte Bedeutung zukommt. Die erzielte Verbesserung wirkt sich insbesondere auf die Steifigkeit, mechanische Festigkeit, Wärmeformbeständigkeit und Dimensionsstabilität vorteilhaft aus.

Glasfasern in glasfaserverstärkten Kunststoffen (GFK) können in verschiedensten Formen eingesetzt werden. Armierungen von Thermoplasten mit Kurzglasfasern (0,5 mm x 9–14 mm) führen zu spritzguss- und extrudierbaren Verbundwerkstoffen. Endlos-Glasfasern in Polyesterharzen ergeben hochbelastbare Elemente für den Bausektor, wobei sie den Spannbeton substituieren können und dabei Vorteile aufgrund ihrer Leichtigkeit und Korrosions- sowie Witterungsbeständigkeit zeigen.

Ein Beispiel für Hochleistungsverbundwerkstoffe sind Kohlefaser-verstärkte Kunststoffe (CFK) für flächige Anwendungen. Hierbei werden in Polymerharzen getränkte Matten, die ein anisotropes Festigkeitsverhalten zeigen, schichtweise unter bestimmtem Winkel übereinander geordnet und anschließend ausgehärtet (Anwendung: Flugzeugbau).

4 Verfahren zur Herstellung und Wiederverwertung von Polymeren

4.1 Herstellung von Polymerverbindungen

Im Gegensatz zur technischen Herstellung von niedermolekularen organischen Verbindungen bedarf es bei der Fertigung von Polymeren aufgrund ihrer zum Teil ungewöhnlichen Eigenschaften einer besonderen Verfahrenstechnik.

Die Herstellung von Polymeren setzt besonders hohe Anforderungen an die Reinheit der Ausgangstoffe (Verhinderung von Übertragungs- und Nebenreaktionen). Bei Stufenreaktionen ist die exakte Einhaltung der Stöchiometrie der Reaktionskomponeneten Voraussetzung zur Erzielung hoher Molekulargewichte. Polymerisationsreaktionen verlaufen zumeist stark exotherm. Die Abfuhr der Wärme bei immer viskoser werdendem Reaktionsmedium ist hierbei zum Teil problematisch. Da je nach Reaktionsablauf, Medium und Reaktortyp unterschiedliche Polymere mit stark differierender Molekulargewichtsverteilung und unterschiedlichem Eigenschaftsniveau entstehen, muss bei den Herstellungsverfahren ein besonders Augenmark auf eine gute Reproduzierbarkeit gelegt werden.

Im Gegensatz zu niedermolekularen Verbindungen sind die hergestellten Polymere zumeist hochviskos oder fest und lassen sich, bedingt durch die hohe Molmasse, nicht durch destillative Verfahren abtrennen oder reinigen.

Zum Erreichen des gewünschten Eigenschaftsniveaus von Polymeren haben sich daher viele spezielle Polymerisationsverfahren etabliert.

4.1.1 Lösungspolymerisation

In einem Lösemittel (Wasser oder organische Lösemittel) wird ein lösliches Monomer bzw. eine Monomerenmischung in ein lösliches Polymer überführt. Das Initiatorsystem ist zumeist ebenfalls löslich. Die Reaktionswärme kann aufgrund der niedrigen Viskosität der Lösung gut abgeführt werden. Da es umständlich ist, das Lösemittel nach der Herstellung abzutrennen, kommt dieses Verfahren zumeist dort zum Einsatz, wo die Polymerlösung direkt auch die Verkaufsform darstellt, so z. B. bei der Herstellung von Lack- und Klebstoffrohstoffen bzw. bei Produkten für die Imprägnierbranche.

4.1.2 Fällungspolymerisation

Im Gegensatz zur Lösungspolymerisation ist bei der Fällungspolymerisation das entstehende Polymer im Medium unlöslich. Es fällt während der Polymerisation aus und wird nach Reaktionsende durch Filtration abgetrennt. Die Trocknung der Polymere ist zumeist unkritisch, da die Verdünnungsmittel schlechte Löser darstellen und daher auch wenig am Polymer haften. Beispiele für die technische Herstellung von Polymeren durch Fällungspolymerisation sind die Acrylnitrilpolymerisation in Wasser, die radikalische Copolymerisation von Styrol mit Acrylnitril in Alkoholen und die kationische Polymerisation von Isobutylen in Methylchlorid.

4.1.3 Substanzpolymerisation (Massepolymerisation)

Die Polymerisation des Monomers wird bei der Substanzpolymerisation ohne Löse- oder Verdünnungsmittel durchgeführt. Das Monomer kann hierbei selbst als Löse- oder Fällungsmittel für das sich bildende Polymer dienen. Zur Substanzpolymerisation zählen auch lösemittelfreie Verfahren, in denen das Monomer in der Gasphase vorliegt (Gasphasenpolymerisation). Der Vorteil all dieser Verfahren ist, dass das Polymer in reiner Form entsteht und nicht von Lösemitteln/Fällungsmittel befreit werden muss.

Probleme bereitet allerdings bei hochviskosen Reaktionsmedien die Wärmeabfuhr und die sich stark ändernde Reaktionskinetik (z. B. Geleffekt). Beispiele für Substanzpolymerisationen, bei denen das entstehende Polymer nicht im Monomer ausfällt, sind die Styrolpolymerisation (Turmverfahren), die radikalische Polymerisation von Methylmethacrylat zur Herstellung von organischem Glas und die Herstellung von Poly(ethylen-terephthalat) durch Ethylenglykolabspaltung, d. h. Umesterung im Vakuum. Ethylen und Propylen lassen sich in der sogenannten Gasphasenpolymerisation polymerisieren, wobei die festen Polymerpartikel den Polymerisationsort bilden und nur das Monomer gasförmig vorliegt.

4.1.4 Suspensionspolymerisation (Perlpolymerisation)

Bei der Suspensionspolymerisation wird das Monomer mit einem hierin löslichen Initiator in einem nichtmischbaren Trägermedium (Wasser) dispergiert zur Polymerisation gebracht. Der Polymerisationsort ist das jeweilige Monomertröpfchen. Die Größe der Monomertröpfchen bestimmt die Dimension der Polymerpartikel. Durch Zugabe von Dispergatoren, aber auch durch die eingestellten Reaktionsbedingungen, kann die Teilchengrößenverteilung eingestellt werden. Die Kinetik der Polymerisation ist mit der der Substanzpolymerisation identisch (einschließlich Geleffekt). Beispiele für Suspensionspolymerisate sind Poly(styrol), Copolymere auf der Basis von Styrol und Acrylnitril sowie Poly(isopren).

4.1.5 Emulsionspolymerisation

Bei der Emulsionspolymerisation werden nahezu wasserunlösliche Monomere mit Hilfe von Emulgatoren und wasserlöslichen Initiatoren in Wasser als Medium polymerisiert. Das Monomer liegt zunächst in Tröpfchenform vor, ist jedoch auch in geringem Maße molekular im Wasser gelöst. Der Emulgator lagert sich ab einer bestimmten Konzentration (kritische Micellenkonzentration) zu Micellen zusammen, die nachfolgend langsam durch Monomerwanderung von den Monomertröpfen über die Wasserphase in die Micellen mit Monomer gefüllt werden. Der wasserlösliche Initiator (meist ein Redoxsystem) startet den Micellen bzw. mit den in der wässrigen Phase vorliegenden Monomeren die Polymerisation. Die Konzentration an Micellen ist um viele Größenordnungen (10^8) höher als die der Tröpfchen, wodurch eine Polymerisation in den Tröpfchen unwahrscheinlich ist. Mit fortschreitender Reaktion wachsen die Micellen (es bilden sich Latexteilchen) auf Kosten der Tröpfchen an. Die Tröpfchen werden durch das Abwandern der Monomermoleküle immer kleiner und verbrauchen sich (Abb. 115).

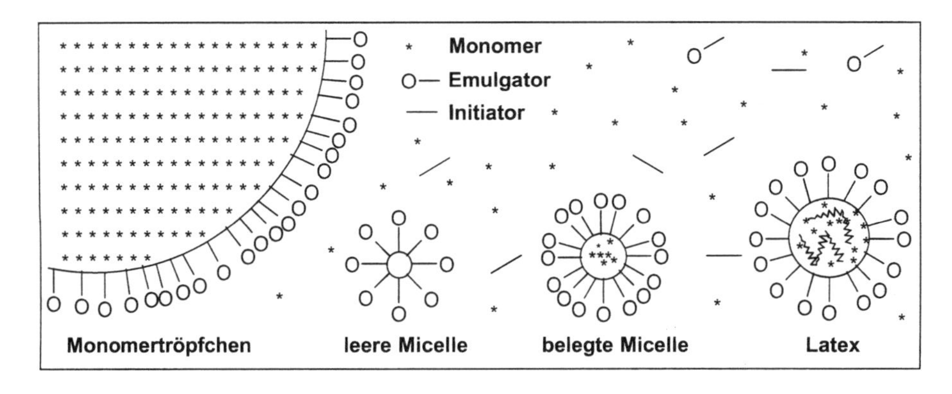

Abbildung 115: Auftretende Spezies bei der Emulsionspolymerisation

Zeitlicher Ablauf der Emulsionspolymerisation (Abb. 116):

Zu Beginn der Polymerisation (1. Phase) wächst die Bruttoreaktionsgeschwindigkeit stetig an, da in immer mehr Micellen, die Monomere enthalten, die Kettenreaktion gestartet wird.

In der 2. Phase sind alle Emulgatormoleküle und ungefüllten Micellen zur Stabilisierung der vorhandenen wachsenden und mit Monomer gefüllten Micellen verbraucht. Es bilden sich keine neuen Monomeren enthaltenden Micellen mehr, da in dieser Phase die kritische Micellenkonzentration wieder unterschritten ist. Die Zahl der Reaktionsorte bleibt in dieser Phase konstant. Die geringe Größe der Micellen erlaubt nur jeweils das Wachstum eines Polymerradikals. Beim Eintritt eines weiteren Initiators bzw. eines Monomerradikals wird die in der Micelle schon vorhandene wachsende Kette durch Kombination abgebrochen. So ist im zeitlichen Mittel nur die Hälfte der Latexteilchen mit einer wachsenden Kette besetzt, die andere Hälfte enthält kein Radikal. Die Bruttoreaktionsgeschwindigkeit ist somit in erster Linie abhängig von der Zahl der Micellen, d. h. von der Emulgatorkonzentration.

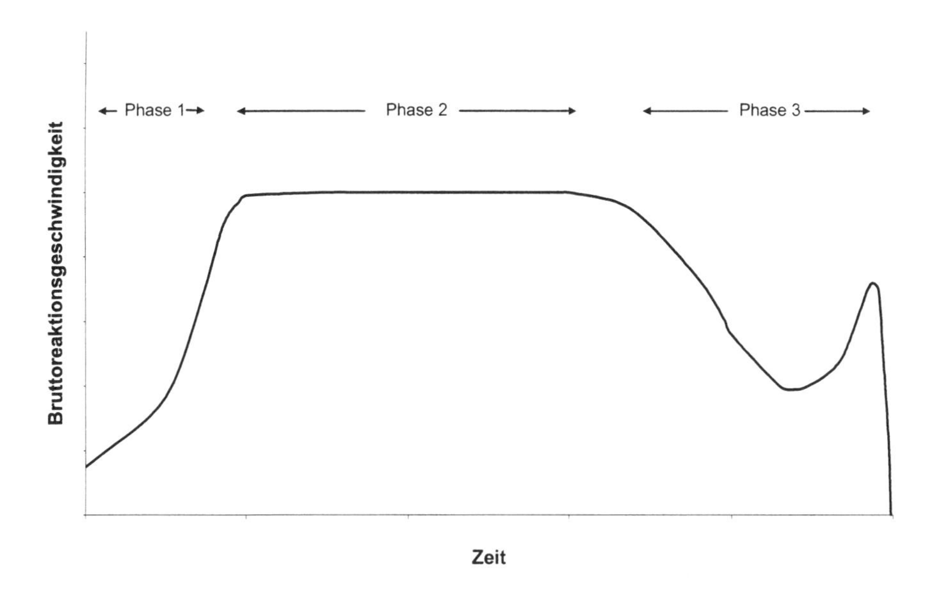

Abbildung 116: Verlauf der Bruttoreaktionsgeschwindigkeit bei der Emulsionspolymerisation

Während der 3. Phase werden die Monomertröpfchen und zuletzt die in den entstehenden Latexteilchen vorhandenen Monomere verbraucht. Die Bruttoreaktionsgeschwindigkeit nimmt linear ab. Sondereffekte, wie z. B. der Geleffekt erhöhen in dieser Phase kurzfristig die Geschwindigkeit.

Obige Ausführungen setzen eine Konzentration an Emulgatoren oberhalb der kritischen Emulgatorkonzentration voraus. Es sind jedoch auch Emulsionspolymerisationen unterhalb dieser Konzentration durchgeführt worden. Im Gegensatz zur Suspensionspolymerisation werden bei der Emulsionspolymerisation relativ kleine Polymerteilchen erzeugt.

Durch die niedrige Viskosität der Emulsion lässt sich die Reaktionswärme gut abführen. Die Konzentration der emulgierten Masse (zuerst Momomer, dann Polymer) kann bis zu 60 % betragen. Nachteilig ist, dass sich Inhaltsstoffe wie Emulgatoren und Initiatorreste in den hergestellten Polymeren wiederfinden. Das Verfahren wird vielfältig eingesetzt, so beispielsweise zur Herstellung von

Styrol/Butadien- und Acrylnitril/Butadien-Copolymeren, Poly(chloropren), Poly(vinylchlorid), Poly(vinylacetat) sowie Poly(methylmethacrylat).

4.1.6 Reaktortypen zur Herstellung von Polymeren

Besonders in batch-Fahrweise ist der Rührkessel aufgrund seiner hohen Flexibilität der bevorzugte Reaktortyp (Tabelle 20). Hiermit können unterschiedlichste Volumina, Drücke und Verweilzeiten verwirklicht werden. Die Durchmischung kann jedoch bei großen Rührkesseln und hohen Viskositäten der Reaktionsmischung trotz Einsatz spezieller Rührer ein Problem darstellen.

Als Kontireaktor weist der Rührkessel ein sehr breites Verweilzeitspektrum (Kurzschluss des Zu- und Ablaufs) auf, wodurch beispielsweise bei Stufenreaktionen Polymere mit sehr breiter Molekulargewichtsverteilung resultieren. Engere Verteilungen sind mit Rührkesselkaskaden (z. B. 3 bis 6 hintereinandergeschaltete Rührkessel) erreichbar, wobei Rohrreaktoren mit turbulenter Pfropfenströmung die engste Verweilzeitverteilung aufweisen. Mit diesem Reaktortyp können Reaktionen unter sehr hohem Druckniveau durchgeführt werden. Die Gesamtverweilzeit ist jedoch durch die Rohrlänge begrenzt. Durch die große Oberfläche kann gut entstandene Reaktionswärme abgeführt werden, was im Gegensatz hierzu bei großen Rührkesseln aufgrund des ungünstigen Oberflächen/Volumenverhältnisses ein Problem darstellt. Die Modifikation des Rohrreaktors als Schleifentyp erhöht die mögliche Reaktionszeit, verbreitert jedoch auch das Verweilzeitspektrum (Verhältnis Durchsatz/Umlaufstrom = 1 : 20–40).

Beim Einsatz von Rührkessel/Rohrreaktorkombinationen können zunächst im Rührkessel durch Wahl von Verweilzeit und Initiatormenge mittlere Umsätze mit moderaten Viskositäten eingestellt werden, die dann im nachgeschalteten Rohreaktor bis zu sehr hohen Umsätzen fortgeführt werden können.

Wirbelschichtreaktoren werden für Gasphasenreaktionen bei der Polyolefinsynthese eingesetzt. Hierbei strömt das gasförmige Monomer ggf. gemischt mit Inertgasen von unten in ein vertikales Rohr, in dem die Polymerpartikel mit Katalysator in einem fluidisierten Zustand gehalten werden. Zumeist werden nur wenige Prozent an Monomerumsatz pro Umlauf erreicht. Der Gasstrom wird am Kopf verlangsamt und nach Aufbereitung in den Reaktor zurückgeführt. Die in der Wirbelschicht auf dem Katalysator wachsenden Polymerpartikel werden kontinuierlich entnommen. Entstandene Reaktionswärme wird über den Gasstrom abgeführt.

Knetreaktoren sind für die Herstellung von Polymeren sehr hoher Viskosität ausgelegt. Neben der Reaktion können mit Knetreaktoren auch gleichzeitig Entgasungen und Compoundierungen durchgeführt werden.

Blasenreaktoren werden zur Herstellung von Polymerkügelchen (Perlpolymerisation) eingesetzt. Zunächst werden in der homogenen Phase (Wasser) durch feine Düsen Monomertröpfchen erzeugt, die dann mit Katalysator versetzt zu Polymeren reagieren. Die erzeugte Wärme kann gut über die wässrige Phase abgeführt werden.

Beim Gießformen (z. B. für hochmolekulare Acrylgläser oder bei der Herstellung von Polyurethanformkörper) erfolgt die Reaktion in der Form. Probleme bereiten hier die Wärmeabfuhr und Schrumpfvorgänge.

Tabelle 20: Polymerisationsreaktoren (nach Keim 2006 [20])

Reaktortyp	Phase	Fahrweise	Verteilung	Volumen [m^3]	Druck [< bar]	Viskosität	Anwendung
Rührkessel	Lösung Emulsion	Batch konti	Eng - breit	1–50	2500	Niedrig	PVC, PMMA, PS, ABS, PTFE, PC
Rührkessel-kaskade	Lösung Emulsion	Konti	Mittel	1–16	16	Niedrig	ABS, SBR, SAN, NBR, EPDM
Rohrreaktor	Lösung Emulsion	Konti	Eng	< 0	3500	Hoch	PS, PMMA, HD-PE, LD-PE, PA
Rohrreaktorschleife	Lösung Emulsion				100		
Rührkessel-Rohr-Kombination	Lösung Emulsion	Konti	Eng - breit	1–50		Hoch	PS, PMMA, PC
Wirbelschicht	Gasphase	Konti	Breit	< 500	100	Fest	PP, HDPE, LLDPE
Knetreaktor	Lösung	Batch konti	Breit	< 1	10	Hoch	PA
Blasensäulen/Slurry-Reaktor	Emulsion	Konti	Eng	< 120	30	Niedrig	PVC
Gießformen	Lösung	Batch		< 1	1	Fest	PMMA, PUR

4.2 Wiederverwertung von Kunststofferzeugnissen

Polymerwerkstoffe haben sich durch ihr hervorragendes Eigenschaftsniveau eine unüberschaubare Vielzahl von Anwendungsmöglichkeiten erobert (Bau-, Landwirtschaft- und Automobilsektor, Elektro-, Möbel- und Spielwarenindustrie, Haushaltswaren und Verpackungen). 2005 betrug der Verbrauch an Kunststoffen in Deutschland über $18{,}5 \cdot 10^6$ t [23]. Die unterschiedlichsten Anwendungsfelder führen zwangsläufig zu einer stark differierenden Lebensdauer (Nutzungsdauer) der Kunststoffprodukte. Ca. 25 % haben eine Lebensdauer unter einem Jahr, 60 % von mehr als 8 Jahren und spezielle Erzeugnisse im Baubereich werden länger als 50 Jahre eingesetzt.

Nach ihrem Gebrauchseinsatz stehen für die Altkunststoffe prinzipiell drei unterschiedliche Verwertungswege zur Verfügung [22]:
1. Werkstoffrecycling,
2. Rohstoffrecycling,
3. Energetische Verwertung.

Der genutzte Verwertungsweg hängt in erster Linie von der Reinheit und Art des Altkunststoffs ab. Zumeist verhindern ökonomische, aber auch ökologische Aspekte eine direkte Verwertung des Werkstoffs. Zur Nutzung der Kunststoffabfälle müssen diese durch manuelle und mechanische (Sieben, Windsichten, elektrostatische und magnetische Methoden) Verfahren vorsortiert und getrennt werden. Detektionsverfahren wie Infrarotspekroskopie, Röntgenabsorptionsverfahren und optische Bilderkennung unterstützen den Sortierprozess bzw. machen ihn erst wirtschaftlich. Nach der Vorsortierung, Zerkleinerung und Reinigung der Kunststoffabfälle erfolgt beim Wertstoffrecycling eine weitere Auftrennung in die Einzelkunststoffe. Verfahren wie Dichtetrennung, Lösemitteltrennung, elektrostatische Trennung und Flotation haben sich hier bewährt. Ziel ist die Bereitstellung sortenreiner Kunststofffraktionen.

4.2.1 Wertstoffrecycling

Beim Wertstoffrecycling wird der Altkunststoff direkt durch Umschmelzen zu neuen Produkten verarbeitet. Nur für sortenreine und saubere Kunststoffabfälle in großer Menge ist das Wertstoffrecycling wirtschaftlich und der unvermeidliche Eigenschaftsverlust der entstehenden Recyclisatprodukte vertretbar. Zumeist werden deshalb nur die Kunststoffabfälle der Industrie direkt dieser Verwertung zugeführt.

Für einige Kunststoffe und Polymerprodukte haben sich spezielle Aufarbeitungsverfahren etabliert. Fenster, Fußböden oder Dachbahnen aus PVC können selektiv wiederverwertet werden. Weich-PVC (z. B. aus Kabelummantelungen) kann in Methylethylketon gelöst und so von Farb- und Füllstoffen, Stabilisatoren, Katalysatorresten sowie Verunreinigungen befreit werden. Nach Ausfällen und Trocknen steht das gewonnene PVC in (gegenüber einfachen Sortierverfahren) guter Qualität zur Wiederverwendung zur Verfügung.

Saubere Polyurethanabfälle, z. B. direkt aus der Verarbeitung (Herstellung von Dämmmaterialien bzw. Integralschäumen), können zerkleinert dem Produktionsprozess zurückgeführt und wiederverwertet werden. Ebenfalls möglich ist

ein Klebpressen von derartigen Abfällen mit Klebzusätzen zu holzähnlichen Pressplatten.
Insgesamt lassen sich jedoch nur geringe Mengen (< 20 %) an Altkunststoff direkt einer Wertstoffverwertung zuführen.

4.2.2 Rohstoffrecycling

Beim Rohstoffrecycling werden Altkunststoffe in ihre Ausgangssubstanzen oder in chemische bzw. petrochemische Rohstoffe gespalten und können als solche zur Herstellung neuer Polymere genutzt werden.

Fertigprodukte auf der Basis von Polykondensaten lassen sich mit Wasser, Methanol, Ethylenglykol oder Ethanolamin bei relativ milden Bedingungen spalten und in ihre Ausgangsverbindungen zerlegen. Polyurethane werden so mit Wasser in Ausgangspolyole, Kohlendioxid und den Isocyanaten zugrunde liegende Amine aufgespalten. Polyamide lassen sich ebenfalls durch Hydrolyse oder Alkoholyse in die Ausgangsstoffe umwandeln. Bei der Verwertung gebrauchter Teppichfasern auf Basis von Polyamid 6 wird technisch durch basisch katalysierte Hydrolyse bei höherer Temperatur und Druck Caprolactam erhalten, das nach Reinigung erneut zur Polymerbildung eingesetzt wird. Die Methanolyse (Retro-Polykondensation) von Poly(ethylenterephthalat) liefert nahezu quantitativ Terephthalsäuredimethylester und Ethylenglykol (Recycling von PET-Getränkeflaschen). Poly(oxymethylen) lässt sich großtechnisch thermisch in saurer Umgebung zu Formaldehyd (bzw. Trioxan) depolymerisieren und erneut zur Polymerisation nutzen.

Bei der Wiederverwertung teilverschmutzter Altkunststoffe und Verpackungsmaterialien aus dem Hausmüll bzw. bei Mischungen unterschiedlichster Polymerprodukte sind Aufarbeitungsverfahren wie Pyrolyse, Thermolyse, Hydrierung sowie die Synthesegaserzeugung ggf. im Hochofenprozess entwickelt worden.

Pyrolyse und Thermolyse arbeiten unter Luftausschluss bei Temperaturen von 350 bis 900 °C. Es entstehen Pyrolyseöle (40–70 %), Prozessgase (20–50 %), mineralische Rückstände und Koks (bis 10 %). Beim Thermolyseverfahren wird das Chlor aus PVC-Produkten als HCl abgetrennt und zur Salzsäureherstellung genutzt. Nach weiterer Spaltung der Gase in Steamcrackern kann das erzeugte Ethylen oder Propylen als Rohstoff wiederverwertet werden. Die anfallende Aromatenfraktion kann weiter in ihre Bestandteile getrennt werden, hochsiedende Öle lassen sich zu Koks umsetzen oder zu Synthesegas aufarbeiten.

Bei der Hydrierung werden bei Temperaturen von ca. 450 °C zuvor erzeugte Polymerabbauprodukte bei einem Druck bis 300 bar hydriert. Es entstehen überwiegend gesättigte Kohlenwasserstoffe, HCl (aus PVC) und NH_3 (aus Polyamiden bzw. Polyurethanen).

Bei der Synthesegaserzeugung wird der Kunststoffabfall mit unterschüssigen Mengen an Sauerstoff zu Wasserstoff, CO und Kohlenwasserstoffe zersetzt und in einer Methanolanlage zu Methanol umgesetzt. Die Synthesegaserzeugung aus Kunststoffabfällen kann auch direkt in einem Hochofen ablaufen und zur Verhüttung von Eisen genutzt werden.

4.2.3 Energetische Verwertung

Die in Kunststoffen enthaltene Energie ist mit der von reinem Erdöl vergleichbar. Daher liegt es nahe, diese zur Schonung der fossilen Brennstoffressourcen als Energielieferant zu nutzen. Hierbei eignen sich sowohl die direkte Verwertung durch Coverbrennung, z. B. in Zementöfen, die Verbrennung in Monoanlagen als auch eine vorgeschaltete Synthesegaserzeugung beispielsweise mit Sauerstoff. Hierbei werden keine großen Anforderungen an die Reinheit und Zusammensetzung des Verbrennungsguts gestellt. Problematisch können jedoch hohe Gehalte an Schwermetallen und PVC (entstehendes HCl) sein, die nachfolgend in einer Abgasreinigung eliminiert werden müssen.

Gegenüber dem Wertstoff- bietet das Rohstoffrecycling durch thermische Spaltverfahren eine Reihe von Vorteilen. Es können vermischte und verschmutzte Kunststoffe aus allen Anwendungsbereichen eingesetzt werden. Sortierung und Reinigung sind weniger aufwendig und kostengünstiger. Die entstehenden Wertstoffe sind universeller einsetzbar (Synthesegaserzeugung). Stößt das Rohstoffrecycling an seine Grenzen (zu starke Verschmutzung, Mischprodukte der Elektroindustrie, Sortierrückstände) ist die energetische Verwertung zur Entsorgung das Mittel der Wahl, da es zur Schonung der fossilen Brennstoffe beiträgt. Altkunststoffe stellen letztlich nur "recyclisierte fossile Brennstoffe" (schon einmal "gebrauchtes Erdöl") dar, die über einen Umweg zur Energieerzeugung genutzt werden.

5 Anhang

5.1 Abkürzungen von Polymeren

ABS	Copolymer aus Acrylnitril/Butadien/Styrol
BR	Butadienkautschuk
CR	Chloroprenkautschuk
EP	Epoxidharz
EPDM	Copolymer aus Ethylen/Propylen/Dien (Ethylen-Propylen-Kautschuk)
EPR	Ethylen/Propylen-Kautschuk
EPS	expandiertes Polystyrol
FKR	Fluorkautschuk
HD-PE	Poly(ethylen) hoher Dichte (High Density PE)
HNBR	Hydrierter Nitrilkautschuk
IIR	Butylkautschuk
LD-PE	Poly(ethylen) niedriger Dichte (Low Density PE)
NBR	Nitril/Butadien-Kautschuk
NR	Naturkautschuk
PA	Polyamid
PB	Poly(butylen)
PC	Polycarbonat
PE	Poly(ethylen)
PHBH	Poly(p-hydroxybenzoat)
PI	Polyimid
PIB	Poly(isobutylen)
PMB	Poly(3-methyl-1-buten)
PMMA	Poly(methylmetacrylat)
PMP	Poly(4-methyl-1-penten)
PMS	Poly(1-methylstyrol)
POM	Poly(oxymethylen)
PP	Poly(propylen)
PPS	Poly(phenylensulid)
PPTA	Poly(p-phenylenterephthalamid)
PS	Poly(styrol)
PUR	Polyurethan
PVC	Poly(vinylchlorid)
PVP	Poly(N-vinylpyrrolidon)
SBR	Styrol/Butadien-Kautschuk

5.2 Sonstige Abkürzungen

α	Ausdehnungskoeffizient
ν	kinetische Kettenlänge
τ	Valenzwinkel
θ	Torsionswinkel
δ	Löslichkeitsparameter
χ	Flory-Huggins-Wechselwirkungsparameter
ϕ	Volumenbruch
π	osmotischer Druck
η	Viskosität
ε	nominale Dehnung; Kohärenzenergie
ΔG_{MP}	Gibbs´sche Polymerisationsenergie
ΔH_{MP}	Polymerisationsenthalpie
ΔS_{MP}	Polymerisationsentropie
$[\eta]$	Grenzviskositätszahl
A	anti
AIBN	N,N-Azobisisobutyronitril
at	ataktisch
BHT	2,5-Di(t-butyl)hydroxytoluol
BPO	Benzoylperoxid
C	cis
c	Konzentration
CAS	Chemical Abstracts Service
$C_{ÜL}$	Übertragungskonstante Lösemittel
$C_{ÜM}$	Übertragungskonstante Monomer
$C_{ÜR}$	Übertragungskonstante Regler
DSC	Differentialthermoanalyse
E*	Aktivierungsenergie
f	Radikalausbeutefaktor
G	gauche
h	Endpunktsabstand, Fadenendabstand
HALS	hindered amin light stabilizer
ht	heterotaktisch
HX	Überträgermolekül
I·	Initiatorradikal
I_2	Initiatormolekül
it	isotaktisch
k	Kopplungsgrad
K	Konstante, allgemein
k_{Ab}	Geschwindigkeitskonstante der Abbruchreaktion
k_{Br}	Geschwindigkeitskonstante der Bruttoreaktion

k_D	Geschwindigkeitskonstante des Initiatorzerfalls
k_{St}	Geschwindigkeitskonstante der Startreaktion
$k_Ü$	Geschwindigkeitskonstante der Übertragungsreaktion
k_W	Geschwindigkeitskonstante des Wachstumsreaktion
k_{Wi}	Geschwindigkeitskonstante der Wachstumsreaktion i
L	Länge
l_0	Bindungslänge
M	Monomer; Molmasse
m	Masse
MMA	Methylmethacrylat
M_n	Zahlenmittel der Molmasse
Mt	Metall, Übergangsmetallkomplex
M_w	Gewichtsmittel der Molmasse
M_z	Zentrifugalmittel der Molmasse
p	Umsatz; Druck
P_K	Kettengliederzahl
P_n	Polymerisationsgrad
$P_n^{\oplus}$	Makrokation
P_n^{θ}	Makroanion
$P_n\cdot$; $P_m\cdot$; $P_i\cdot$; $P\cdot$	Polymerradikal
$P_{n,0}$	Polymerisationsgrad ohne Übertragung
P_{nR}	Polymerisationsgrad mit Reglerzusatz
R	Gaskonstante: 8,314 51 J/kmol
r_0	molares Einsatzverhältnis
r_1; r_2	Copolymerisationsparameter
r_i	Absand
S	Trägheitsradius
st	syndiotaktisch
T	Trans; Zeit; Reaktions.- bzw. Gebrauchstemperatur
T_C	Ceilingtemperatur
T_f	Floor-Temperatur
T_G	Glastemperatur
T_m	Schmelztemperatur
T_k	Kristallisationstemperatur
THF	Tetrahydrofuran
U	Uneinheitlichkeit
V	Volumen
$V_{1,m}$	Molvolumen der Einheiten 1
$V_{1,mol}$	Einheitsvolumen der Einheiten 1
v_{Ab}	Abbruchgeschwindigkeit
v_{AD}	Abbruchgeschwindigkeit durch Disproportionierung
v_{AR}	Abbruchgeschwindigkeit durch Rekombination
v_{Br}	Bruttoreaktionsgeschwindigkeit

v_{St}	Startgeschwindigkeit
$v_{Ü}$	Übertragungsgeschwindigkeit
v_W	Wachstumsgeschwindigkeit
VC	Vinylchlorid
W	Wahrscheinlichkeit
X·	Überträgerradikal
x_i	Stoffmengenanteil des Stoffs i

Literatur

[1] H.-G. Elias: Makromoleküle, 6. Auflage, Band 1, Chemische Struktur und Synthesen, Wiley-VCH-Verlag, Weinheim 1999.

[2] H.-G. Elias: Makromoleküle, 6. Auflage, Band 2, Physikalische Strukturen und Eigenschaften, Wiley-VCH-Verlag, Weinheim 2001.

[3] H.-G. Elias: Makromoleküle, 6. Auflage, Band 3, Industrielle Polymere und Synthesen, Wiley-VCH-Verlag, Weinheim 2001.

[4] H.-G. Elias: Polymere: von Monomeren und Makromolekülen zu Werkstoffen, eine Einführung, Hüthig und Wepf Verlag, Zug, Heidelberg, Oxford, CT/USA 1996.

[5] Kittel: Lehrbuch der Lacke und Beschichtungen, Band 2, Bindemittel für lösemittelhaltige und lösemittelfreie Systeme, S. Hirzel Verlag, Stuttgart, Leipzig 1998.

[6] M. Bock: Polyurethane für Beschichtungen, Curt R. Vincentz Verlag, Hannover 2001.

[7] E. Fitzer, W. Fritz: Technische Chemie: Einführung in die Chemische Reaktionstechnik, Springer-Verlag, Band 1, Berlin, Heidelberg 1989.

[8] O.-A. Neumüller, Römpps Chemie-Lexikon, 7. Auflabe, Franckh´sche Verlagshandlung, W. Keller & Co., Stuttgart 1972.

[9] Houben-Weyl: Methoden der organischen Chemie, Band 14/2, Makromolekulare Stoffe, Georg Thieme Verlag, Stuttgart 1963.

[10] G. Henrici-Olive´, S. Olive´: Polymerisation, Katalyse-Kinetik-Mechanismen, Verlag Chemie, 1969.

[11] M. D. Lechner, K. Gehrke, E. H. Nordmeier: Makrokmolekulare Chemie, Ein Lehrbuch für Chemiker, Physiker, Materialwissenschaftler und Verfahrenstechniker, Birkhäuser Verlag, Basel Boston Berlin 1996.

[12] H.-J. Laas: Zur Synthese aliphatischer Polyisocyanate – Lackpolyisocyanate mit Biuret-, Isocyanurat- und Uretdionstruktur, J. prakt. Chem. 336, 185 – 200, 1994.

[13] Kunststoffchemie, Allgemeine Einführung in die Kunststoffchemie, Ernst Klett Verlag, Stuttgart (1981).

[14] Schalley C. A., Voegtle F., Dendrimers V: Functional and Hyperbranched Building Blocks, Photophysical Properties, Applications in Materials and Life Sciences, 273 Seiten, Springer-Verlag, Berlin 2003.

[15] H.-G. Elias: Makromoleküle, 4. Auflage, Struktur – Eigenschaften – Synthesen Stoffe – Technologie, Hüthig & Wepf Verlag, Basel Heidelberg New York 1986.

[16] M. D. Lechner, K. Gehrke, E. H. Nordmeier: Makrokmolekulare Chemie, Ein Lehrbuch für Chemiker, Physiker, Materialwissenschaftler und Verfahrenstechniker, Birkhäuser Verlag, Basel Boston Berlin 2003.

[17] W. Mormann, M. Brahm, Thermotropic polyurethanes from triad liquid-crysalline diesterdiisocyanates, Macromol. Chem. Phys. 196, 529 – 542 (1995).
W. Mormann, M. Brahm, S. Benadda, Thermotropic copolyurethanes from triad diesterdiisocyanates, Macromol. Chem. Phys. 196, 543 – 552 (1995).

[18] D. Braun, Kunststofftechnik für Einsteiger, Carl Hanser Verlag, München, Wien 2003.

[19] A. Bledzki, D. Braun, K. Titzschkau, Makromol. Chem. 184, 745 (1983).
K. D. Hungenberg, F. Bandermann, Makromol. Chem. 184, 1423 (1983).

[20] W. Keim, Kunststoffe, Synthese, Herstellungsverfahren, Apparaturen, Wiley-VCH-Verlag, Weinheim 2006.

[21] G. Ehrenstein, S. Pongratz, Beständigkeit von Kunststoffen Band 1, Carl Hanser Verlag, München 2007.

[22] V. Goodship, Introduction to Plastics Recycling, Smithers Rapra Technology Limited, Shrewsbury UK 2007.

[23] Kunststoffe Werkstoff des 21. Jahrhunderts, Plastics Europe, Der Verband der Kunsstofferzeuger, www. Kunststoffe.org, 2008.

Stichwortverzeichnis